David Wohlhart – Michael Scharnreitner – Elisa Kleißner

EINS PLUS

Mathematik für die 3. Klasse der Grundschule

Handbuch für Lehrerinnen und Lehrer

- Didaktischer Kommentar
- Lernwerkstatt
- Lernstandserhebungen
- Kopiervorlagen

Im Buch verwendete Symbole und Abkürzungen:

(CD-Symbol)	Dazu gibt es eine Tonaufnahme auf CD.
★	anspruchsvolle Aufgabenstellungen
S 13/7	Didaktischer Kommentar zum Schülerbuch, S. 13, Übung 7
AH 25/2	Didaktischer Kommentar zum Arbeitsheft, S. 25, Übung 2
KV	Kopiervorlage
LS	Lernstation
LSE	Lernstandserhebung

Inhaltsverzeichnis

Inhaltsverzeichnis

Lernphase III

Lernphase IV

Vorwort des Autorenteams

Liebe Kollegin!
Lieber Kollege!

Wir freuen uns, dass Sie sich entschieden haben, Mathematik mit EINS PLUS zu unterrichten. EINS PLUS beruht auf einem innovativen Konzept für einen zeitgemäßen Mathematikunterricht, das sich an den Bildungsstandards orientiert. Das Mathematikbuch EINS PLUS gibt es für alle vier Schulstufen der Grundschule.

In EINS PLUS finden Sie Aufgaben und Anleitungen, mit denen Sie Ihre Schülerinnen und Schüler Schritt für Schritt beim Erwerb der mathematischen Kompetenzen Modellieren, Operieren, Kommunizieren und Problemlösen unterstützen können. Sinnerfassendes Lesen von mathematischen Inhalten, Formulieren eigener Fragen, Überprüfen von Ergebnissen sowie Erstellen eigener Sachaufgaben zu mathematischen Inhalten führen die Kinder zum korrekten Modellieren von Sachaufgaben hin. Zur Unterstützung führen wir in Band 3 Balkenmodelle ein, die es erlauben, mathematische Sachverhalte in einheitlicher Form darzustellen. Übungen zum Strukturieren des Zahlenraums bis 1000 sowie eine systematische Einführung der schriftlichen Rechenoperationen sorgen für Sicherheit beim Operieren. Die Kinder lernen Darstellungsformen wie z.B. Diagramme und Tabellen kennen und können diese aktiv verwenden. Mathematische Fachbegriffe und Zeichen werden eingeführt, die Kinder sollen sie z.B. beim Beschreiben ihrer Rechenwege verwenden. Das Kommunizieren über mathematische Themen und das Problemlösen wird vor allem durch Knobelaufgaben und die 12 Knobelplakate unterstützt.

Das Lehrwerk EINS PLUS ist in vier Phasen gegliedert. Jede Phase besteht aus vier Erarbeitungs- und einem Wiederholungskapitel. In diesem Kapitel, „Zeig, was du kannst!", überprüfen die Kinder ihre eigenen Kenntnisse und können sie leistungsdifferenziert erweitern. Vier Lernstandserhebungen geben Ihnen einen Überblick über die erreichten Kompetenzen einzelner Schülerinnen und Schüler sowie jene der ganzen Klasse.

In EINS PLUS Band 3 wird eine neue Übungssequenz, „Bleib in Form!", eingeführt. Sie befindet sich auf jeder zweiten Seite im Schülerbuch und Arbeitsheft und sorgt dafür, dass Kopfrechnen, schriftliche Rechenoperationen und Maßumwandlungen fortlaufend trainiert werden.

Dieses Handbuch enthält all das, was Sie als Pädagogin, als Pädagoge zu EINS PLUS wissen sollen. Folgende Schwerpunkte erwarten Sie:

- Darstellung des neuen Konzepts, Vorschläge für eine Jahresplanung
- Besprechung sämtlicher Teile des Lehrwerks
- Vorstellung der Besonderheiten von EINS PLUS, z.B. Abenteuergeschichten, Knobelplakate, Lernsoftware, …
- vier Lernstandserhebungen und sämtliche Kopiervorlagen, die Sie für die Durchführung brauchen
- methodisch-didaktische Anregungen zu den einzelnen Kapiteln

Diese Anregungen bilden das Kernstück des Handbuchs. Für jedes Kapitel werden Ziele und Kompetenzen formuliert, das umfangreiche Materialangebot wird übersichtlich präsentiert. Pro Kapitel wird eine Klassenaktivität vorgestellt, die zum jeweiligen inhaltlichen Schwerpunkt passt. Die Abenteuergeschichten sind in voller Länge abgedruckt, sie leiten jedes Kapitel ein und betten die mathematische Fragestellung in einen spannenden narrativen Kontext ein. Die Aufgaben im Schülerbuch und Arbeitsheft werden besprochen und mit praktischen Tipps zur Unterrichtsgestaltung ergänzt. Vorschläge für Lernstationen, Kopiervorlagen und Kurzbeschreibungen der Übungen auf der EINS PLUS CD-ROM runden das Angebot ab.

Schön, dass Sie EINS PLUS als Mathematikbuch Ihrer Klasse gewählt haben. Wir wünschen Ihnen und Ihren Schülerinnen und Schülern einen spannenden und erfolgreichen Mathematikunterricht.

David Wohlhart
Michael Scharnreitner
Elisa Kleißner

Einleitung

EINS PLUS – ein neues Konzept für den Mathematikunterricht

EINS PLUS bietet alles, was Sie von einem zeitgemäßen Mathematikbuch erwarten. Sie finden Übungen zu allen Bereichen des Lehrplans, zur Erarbeitung des Zahlenraums, zu Operationen, zur Geometrie und zum angewandten Rechnen mit Größen. Darüber hinaus erleben Kinder mit EINS PLUS Mathematik auf spannende und alltagstaugliche Weise und entdecken dabei die Sprache der Mathematik. Mit EINS PLUS ist Mathematik mehr als Rechnen! Es ist wichtig, dass die Kinder Geläufigkeit und Sicherheit im Umgang mit Zahlen entwickeln. Genauso wichtig ist es auch, dass sie sich gut im Raum orientieren können und dass sie lernen, Probleme in Angriff zu nehmen und über mathematische Themen zu sprechen. Sie sollen begründen können, warum sie etwas tun, gemeinsam Strategien entwickeln, Rätsel lösen und die kreativen Seiten der Mathematik entdecken.

Phasenstruktur von EINS PLUS
Lernstandserhebungen

Die Arbeit mit EINS PLUS ist in vier Phasen gegliedert. Diese umfassen die Zeiten von Schulbeginn bis November, bis zum Halbjahr, bis Ostern und bis zum Schulschluss. Jede Phase umfasst vier Kapitel, in denen neuer Stoff erarbeitet wird und ein Kapitel, in dem intensiv und leistungsdifferenziert wiederholt wird. Zu Beginn des Wiederholungskapitels gibt es eine Lernstandserhebung mit der überprüft wird, ob der gewünschte Lernerfolg auch eingetreten ist. Die Lernstandserhebungen umfassen in der Grundstufe II Aufgaben, die sich direkt auf die Erarbeitungskapitel beziehen, zusätzlich aber auch Aufgaben, deren Schwerpunkte bei einem der allgemeinen Kompetenzbereiche „Modellieren“, „Operieren“, „Kommunizieren“ oder „Problemlösen“ liegen. Basierend auf diesen Überprüfungen können Sie Wiederholungs-, Festigungs- und Förderprogramme punktgenau planen und dadurch umgehend auf Lernrückstände reagieren. Im Arbeitsheft gibt es zu jedem Lernbereich spezielle Aufgaben. Auch die Schüler/innen selbst sollten sich ein Bild über ihren eigenen Leistungsstand machen können. Die Wiederholungskapitel beinhalten zu diesem Zweck einen Selbsttest, den die Kinder anhand des mitgelieferten Lösungsheftes, auch Sterneheft genannt, selbst kontrollieren und beurteilen können. So finden sie schnell heraus, in welchen Bereichen sie noch Hilfe brauchen und zu welchen Themen sie bereits weiterführende Übungen und Lernstationen absolvieren können.

Problemlösen

Problemlösen wurde in den letzten Jahren zu einem zentralen Schlüsselbegriff für den mathematisch/naturwissenschaftlichen Unterricht. Dementsprechend nimmt das Problemlösen bei Vergleichstests wie TIMSS, PISA, aber auch in den österreichischen Bildungsstandards eine zentrale Position ein. Die Aufgabenstellungen sind so konzipiert, dass Kinder ihr Wissen und Können flexibel auf neue, noch nicht geübte Kontexte anwenden müssen. Damit Kinder dieser Aufgabe gewachsen sind, ist es notwendig, sie frühzeitig mit Strategien des Problemlösens bekannt zu machen. Was bedeutet das? Die Kinder müssen in der Lage sein, Texte zu lesen und zu verstehen, um daraus die mathematische Aufgabenstellung zu entnehmen. Sie müssen Diagramme, Skizzen und andere mathematische Darstellungen lesen und selbst anfertigen können. Und schließlich müssen sie eigenständig Lösungsstrategien für die gestellten Probleme finden können. EINS PLUS bereitet Ihre Kinder systematisch auf diese neuen Herausforderungen im Mathematikunterricht der Volksschule vor. Viele verschiedene Komponenten unterstützen Sie dabei:

- 12 Knobelplakate mit jeweils einer speziellen mathematischen Problemstellung
- Knobelaufgaben im Schülerbuch
- Diagramme und Tabellen, die auf ganz einfache Weise eingeführt und systematisch verwendet werden
- offene Aufgaben, bei denen es mehrere Lösungen gibt
- Diskussionsanlässe zum Sprechen und Reflektieren über mathematische Inhalte
- Sachaufgaben, die zum Denken anregen und die wichtige kommunikative Kompetenzen schulen
- innermathematische Aufgabenstellungen, Rätsel und Spiele, die flexibles mathematisches Denken erfordern

Die Zeit, die für die Lösung von Problemen aufgewendet wird, ist die am besten investierte Zeit für die mathematische Bildung Ihrer Kinder.

Daten sammeln und darstellen

Ein weiteres Novum von EINS PLUS ist ein mathematischer Bereich, der in Deutschland bis jetzt noch recht stiefmütterlich behandelt wurde: Daten sammeln und darstellen. Die Darstellung von Daten ist mit Problemlösen eng verbunden. Viele Informationen im Fernsehen, in Zeitungen aber auch in Tests werden in Tabellen, Diagrammen und Kurven dargestellt. Dementsprechend finden Sie in EINS PLUS eine Reihe von

Übungen, in denen Tabellen und Diagramme verwendet werden. Wenn die Kinder Daten über ihre Klasse oder ihre Schule erheben, entstehen auf natürliche Weise z.B. Balkendiagramme. Diagramme laden ein, sie zu interpretieren und darüber zu reden. Die Gespräche bilden einen wichtigen Grundstein für die mathematische Entwicklung der Schülerinnen und Schüler.

Mathematik im kindlichen Alltag entdecken
Kinder erleben mit EINS PLUS Mathematik als etwas Brauchbares, Nützliches und vor allem als etwas Alltägliches. Eine distanzierte Einstellung zur Mathematik soll gar nicht erst entstehen. Mathematik muss sich im Alltag der Kinder wiederfinden, nur so wird sie zu einer Kulturtechnik, die hilft, die Welt zu verstehen und zu gestalten. Den Kindern soll bewusst werden, dass jeder Aspekt ihres Alltags auch aus mathematischer Sicht betrachtet werden kann. Wenn Kinder z.B. herausfinden, welche Eissorten am beliebtesten sind, wer in welcher Gewichtsklasse beim Judo antreten kann, oder was ein Campingurlaub kostet, dann lernen sie Mathematik auf alltägliche Lebenssituationen anzuwenden und diese auf mathematische Weise zu betrachten.

Über Mathematik reden – die Sprache der Mathematik sprechen
Es genügt nicht, mathematische Techniken zu erlernen und sie anzuwenden. Die Kinder müssen über das, was sie tun, auch sprechen können. Einerseits erwerben sie dadurch die notwendigen Begriffe, mit denen mathematische Sachverhalte beschrieben werden, andererseits lernen sie begründen, warum sie etwas tun. Die Kinder finden im Buch zunächst sprachliche Modelle, wie so eine Beschreibung aussehen könnte, dann werden sie aufgefordert, selbst solche Beschreibungen anzufertigen. Die Beschreibung des Rechenwegs fördert nicht nur die mathematische Ausdrucksfähigkeit, sie schärft auch das Bewusstsein für die mathematischen Verfahren und Konzepte. Besonders intensiv wird das mathematische Kommunizieren bei der Arbeit mit den Knobelplakaten genutzt. Die in der Grundstufe I angebahnten Kompetenzen werden in der Grundstufe II systematisiert und erweitert. Zu jedem der 12 Knobelplakate gibt es daher eine Kopiervorlage mit Begriffen, die zur Beschreibung der Lösungswege benötigt werden und ein Beispielprotokoll eines fiktiven Kindes „Leonardo". Die Kinder sollen selbst solche Protokolle erstellen und damit systematisch ihre Ausdrucksfähigkeit für mathematische Sachverhalte erweitern.

Handeln, experimentieren und gestalten
Konkretes Tun macht Mathematik lebensnah und verständlich, daneben trainiert es motorische, sensorische und kognitive Grundfertigkeiten. Die Mathematik hat viele praktische und kreative Seiten. Diese kann man nützen, um Mathematik auch mit anderen Bereichen wie Werkerziehung, bildnerische Erziehung, Musik sowie Bewegung und Sport zu verbinden. Ein Schulbuch kann dafür nur Impulse liefern. Es ist wichtig, dass Sie die Kinder immer wieder ermutigen, etwas auszuprobieren, zu gestalten und mit konkreten Materialien zu arbeiten. Im umfangreichen Zusatzmaterial zu EINS PLUS haben wir uns bemüht, so viele handlungsorientierte Aufgabenstellungen wie möglich bereit zu stellen. In diesem Handbuch finden Sie Materialien für viele Lernstationen, die Kindern die Gelegenheit geben, zu bauen, zu gestalten, Versuche zu machen und miteinander spielend zu lernen. Zusätzlich finden Sie zu jedem Kapitel Vorschläge für handelnde Einstiege in ein Lernthema.

Enrichment
Jedes Kind hat einen besonderen Förderbedarf. EINS PLUS folgt dem Konzept des „Enrichment" und bietet auch besonders begabten Kindern die Möglichkeit zur Entfaltung und Erweiterung ihrer Fähigkeiten. Das Schlagwort „Enrichment" kommt aus dem Bereich der Begabungsförderung. Im Gegensatz zu „Acceleration" bedeutet „Enrichment" nicht das Beschleunigen von Lernprozessen durch Überspringen von Klassen oder Unterrichtsthemen, sondern die Anreicherung des Lernprozesses durch herausfordernde, vertiefende Aufgabenstellungen. Die Kinder sollen ihr Können auf neue Anwendungs- und Lebensbereiche transferieren. In diesem Bereich beziehen wir uns vor allem auf die Erkenntnisse des NRICH-Projektes (Cambridge), das seit 1996 eine Internet-Plattform für Begabungsförderung betreibt. Überraschenderweise ergaben zahlreiche Untersuchungen, dass die im Rahmen des Projekts für das Enrichment entwickelten Aufgaben keineswegs nur für besonders begabte Kinder geeignet sind. Tatsächlich profitierten Kinder aus allen Leistungssegmenten von diesen Enrichment-Angeboten. Dementsprechend finden Sie in EINS PLUS immer wieder offene Aufgabenstellungen, bei denen es nicht ausreicht, eine erlernte Technik anzuwenden. Sie erfordern und fördern Kreativität und neue Lösungsansätze. Ein besonderes Angebot finden Sie dazu vor allem in der Lernwerkstatt zu den Wiederholungsphasen, in denen Kinder, die den Stoff bereits beherrschen, ihre mathematischen Fähigkeiten auf kreative Weise einsetzen können.

EINS PLUS – ein neues Konzept

Mit Geschichten Mathematik lernen
Die in der Grundstufe I eingeführte Abenteuergeschichte mit Cedric, seinen Freundinnen und Freunden begleitet die Kinder auch auf der Grundstufe II. Cedric führt jetzt die Regierungsgeschäfte in seinem heimatlichen Königreich und muss dabei mithilfe seiner Gefährtinnen und Gefährten viele Rätsel lösen und Abenteuer bestehen. Die Geschichten sind in Episoden organisiert, die nicht auf einander aufbauen. Damit ist es möglich, die Geschichten als fakultativen Einstieg in die mathematische Thematik zu verwenden, der die kindliche Vorstellungskraft ins Zentrum des Lernprozesses rückt und damit das Lernen motivierender und effektiver gestaltet. In der internationalen fachdidaktischen Diskussion spielt das Thema „Mit Geschichten Mathematik lernen" eine immer größere Rolle. EINS PLUS ist das erste österreichische Mathematik-Lehrwerk, das diesen Weg systematisch beschreitet.

Offene Aufgaben
Sachaufgaben stellen üblicherweise den Sachverhalt in stark verkürzter Weise dar. „Hanna hat 134 Sticker. Sie schenkt Jonas die Hälfte." Die Sticker sind bereits abgezählt, es ist klar, dass Hanna die Hälfte verschenken will und nicht z.B. jene, die sie doppelt hat, u.s.w. Im Gegensatz dazu laden offene Aufgaben die Kinder ein, sich selbst Sachsituationen auszudenken, die sie interessieren. Ausgehend von einem Bild, einer Preisliste, einer Situation denken sie darüber nach, welche mathematischen Fragen man dazu stellen könnte. Dazu braucht es viel Phantasie, Sachkenntnis und mathematisches Wissen. Die Ergebnisse können je nach Leistungsfähigkeit der Kinder sehr unterschiedlich sein. Auf natürliche Weise findet Differenzierung statt. Das Ziel von offenen Aufgaben ist, Kinder auf das Lösen von mathematischen Aufgabenstellungen im Alltag vorzubereiten. In EINS PLUS finden Sie an vielen Stellen die Anregung, offene Aufgaben zu lösen. Nützen Sie diesen alltagsbezogenen und kreativen Zugang zur Mathematik!

Der EINS PLUS Song

KV 0: Der EINS PLUS Song

Musik, Text und Liedgestaltung: Wohlhart, Scharnreitner, Kleißner
© Helbling

C G C
Ref.: Eins, zwei, drei und vier, komm, rech - ne du mit mir!

C G C
Wir kna - cken je - de Nuss, wir rech - nen mit EINS PLUS!

C F
1. Le - sen, rech - nen, For - men ma - len, spie - len mit ver - hex - ten Zah - len,
2. Wä - gen, mes - sen, Tür - me bau - en, le - gen, rech - nen, Blei - stift kau - en,
3. Rech - nen, kno - beln, Kar - ten le - sen, Schlös - ser kna - cken, Rät - sel lö - sen,
4. A - ben - teu - er, Un - ge - heu - er, Fe - en - staub und Dra - chen - feu - er,

C G C
Plus und Mi - nus ist nicht schwer, doch wir kön - nen mehr!
Ma - the - ma - tik mit EINS PLUS ist ein - fach ein Ge - nuss!
EINS PLUS Kin - der lie - ben das. Den - ken macht uns Spaß!
Ced - ric und die Freun - de - schar sie - gen mit EINS PLUS, hur - ra!

Jahresplanung

Inhalte der 3. Schulstufe im Überblick
EINS PLUS Band 3 startet mit einer Wiederholung der Operationen im Zahlenraum 100.
Anschließend wird der Zahlenraum auf 1000 erweitert. Beim Kopfrechnen im 1000er wird das Stellenwertsystem genutzt und auf Analogien zurückgegriffen. Zudem wird gerundet und mit Überschlägen gerechnet. Die Veranschaulichung von Operationen durch Balkenmodelle dient der Sicherheit beim Modellieren von Sachaufgaben.

In der zweiten Phase werden ebene Figuren und Formen genauer betrachtet. Es wird mit dem Lineal gezeichnet und auf Millimeter genau gemessen. Halbschriftliche Verfahren für die Multiplikation und Division werden eingeführt. Ansonsten steht die zweite Phase im Zeichen der Anwendung mathematischer Kenntnisse auf Sachkontexte. Die Kinder rechnen mit Längen und mit Geld.

Schwerpunkte der dritten Phase sind die schriftliche Addition und Subtraktion. Diese werden auch mit zwei Kommastellen (Geld, Längen) durchgeführt. Zum Ergänzungsverfahren der schriftlichen Subtraktion findet sich im Anhang ein analoges Kapitel, in dem das Abziehverfahren eingesetzt wird. Schließlich wird das Repertoire an geometrischen Körpern erweitert, Baupläne und Bauwerke und ihre Ansichten thematisiert. Gewichtsmaße werden systematisch eingeführt.

Die vierte Phase greift noch einmal ein geometrisches Thema auf: Umfänge und Flächen, Parkettierungen und Muster. Hier findet sich auch eine umfassende Beschäftigung mit Daten und Zufall und dem Rechnen mit Zeitpunkt und Zeitdauer. Schließlich werden alle Rechenverfahren noch einmal wiederholt und Rechentricks und vorteilhaftes Rechnen thematisiert.

Unabhängig vom inhaltlichen Schwerpunkt der einzelnen Kapitel bietet das Format „Bleib in Form!" auf jeder zweiten Seite von Schülerbuch und Arbeitsheft eine Möglichkeit, ständig erforderliche Fertigkeiten wie das Kopfrechnen oder die schriftlichen Rechenarten systematisch aufzufrischen.

Jahresplanung

Jahresplanung im Überblick

Lernphase I			Lernphase II			Lernphase III			Lernphase IV		
Zahlenraum 1000, Nachbarzahlen, Runden, Stellenwert-system **Rechnen** Kopfrechnen im ZR 1000, Rechnen im Stellenwert-system Nutzen von Analogien, Überschlag halbschriftliche Rechen-verfahren Addition, Subtraktion **Sachaufgaben** Sachaufgaben erfinden Modellieren mit Balkenmodellen	Lernstandserhebung I	Festigungsphase	**Zahlenraum** Kommaschreib-weise für Län-gen und Geld **Rechnen** halbschriftliche Rechenver-fahren Multiplikation, Division Rechenvorteile **Sachaufgaben** Modellieren mit Balkenmodellen Sachaufgaben zu Größen: Länge, Geld **Geometrie** ebene Figuren, Symmetrie, Arbeit mit dem Lineal, Orientierung auf Landkarten **Größen** Längen: cm, mm, km Geld: Euro, Cent Kommaschreib-weise Umwandlung	Lernstandserhebung II	Festigungsphase	**Rechnen** schriftliche Addition ohne / mit Übertrag Addition von Kommazahlen schriftliche Subtraktion Ergänzungs-verfahren alternativ: Abziehverfahren Probe durch Addition **Sachaufgaben** Sachaufgaben zu Größen: Gewicht **Geometrie** geometrische Körper Würfel- und Quadernetze Geometrie im Kopf **Größen** Gewichtsmaße: g, kg, t Umwandlung	Lernstandserhebung III	Festigungsphase	**Rechnen** Vorteilhaftes Rechnen Rechenvorteile bei Addition, Subtraktion und Multiplikation **Daten und Zufall** Umfragen, Balken- und Säulendia-gramme Grundbegriffe der Wahrschein-lichkeit Zufallsexperi-mente **Geometrie** Umfang, Parkettierungen Muster, Orna-mente Orientierung auf Karten **Größen** Uhrzeiten, Zeitpunkt, Zeitdauer h, min, s Umwandlung	Lernstandserhebung IV	Festigungsphase

Schulbeginn — Halbjahr — Schulschluss

Hinweis:
Die detaillierte Jahresplanung finden Sie auf: http://www.helbling.com/de/einsplus-lehrer auch in digitaler Form.

Jahresplanung EINS PLUS 3 – Lernphase I

Monat (ungefähre Angabe)	Kapitel	Inhalte	Abenteuer-geschichten	Seiten S/AH	Knobel-plakate	Lernstationen / Lernstands-erhebung	CD-ROM
September	1 **Herzlich willkommen!**	Wiederholung des Rechnens im Zahlenraum 100, Tausch- und Umkehraufgaben, Sachrechnungen erfinden und lösen	Ankunft im Schloss	S 5–12 AH 5–10	1 Mit großen Schritten auf den Turm	LS 1 Mit dem Würfel munter rauf und runter LS 2 Malreihen-Bingo	
	2 **Zahlen bis 1000**	Struktur des Zahlenraums, Stellenwertsystem, Darstellung durch Legematerial, Symbole und auf dem Zahlenstrahl, Durchgliedern des Zahlenraums	Eine Schiffsladung voll Kisten	S 13–19 AH 11–15	2 Zahlenkugeln auf der Kugelbahn	LS 3 Zahlenstrahlspiel LS 4 Schätzspiel LS 5 Würfelspiel	**Zahlen bis 1000**
Oktober	3 **Kopfrechnen im Tausender**	Berechnen einzelner Stellenwerte, Nutzen von Analogien, Runden auf Zehner oder Hunderter, Überschlagsrechnungen	Das Herbstfest	S 20–24 AH 16–20	3 Geschäfts-erfolg	LS 6 1000-Spiel	**Kopfrechnen im Tausender**
November	4 **Plus und Minus im Tausender**	Halbschriftliche Rechenverfahren zur Addition und Subtraktion im Zahlenraum 1000, Nutzen von Rechenvorteilen, Veranschaulichung von Operationen mit Balkenmodellen, Lösen von Sachaufgaben	Pfeffersäcke	S 25–30 AH 21–24			**Sachaufgaben mit Balkenmodellen**
	5 **Zeig, was du kannst!**	Wiederholung der Kapitel 1 bis 4, Knobelaufgabe		S 31–36 AH 25–29	Knobel-aufgabe: Zahlenkarten	**LSE I** LS 7 Bist du bereit für eine Katze als Haustier?	**Teststation**

Jahresplanung EINS PLUS 3 – Lernphase II

Monat (ungefähre Angabe)	Kapitel	Inhalte	Abenteuer-geschichten	Seiten S/AH	Knobel-plakate	Lernstationen / Lernstands-erhebung	CD-ROM
Dezember	**6** **Figuren und Formen**	Ebene Figuren, Symmetrie, Figuren beschreiben und zeichnen, Zeichnen und Messen mit dem Lineal, Längenmaße Zentimeter und Millimeter	Ziegen im Schlosspark	S 37–41 AH 30–33	4 Stühle für das Konzert	LS 8 Miniprojekt: Landart	**Figuren und Formen**
	7 **Malnehmen und Teilen**	Halbschriftliche Verfahren für die Multiplikation und die Division, Rechenvorteile, Balkenmodelle, Sachaufgaben	Königliche Kleider	S 42–47 AH 34–37	5 Achterbäume im Achterwald	LS 9 Malreihen-Bingo II LS 10 Malreihentafel	
Jänner	**8** **Längenmaße**	Kilometer, Kommaschreibweise m, cm, Orientierung auf Landkarten, Sachaufgaben	Mit der Eisenbahn durch's Königreich	S 48–51 AH 38–39	6 Von Iks nach Ypsilon		**Orientierung auf Landkarten**
	9 **Rechnen mit Geld**	Euro und Cent, übliche Schreibweisen, Kommaschreibweise, Sachaufgaben, Mini-Projekt	Übernachtung in Südstadt	S 52–56 AH 40–42		LS 11 Aufgabenkarten	**Linns Online-Blumenladen**
Februar	**10** **Zeig, was du kannst!**	Wiederholung der Kapitel 6 bis 9, Knobelaufgabe		S 57–61 AH43–46	Knobel-aufgabe: Streichholz-muster	**LSE II** LS 12 Hölzchenmuster LS 13 Im Reisebüro	**Teststation**

Jahresplanung EINS PLUS 3 – Lernphase III

Monat (ungefähre Angabe)	Kapitel	Inhalte	Abenteuer-geschichten	Seiten S/AH	Knobel-plakate	Lernstationen / Lernstands-erhebung	CD-ROM
Februar	**11 Schriftliche Addition**	Schriftliche Addition ohne und mit Übertrag, Addition von Kommazahlen, Überschlagsrechnung, Sachaufgaben	Die fast perfekte Rechen-maschine	S 62–68 AH 47–50			**Schriftliche Addition**
März	**12 Geometrische Körper**	Würfel, Quader, Prisma, Kegel, Zylinder, Kugel, Ansichten im Raum, Baupläne und Bauwerke, Würfel- und Quadernetze, Geometrie im Kopf	Ausstellung im Schlossgarten	S 69–74 AH 51–54	7 Trara, die Post ist da!	LS 14 Ausstellung: Würfel und Co LS 15 Würfelskulpturen	**Geometrische Körper**
April	**13 Gewicht**	Maßeinheiten: Gramm, Kilogramm, Tonne, Repräsentanten für Gewichte, Wägen, Sachaufgaben	Ich habe sicher den schwersten Rucksack!	S 75–78 AH 55–56	8 Ho ruck! – Gewichtheber	LS 16 Die Murmelwaage LS 17 Gewichte schätzen	**Gewicht**
	14 Schriftliche Subtraktion	Schriftliche Subtraktion ohne und mit Übertrag, Ergänzungsverfahren, Rechenvorteile, Probe durch Addition, Sachaufgaben	Ausverkauf in Pantolinis Erfinderladen	S 79–85 AH 57–61	9 Rechenfehler-maschine	LS 18 Miniprojekt: Preisvergleich LS 19 Frisch und munter von 301 herunter	
Mai	**15 Zeig, was du kannst!**	Wiederholung der Kapitel 11 bis 14, Knobelaufgabe		S 86–91 AH 62–65	Knobel-aufgabe: 3 mal 3 Gedichte	**LSE III** LS 20 3 mal 3 Gedichte LS 21 Zahlenrätsel LS 22 Rechenrätsel	**Teststation**

Jahresplanung EINS PLUS 3 – Lernphase IV

Monat (ungefähre Angabe)	Kapitel	Inhalte	Abenteuer-geschichten	Seiten S/AH	Knobel-plakate	Lernstationen / Lernstands-erhebung	CD-ROM
Mai	**16** **Umfang, Flächen und Muster**	Messen von Umfängen, Parkettierungen, Muster, Ornamente, Orientierung auf Karten	Eine neue Krone für Cedric	S92–95 AH 66–68	10 Edelstein-rätsel	LS 23 Schatzsuche LS 24 Punkt und Strich LS 25 Quadrato	**Umfang**
	17 **Daten und Zufall**	Schlüsselbilder, Umfragen, Balken- und Säulendiagramme, Grundbegriffe der Wahrscheinlichkeit, Zufallsexperimente	Pferde für das Königreich	S96–99 AH 69–71	11 Würfel oder Münzen	LS 26 Schlüsselbild: Mein Haus LS 27 Gesucht Schlüsselbilder	**Balkendiagramme**
Juni/Juli	**18** **Zeitpunkt und Zeitdauer**	Angabe von Uhrzeiten, Zeitpunkt, Zeitdauer, Stunden, Minuten und Sekunden, Umwandlung von Zeitmaßen, Rechnen mit Zeitmaßen	Pünktlich wie die Eisenbahn	S100–104 AH72–74		LS 28 Fahrpläne LS 29 Schlüsselbild: Eisenbahn	**Zeitpunkt und Zeitdauer**
	19 **Rechentricks**	Rechenvorteile bei der Addition, Subtraktion und Multiplikation, vorteilhaftes Rechnen	Willkomens-fest	S105–108 AH75–77	12 Giannis Eissalon	LS 30 Schnapp die Zahl! LS 31 Schnapp die Zahl! - Variante	
	20 **Zeig, was du kannst!**	Wiederholung der Kapitel 16 bis 19, Knobelaufgabe	Die Königin und der König kehren heim	S109–114 AH78–82	Knobel-aufgabe: Wir reiten in die Ferien	**LSE IV** LS 32 Das Spiel NIM LS 33 Das Spiel SLIDE LS 34 Quadrat-Puzzle	**Teststation**

Die Teile des Lehrwerks

Die Teile des Lehrwerks im Überblick

- **EINS PLUS 3 – Schülerbuch**
- **EINS PLUS 3 – Arbeitsheft**
- **EINS PLUS 3 – Arbeitsheft mit CD-ROM**
- **EINS PLUS 3 – Übungs- und Fördermaterial**
- **EINS PLUS 3 – Handbuch für Lehrerinnen und Lehrer**
- **EINS PLUS 3 – Knobelplakate**
- **EINS PLUS 3 – Erzählkarten**
- **EINS PLUS 3 – CD-ROM für die Klasse**

Schülerbuch

Das Schülerbuch S stellt das Leitmedium dar. Er umfasst insgesamt 20 Kapitel, aufgeteilt in vier Phasen. Jede Phase enthält fünf Kapitel, vier davon sind Erarbeitungskapitel, in denen ein neuer mathematischer Schwerpunkt vorgestellt wird. Das jeweils fünfte Kapitel der vier Phasen ist ein Wiederholungskapitel und trägt den Titel „Zeig, was du kannst!".
Die mathematischen Inhalte jeder Seite stehen in der Fußzeile, gemeinsam mit den Hinweisen auf die Allgemeinen Kompetenzen AK und weiteren didaktischen Anregungen. Sie finden dort auch Verweise auf die entsprechenden Seiten im Arbeitsheft und Hinweise auf die ergänzenden Erläuterungen in diesem Handbuch.

Arbeitsheft

Das Arbeitsheft AH ist gleich aufgebaut wie das Schülerbuch. Hier werden jedoch nur bereits bekannte mathematische Inhalte, bzw. Übungsformen angeboten. Diese Aufgaben sind somit bestens für Hausübungen und Freiarbeitsphasen geeignet. In den Wiederholungskapiteln gibt es viele Aufgaben zum Üben und Festigen.

Beide Teile stehen, mit vollständigen Lösungen versehen, als kostenloser Download zur Verfügung: einsplus.helbling.at

Kopiervorlagen zur Förderung und Differenzierung

Zusätzlich zum Schülerbuch und Arbeitsheft steht weiteres Übungs- und Fördermaterial in Form von Kopiervorlagen zur Verfügung. Auch diese zusätzlichen Blätter orientieren sich am Leitmedium Schülerbuch und bieten unterstützende Angebote zur Vertiefung und Festigung. Sie enthalten abwechslungsreiche Übungen zum Strukturieren des Zahlenraums, zum Kopfrechnen und zu den schriftlichen Rechenarten, zur Geometrie sowie zahlreiche Sachaufgaben. Sie können individuell für Einzel- oder Gruppenarbeiten kopiert werden.

Handbuch für Lehrerinnen und Lehrer

Im Handbuch finden Sie einen Vorschlag für Ihre Jahresplanung, einen Überblick über alle Teile des Lehrwerks, eine ausführliche Vorstellung der Besonderheiten von EINS PLUS (Abenteuergeschichten, „Bleib in Form!", „Zeig, was du kannst!", Schlüsselbilder, Knobelplakate, Balkenmodelle), sowie vier fertig vorbereitete Lernstandserhebungen mit den dafür erforderlichen Kopiervorlagen. Wir geben einen exemplarischen Überblick über die Arbeit mit einem Kapitel und machen Vorschläge, wie Sie die vielfältigen Materialien von EINS PLUS einsetzen können.

Der Hauptteil des Handbuchs ist eine detaillierte Handreichung zu jedem einzelnen Kapitel. Hier finden Sie jeweils Ziele und Kompetenzen, didaktische Hinweise, eine Zusammenfassung aller Materialien, die Sie für dieses Kapitel verwenden können, einen Vorschlag für eine Klassenaktivität, mit der Sie das Thema einführen können, sowie weitere Anregungen und Hinweise zu einzelnen Übungen im Schülerbuch oder Arbeitsheft. Die entsprechende Episode der Abenteuergeschichte ist in voller Länge zum Vorlesen abgedruckt. Der Abschnitt „Lernwerkstatt" bietet zu jedem Kapitel umfangreiche Materialien für den offenen Unterricht. Diese Lernstationen werden ausführlich beschrieben und, wenn erforderlich, durch Kopiervorlagen ergänzt.

Knobelplakate

Mit diesen Plakaten können Sie auf kindgemäße Weise vor allem die allgemeinen Kompetenzen „Problemlösen" und „Kommunizieren" anbahnen und weiter entwickeln. Die mathematischen Themen der Knobelplakate sind so gewählt, dass sie zu den jeweiligen Kapiteln passen. Im Handbuch und im Begleitheft, das den Plakaten beiliegt, wird detailliert beschrieben, wie Sie diese Knobelplakate am besten einsetzen.

Erzählkarten mit Abenteuergeschichten

Die Abenteuergeschichten können mit Hilfe der Erzählkarten auf anschauliche Weise in den Unterricht integriert werden. Pro Band gibt es 17 Geschichten passend zu allen Erarbeitungskapiteln des Schülerbuchs. Zu jeder Geschichte gibt es eine Bildkarte, die zur Illustration der Szenen eingesetzt werden kann. Auf der Rückseite der Karte befinden sich der Erzähltext zum Vorlesen sowie didaktische Anregungen für die interaktive Erarbeitung mit Ihren Kindern.

CD-ROM für die Klasse

Diese Lernstationen fügen sich gut in den offenen Unterricht ein, da sie auch von einer kleinen Kindergruppe gemeinsam bearbeitet werden können.
Zu den Kapiteln 5, 10, 15 und 20 „Zeig, was du kannst!" gibt es auf der CD-ROM jeweils eine Teststation. Hier werden die mathematischen Schwerpunkte der vorangegangenen Kapitel aufgegriffen und überprüft. Jeder Test muss fehlerlos absolviert werden, damit man in die nächste Lernphase gelangen kann.
Zusätzlich enthält die CD-ROM einen Rechentrainer, der sich im Schloss in der Mitte der Übersichtskarte befindet. Die Übungen im Rechentrainer entsprechen den mathematischen Inhalten der vier Phasen. Er kann jederzeit durch einen Klick auf das Schloss gestartet werden. Die Kinder finden dann umfangreiches Übungsmaterial zu den Schwerpunkten der Phase, in der sie gerade arbeiten.
Ein spezieller Programmteil bietet den Lehrenden einen Überblick über den Lernstand jedes Kindes. Eventuell vorliegende Rechenprobleme können auf diese Weise frühzeitig erkannt werden, individuelle Förderung kann gezielt eingesetzt werden. Die EINS PLUS Klassen-CD-ROM wird als Einzelplatz- und als Netzwerkversion für PC und Mac angeboten.

Besonderheiten von EINS PLUS Band 3

Abenteuergeschichten mit mathematischem Kern
Eine Besonderheit von EINS PLUS sind die Abenteuergeschichten von Prinz Cedric und seinen Freundinnen und Freunden Linn, Nora, Philipp und Aron.

Im Schülerbuch beginnt jedes Kapitel, ausgenommen die Wiederholungskapitel „Zeig, was du kannst!", mit einem Impulsbild, welches sich auf die Abenteuergeschichte bezieht. Alle Geschichten sind im Handbuch für Lehrerinnen und Lehrer in voller Länge abgedruckt. Zusätzlich finden Sie dort beim jedem Kapitel auch eine Kurzfassung. Sie können die Geschichten selbst vorlesen bzw. nacherzählen. Die Geschichten sind auch auf Audio-CD erhältlich, aufgenommen mit professionellen Sprecherinnen und Sprechern. Wir schlagen vor, die Präsentationsformen immer wieder zu wechseln. Wir stellen die fünf Freundinnen und Freunde in Kurzporträts vor.

Cedric ist ein junger Prinz, der von seiner Familie in ein fernes Land in die Schule geschickt wird. Er soll sich dort auf die Regierungsgeschäfte vorbereiten. Cedric ist jemand, der immer gute Ideen hat, der nicht leicht aufgibt, auch wenn es ganz schwierig wird. Andere Kinder folgen ihm gerne, weil er meistens weiß, was zu tun ist.

Linn ist ein Mädchen, das auf einer einsamen Insel wohnt. Sie ist sehr schön, trägt ein Glitzerkleid und hat lange Haare, die mit Wiesenblumen geschmückt sind. Sie rettet Cedric nach seinem Schiffbruch und bringt ihn in ihre Hütte. Es stellt sich heraus, dass Linn von den Sangelien abstammt, ein altes Volk, das sehr weise ist und Königinnen und Königen beratend zur Seite steht. Linn ist sehr feinfühlig, sie merkt sofort, wie es jemandem geht und sie kann ganz kleine Unterschiede wahrnehmen.

Philipp ist ein Naturbursche, der mit allen Wassern gewaschen ist. Er reitet gern, kämpft mit jedem, wenn es nötig ist und er kann perfekt rechnen. Wenn es darum geht, Gefahren zu bestehen, schreckt er vor nichts zurück. Philipp hat auch großes Verhandlungsgeschick. Er behält auch in komplizierten Situationen den Überblick und meistens fällt ihm ein guter Trick ein.

Besonderheiten von EINS PLUS Band 3

Nora ist die Zwillingsschwester von Aron. Sie ist zart und klein. Nora besitzt etwas Besonderes, einen Flugrucksack, mit dem sie jederzeit in die Höhe steigen und sich alles von oben ansehen kann. Ihre scharfen Augen verschaffen ihr einen perfekten Überblick. Sie findet alle Wege und sorgt dafür, dass die Kinder immer die Orientierung behalten.

Aron, der Zwillingsbruder von Nora, ist ein kräftiger Bursche. Alles, was er anpackt, funktioniert. Er kann die verschiedensten Dinge reparieren, kann mit Maßstab und Lineal umgehen, ein Floß oder eine Hütte bauen. Er redet nicht gern herum, ihm ist am liebsten, wenn Nägel mit Köpfen gemacht werden.

Bleib in Form!
Mathematische Basiskompetenzen müssen immer wieder geübt und gefestigt werden, auch wenn sie nicht explizit Schwerpunkt der einzelnen Kapitel sind. Um diese regelmäßige Wiederholung sicher zu stellen, finden Sie in EINS PLUS, sowohl im Erarbeitungs- als auch im Arbeitsheft, auf jeder zweiten Seite eine Übungssequenz mit dem Titel „Bleib in Form!". Die mathematischen Angebote innerhalb dieses Formates beziehen sich auf mathematisches Basiswissen und spezielle Inhalte, die zum Teil schon in der Grundstufe I oder in vorangegangenen Kapiteln erarbeitet wurden. Vereinbaren Sie mit den Kindern Ihrer Klasse, in welcher Form diese Übungen gelöst werden. Sie können diese Wiederholungen entweder gemeinsam Seite für Seite rechnen oder innerhalb eines Kapitels alle Übungen in die Selbstverantwortung der einzelnen Kinder übergeben. Jedes Kind kann dann die Übungen individuell nach seinem Tempo und Zeitplan bearbeiten. Die meisten Übungen sind mit Lösungszahlen versehen, Selbstkontrolle ist somit gegeben und auch gefordert. Sind keine Ergebnisse notiert, dann handelt es sich mehrheitlich um Aufgaben, die gemeinsam oder in der Kleingruppe besprochen werden sollen. Somit ist in diesen Übungsformen auch die Kompetenz Kommunizieren verankert. Immer wieder sind bei den Übungen zu „Bleib in Form!" auch anspruchsvolle Aufgaben eingebaut, die von den Kindern Problemlösekompetenz fordern. Diese Übungen sind, wie alle anspruchsvollen Aufgaben in EINS PLUS, mit einem Sternsymbol gekennzeichnet.

„Bleib in Form!" enthält auch Partner- und Gruppenübungen. Zur Wiederholung der Malreihen schlagen wir z.B. das Malreihen-Bingo vor. Die Kinder können in Kleingruppen spielen, sie verwenden die Spielpläne im Buch oder zeichnen sich selbst entsprechende Raster in die Hefte. Varianten zum Spiel finden Sie bei den allgemeinen Hinweisen zu den einzelnen Kapiteln. Im Laufe der dritten Klassen werden im Anschnitt „Bleib in Form!" systematisch alle Lehrplaninhalte dieser Schulstufe wiederholt: Zahlenraum bis 1000, Längenmaße, Gewichtsmaße, Zeitmaße, Maßumwandlungen, schriftliche Addition, schriftliche Subtraktion, schriftliche Multiplikation, schriftliche Division.

Zeig, was du kannst!
Jede der vier Phasen in EINS PLUS 3 schließt mit dem Wiederholungskapitel „Zeig, was du kannst!". In den Kapiteln 5, 10, 15 und 20 wird also kein neuer mathematischer Inhalt präsentiert, kollektives und individuelles Wiederholen der Inhalte der vorangegangenen vier Erarbeitungsphasen stehen auf dem Plan.

Die einzelnen Seiten dieses Kapitels widmen sich jeweils einem mathematischen Schwerpunkt, der in einem der vorangegangenen Kapitel behandelt wurde. Jede dieser Seiten hat zwei Teile. Im ersten Teil wird ein konkreter mathematischer Schwerpunkt wiederholt. Dies dient zur Einstimmung auf den Selbsttest.

Im zweiten Teil sind die Kinder mit der Aufforderung „Hole dir deinen Stern" eingeladen, ihre mathematischen Leistungen und Fortschritte selbstständig zu überprüfen. Die Schülerinnen und Schüler bearbeiten individuell die Aufgaben in den gelb hinterlegten Feldern. Jede Aufgabe im Buch ist mit einem Stern gekennzeichnet. Die Kinder suchen im beiliegenden Lösungsheft, dem so genannten Sterneheft, den entsprechenden Stern, vergleichen die Ergebnisse, haken die richtigen Ergebnisse im Schülerbuch ab und zählen ihre Punkte. Die erreichten Punkte werden im Lösungsheft eingetragen. Je nach Punkteanzahl darf der Stern im Lösungsheft dann rot, silbern oder gold bemalt werden. Zusätzlich dazu erhalten die Kinder auch eine verbale Rückmeldung zu der erreichten Punktezahl. Diese Zeilen sollen die Kinder darauf hinweisen, dass Üben wichtig ist und Zeit braucht, die Kinder sollen ermutigt werden, sich aktiv Hilfe zu holen, wenn sie sich nicht auskennen und sie sollen auch das Lob genießen, wenn ihnen gute Leistungen gelingen.

Ein Übersichtsplan auf der letzten Seite des Lösungsheftes gibt Kindern, Lehrerinnen und Lehrern und auch Eltern Auskunft darüber, welche Übungen schon gelöst wurden und wie der Erfolg des einzelnen Kindes aussieht. Viele goldene Sterne zeugen von tollen mathematischen Leistungen.

Es bleibt Ihnen überlassen, in welcher Form Sie mit Ihren Schülerinnen und Schülern am Schuljahresende diesen Sternenpfad gebührend feiern!

Schlüsselbilder in EINS PLUS

Das Wort „Schlüsselbild" ist abgeleitet von „verschlüsseln". Das Schlüsselbild enthält Informationen über die Person, die es angefertigt hat. Schlüsselbilder sind meist Bildvorlagen, die man nach bestimmten Regeln gestalten muss. In der englischsprachigen Mathematikdidaktik werden sie „Glyphs" genannt, ein Wort, das sich schwer übersetzen lässt und das wir mit dem eingängigen Begriff „Schlüsselbild" wiedergeben. (vgl. z.B. „Glyphs & Math: How to Collect, Interpret, and Analyze Data", Torri Guzzetta, Pat Gilbert oder „Great Gylphs Around the Year", Honi Bamberger, Patricia Hughes)

Zu einem bestimmten Thema werden sog. Schlüsselfragen mit mehreren Antwortmöglichkeiten formuliert. Je nach Antwort, müssen bestimmte Teile des Bildes mit einer bestimmten Farbe bemalt werden. Wer das Schlüsselbild auf diese Weise erstellt, verschlüsselt die eigenen Antworten in Farbsymbole. Möchte jemand das Schlüsselbild wieder entschlüsseln, dann geben die Farbsymbole Auskunft über die Person, die das Schlüsselbild angefertigt hat.

17. Daten und Zufall

1 Finde so viel wie möglich über die Besitzer dieser beiden Pferde heraus. In den bunten Feldern findest du wichtige Hinweise.

Pferdedecke
schwarz: Häuptling
grün: Heiler oder Heilerin
rot: Jäger oder Jägerin
blau: Händler oder Händlerin

Fell des Pferdes
hellbraun: lebt in der Wüste
dunkelbraun: lebt auf dem Land
schwarz: lebt im Gebirge

Mähne
braun: Frau
schwarz: Mann

Zeichnung
Sonne: Morgenmensch
Mond: Abendmensch

2 Schlüsselbilder mit Pferden
a) Gestalte dein Pferdebild. Wer möchtest du gerne sein? Wo möchtest du leben? Verwende die Hinweise aus Aufgabe 1.
b) Hängt eure Pferdebilder in der Klasse auf.
c) Gehe von Bild zu Bild und mache zu jedem Merkmal eine Strichliste.
d) Fasse die Daten aus deiner Strichliste in einer Tabelle zusammen.

Morgenmenschen: 𝍸 ||
Abendmenschen: 𝍸 𝍸 𝍸

Morgenmenschen:	7
Abendmenschen:	15

Bleib in Form!

3 Berechne den Unterschied zwischen 906 und 283.

Schlüsselbilder, Statistik
2) In den selbst gestalteten Bildern kommen persönliche Wünsche der Kinder zum Ausdruck. Die Hinweise in den Kästchen dienen dazu, die Bilder zu entschlüsseln.
Weitere Hinweise zur Arbeit mit Schlüsselbildern ▶ LH

96

Mit Hilfe von Schlüsselbildern und den Informationen, die ihnen zu entnehmen sind, wird Textverständnis geübt und gezeigt, wie man einerseits Informationen verschlüsselt darstellen kann, und wie man andererseits aus verschlüsselten Informationen wieder Rückschlüsse ziehen kann. Sie sind ein sinnstiftender Anlass, Daten über Mitmenschen, die Umwelt, ... zu sammeln, diese Daten auszuwerten, in Diagrammen darzustellen und zu interpretieren. Im Lebensalltag und in der Schule bekommt dieser Bereich der Mathematik immer größere Bedeutung.

Kapitel 17, Seite 96

Im Handbuch für Lehrerinnen und Lehrer gibt es zu diesem Schwerpunkt weitere Anmerkungen, Lernstationen und Kopiervorlagen. Sie finden diese bei den Kapiteln 17 und 18.

Wir laden sie jedoch ausdrücklich ein, dass Sie mit den Schüler/innen auch selbstständig aktiv werden und im Laufe des Schuljahrs das eine oder andere Schlüsselbild selbst gestalten.

Knobelplakate

Die 12 großformatigen Knobelplakate zu EINS PLUS Band 3 enthalten mathematische Rätsel für die ganze Klasse. Die Schülerinnen und Schüler werden mit ansprechenden Bildern und kniffligen Fragestellungen ermuntert, mathematische Problemstellungen zu erkennen und eigenständig zu lösen.

Die mathematischen Inhalte der Knobelaufgaben entsprechen dem Lehrplan der dritten Schulstufe. Auf anspruchsvolle und kreative Weise sprechen sie darüber hinaus alle Kompetenzen an, die in den österreichischen Bildungsstandards von einem zeitgemäßen Mathematikunterricht eingefordert werden. Der Schwerpunkt liegt bei den allgemeinen Kompetenzen Kommunizieren AK 3 und Problemlösen AK 4.

Jedes Knobelplakat passt thematisch zu einem der Kapitel im Lehrwerk EINS PLUS. Eine genaue Beschreibung und Hinweise, wie die Plakate konkret verwendet werden können, finden Sie bei den entsprechenden methodisch-didaktischen Anregungen zu den einzelnen Kapiteln.

Die Knobelplakate können auch unabhängig von EINS PLUS eingesetzt und als Gesamtpaket erworben werden. Die Beschreibungen und Erklärungen sind auch dieser Ausgabe beigelegt.

Die Knobelplakate beinhalten keine Routineaufgaben. Die Kinder müssen sich neue Strategien, alternative Lösungswege und kreative Problemlösungstechniken einfallen lassen, um die Aufgaben zu lösen. Es ist wichtig, dass Sie den Kindern dafür Zeit geben.

Kultur der Knobelei

John Mason propagiert eine „Atmosphäre der Vermutungen", der wir uns als Autorenteam gerne anschließen (vgl. Mason. J., Graham, A., Johnston-Wilder, S.: „Developing thinking in algebra", 2005, SAGE Publications, S 147). Wer Probleme lösen will, muss den Mut haben, auch Ideen auszusprechen, die sich in der Folge vielleicht als wenig bis nicht brauchbar herausstellen. Bestärken Sie die Schüler/innen darin, auch erste Vermutungen auszusprechen. Geben Sie Ideen den gleichen Stellenwert wie fertigen Lösungen. Alle Überlegungen sollen mit Respekt behandelt werden. Gehen Sie vorsichtig mit dem Gebrauch des Wortes „falsch" um, sprechen Sie besser von „… Vermutungen, die sich nicht bewahrheiten haben …" oder „… Ideen, die zu prüfen sind …", bzw. „ … Lösungen, die in diesem Fall nicht zum Ziel führen …".

Einzelne Knobelplakate verlocken zum Entwickeln weiterer, komplexerer Fragestellungen. Möglicherweise ergeben sich auch aus dem Kreis der Kinder Anregungen für ähnliche Knobelaufgaben. Sie können die Kinder auch explizit auffordern, neue Aufgaben für ihre Mitschüler/innen zu kreieren. Bei der Vorstellung der Knobelplakate finden sich auch Anregungen für weitere knifflige Fragestellungen. Auf diese Weise können auch die Ansprüche Differenzierung und Individualisierung erfüllt werden.
Das Sprechen über Vermutungen, mögliche Lösungen, alternative Wege, das Philosophieren über Mathematik, … führt nicht nur zu einem qualitätsvollen und kompetenzorientierten Mathematikunterricht, es unterstützt auch Toleranz, Offenheit, Kritikfähigkeit und Kreativität.

Einsatz der Knobelplakate in der Klasse

Besprechen Sie im Vorfeld die Spielregeln für die Arbeit mit den Knobelplakaten. Folgende Vereinbarungen, es gibt sie auch als Kopiervorlage KV 1, können Sie auch im Klassenraum präsentieren. Die Arbeit mit den Knobelplakaten erfolgt dann in mehreren Schritten.

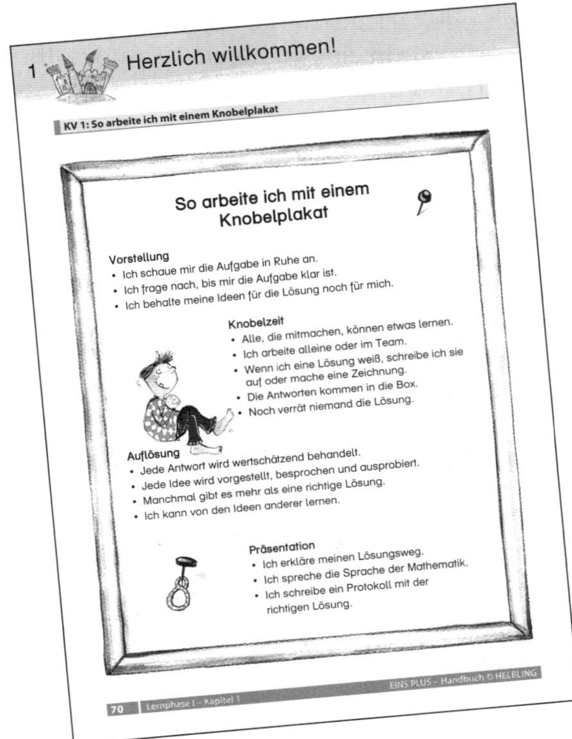

1 Herzlich willkommen!

KV 1: So arbeite ich mit einem Knobelplakat

So arbeite ich mit einem Knobelplakat

Vorstellung
- Ich schaue mir die Aufgabe in Ruhe an.
- Ich frage nach, bis mir die Aufgabe klar ist.
- Ich behalte meine Ideen für die Lösung noch für mich.

Knobelzeit
- Alle, die mitmachen, können etwas lernen.
- Ich arbeite alleine oder im Team.
- Wenn ich eine Lösung weiß, schreibe ich sie auf oder mache eine Zeichnung.
- Die Antworten kommen in die Box.
- Noch verrät niemand die Lösung.

Auflösung
- Jede Antwort wird wertschätzend behandelt.
- Jede Idee wird vorgestellt, besprochen und ausprobiert.
- Manchmal gibt es mehr als eine richtige Lösung.
- Ich kann von den Ideen anderer lernen.

Präsentation
- Ich erkläre meinen Lösungsweg.
- Ich spreche die Sprache der Mathematik.
- Ich schreibe ein Protokoll mit der richtigen Lösung.

70 Lernphase I – Kapitel 1 EINS PLUS – Handbuch © HELBLING

Besonderheiten von EINS PLUS Band 3

1. Präsentation des Knobelplakates
Jedes Plakat wird als Rätselimpuls vor allen Kindern im Klassenverband präsentiert. Besprechen Sie mit den Schüler/innen gemeinsam die Aufgabenstellung bis allen Kinder klar wird, was gefragt ist. Verraten Sie keine Lösungsansätze, gehen Sie nicht auf spontan herausgerufene Ideen der Kinder ein.

2. Knobelzeit für die Kinder
Das Plakat bleibt gut sichtbar einige Tage in der Klasse aufgehängt. Vereinbaren Sie einen Termin, an dem die Auflösung stattfinden wird. Bis dahin können sich die Kinder alleine oder in Gruppen Gedanken zu den Aufgaben machen und Lösungen erarbeiten. Die Kinder formulieren oder zeichnen ihre individuellen Lösungen und werfen sie in eine vorbereitete „Antwortbox" oder einen „Lösungsbriefkasten" ein.

Es kann vorkommen, dass Sie in dieser Knobelzeit von den Kindern um Hilfe gebeten werden. Wir haben dafür einige Tipps zusammengesellt.

Was tun, wenn ...
... Kinder in der Knobelphase keine Ideen entwickeln oder gar aufgeben?

- *Finden Sie durch Nachfragen heraus, wo genau das Problem liegt, warum die Kinder zu keiner Lösung finden. Vermeiden Sie konkrete Anweisungen, wie es gehen könnte.*
- *Möglicherweise verstehen die Kinder die Begrifflichkeit nicht. Fragen Sie nach, fordern Sie die Kinder auf, ihre Problemlage zu verbalisieren. Die Kinder müssen dahingehend begleitet werden, dass Sie ihre Anliegen in Worte fassen können.*

Wir geben bei der Vorstellung der einzelnen Knobelplakate Tipps, wie Sie entweder das Problem vereinfachen können oder wie Sie dezent auf einen möglichen Lösungsansatz hinführen können, ohne zu viel zu verraten.

... ein Kind glaubt, die richtige Lösung gefunden zu haben und jene unbedingt mitteilen will?

- *Verweisen Sie auf die Vereinbarungen zum Lösen von Knobelplakaten.*
- *Stimmen Sie nicht vorschnell zu. Entwickeln Sie in Ihrer Klasse eine Kultur, die es allen Kindern ermöglicht, in ihrer eigenen Zeit zu arbeiten. Dies fordert von manchen Kindern Selbstbeherrschung, damit sie nicht sofort mit einer Lösung „herausplatzen" und damit allen anderen Kindern die Chancen auf Selbsterfahrung und Selbsterkenntnis nehmen. Diese Vereinbarungen müssen mit allen Kindern der Klassen getroffen und immer wieder in Erinnerung gebracht werden und brauchen Zeit, um sich zu festigen. Sagen Sie den „Wiffzacks" also nicht sofort, dass die Antwort richtig ist. In der Auflösungsphase müssen die Kinder in jedem Fall den Lösungsweg beschreiben. Oft gibt es zu einer richtigen Lösung auch mehrere verschiedene Lösungswege. Die Aufgabe ist daher mit dem Nennen der richtigen Lösung noch nicht erledigt.*
- *Fragen Sie in jedem Fall nach, ob es auch noch andere Lösungswege gibt. Laden Sie zum Nachdenken und Weiterdenken ein. Jeder Lösungsansatz verdient Lob und vor allem die Disziplin, die Antwort noch etwas für sich zu behalten.*

Für besonders interessierte Kinder gibt es zu einzelnen Plakaten auch vertiefende Übungen. Vorschläge dazu finden Sie bei den Erklärungen zu den einzelnen Plakaten.

... „falsche" Lösungen auftauchen?

- *Für alle Arbeiten mit den Knobelplakaten gilt – vermeiden Sie in jedem Fall diskriminierende Bloßstellungen der Antwortgeber/innen. Lassen Sie die Kinder beschreiben, wie sie zu ihren Antworten gekommen sind. Gemeinsames Überlegen, größtmögliche Anschaulichkeit und praktisches Erproben führen dann meist zum richtigen Ergebnis und zur Erkenntnis, dass Fehler nichts Schlimmes sind, sondern Schritte auf dem Lösungsweg, die korrigiert werden müssen. Oft beinhalten „falsche" Lösungen auch einen Weg zur richtigen Lösung.*
- *Machen Sie sich mit den Kindern gemeinsam auf die Suche nach den vermeintlichen Denkfehlern. Manche Probleme enthalten typische Stolpersteine. Fordern Sie die Kinder auf, ihre Ideen kritisch zu prüfen. Wahren Sie die Chance, dass die Schüler/innen ihre Strategien selbstständig ändern und erweitern. Unterstützen Sie den Mut zu kreativen, außergewöhnlichen, „schrägen" Lösungswegen.*

3. Präsentation und Auflösung des mathematischen Problems
Wählen Sie einen geeigneten Rahmen für die Präsentationen im Klassenverband. Das kann z.B. im Klassenkreis, zum Wochenabschluss, ... geschehen. Planen Sie genügend Zeit ein für diesen so wichtigen Teil der Arbeit mit Knobelplakaten. Kinder müssen lernen, ihre Ideen in Worte zu fassen, ihre unterschiedlichen und unterschiedlich erfolgreichen Lösungswege zu beschreiben und zu begründen. Pflegen Sie mit den Schüler/innen entwicklungsgerecht die Fachsprache

der Mathematik. Nach und nach wird bei den einzelnen Kindern das Repertoire an mathematischen Begriffen anwachsen. Im Handbuch für Lehrerinnen und Lehrer finden Sie bei den Erläuterungen zu den einzelnen Knobelplakaten eine Sammlung von Fachbegriffen und Redewendungen, die bei der Erstellung von Protokollen hilfreich sind.

Die Auflösung des Rätsels im Klassenverband stärkt die wichtige Kompetenz, über mathematische Sachverhalte auch kommunizieren zu können. Alle Ideen werden vorgestellt, alle Kinder sollen zu Wort kommen. Durch das Vergleichen verschiedener Lösungswege lernen die Kinder noch mehr über das mathematische Problem, sie sind eingeladen, es auch aus anderen Blickwinkeln zu betrachten. Fordern Sie die Schüler/innen auch auf, andere, neue Strategien zu erproben. Kinder lernen von den Ideen anderer Kinder.

4. Protokoll der richtigen Lösung
Eine Sammlung von Begriffen, die die Kinder für das Protokoll verwenden können, finden Sie beim jeweiligen Kapitel als Kopiervorlage. Präsentieren Sie diese Begriffe nach der gemeinsamen Auflösung. Markieren Sie auf der Kopiervorlage jene, die die Kinder beim Formulieren ihrer Lösungen verwendet haben. Falls die Kinder für die Beschreibung ihrer Lösungen weitere Begriffe benötigen, ergänzen Sie diese bitte. Die Kinder können sich daran orientieren, wenn sie anschließend selbstständig ihre schriftlichen Protokolle verfassen.

Zu jeder Knobelaufgabe finden Sie auch ein Beispiel, wie das fiktive Kind „Leonardo" sein Protokoll gestaltet hat. Diese „Musterlösung" ist als Anregung gedacht, bestimmt werden sich eigene, individuelle Variationen ergeben.

Die Kinder sollen ihre Protokolle in einem eigenen Heft sammeln. Dort ist auch Platz für Skizzen und Anmerkungen. In diesem EINS PLUS Portfolio, auch mathematisches Tagebuch genannt, kann das Merkblatt für die Arbeit mit Knobelplakaten enthalten sein. Es ist uns wichtig, dass die Kinder ihre eigenen Worte finden und damit lernen, wie man Protokolle verfasst. Reine Abschreibübungen führen nicht zum gewünschten Ziel. Kompetenzerwerb gelingt nur durch selbstständiges Tun.

Knobelaufgaben in EINS PLUS
Um die Kultur der Knobelei verstärkt im Unterricht zu verankern, finden Sie, zusätzlich zu den Knobelplakaten, auch im Schülerbuch von EINS PLUS Knobelaufgaben. Jedes Wiederholungskapitel „Zeig, was du kannst!" hält auf der letzten Seite eine herausfordernde Aufgabe bereit. Diese insgesamt vier Knobelaufgaben und deren Einsatz im Unterricht werden bei den methodisch-didaktischen Hinweisen ausführlich vorgestellt. Auch deren Dokumentation kann in das mathematische Tagebuch einfließen.

Für den Einsatz der Knobelaufgaben empfehlen wir ICH – DU – WIR – Unterrichtsphasen. Lassen Sie nach der Vorstellung der Aufgabe und der Klärung der Aufgabenstellung zunächst die Kinder selbst eine Lösung suchen, ICH-Phase. Dann laden Sie die Kinder ein, ihre Lösungen mit einer Mitschülerin, einem Mitschüler oder in einer Kleingruppe zu besprechen, DU-Phase. Dabei ergeben sich oft wichtige Klärungen und die Kinder lernen, über mathematische Sachverhalte zu sprechen.

Abschließend präsentieren die Kinder ihre Lösungen im Klassenkreis, WIR-Phase. Dabei ist es sinnvoll, verwendete Begriffe zu sammeln und an der Tafel oder auf einem Plakat zu notieren, sowie verschiedene Lösungswege und Lösungsstrategien miteinander zu vergleichen. In diesen „Strategiekonferenzen" erweitern Sie die mathematische Kommunikationsfähigkeit der Kinder sowie ihr Repertoire an Problemlösungsstrategien.

Spiele mit Zahlenkarten

Übungen mit Zahlenkarten festigen das Verständnis für den Zahlenraum, geben den Schüler/innen Sicherheit im Umgang mit Stellenwerten und sorgen dafür, dass die Kinder Eigenschaften von Zahlen benennen können. Diese Übungen können jederzeit, auch zur Auflockerung des Unterrichts, eingesetzt werden. Bei den Übungen sind ständig alle Kinder involviert, die ganze Klasse ist aktiv, niemand muss aufzeigen und warten bis sie/er „dran" ist.

Übungen mit Zahlenkarten eignen sich sehr gut für folgende Bereiche:

- Anwendung von mathematischen Begriffen gerade/ungerade, größer als/kleiner als/ Quersumme, dreistellig, …
- einfache Rechenspiele zu den Malreihen und Grundrechnungsarten
- Schätz- und Ratespiele

Tipps für die Arbeit in der Klasse

Karten: Zehner + Einer + Hunderter
Jedes Kind benötigt die Zahlenkarten von 0 bis 9 sowie die Zehnerzahlenkarten 10, 20, … und die Hunderterzahlenkarten 100, 200, ….
Die Zahl 127 wird dann aus 100, 20 und der Zahl 7 gebildet.

Karten: Nur Ziffern 0 bis 9
Alternativ können Sie allein mit den Zahlenkarten von 0 bis 9 arbeiten. Dann treten allerdings Einschränkungen auf, da jede Ziffer nur einmal vorhanden ist. Z.B. für die Zahl 11 bräuchte man zwei Einser und sie kann daher nicht gebildet werden. Diese Einschränkung ist bei manchen Spielen durchaus reizvoll. Wir empfehlen diese Variante erst, wenn die dreistelligen Zahlen gut eingeführt sind.

Zahlen zeigen
Bei allen Übungen bilden die Kinder ihre Antworten mit den Karten. Sie „stecken" das Ergebnis und halten die Karten hoch. Das ist wichtig, damit Sie als Lehrer/in mit einem Blick die Antworten aller Schüler/innen sehen können.

Beispiel: „Zeigt mir die Zahl 6". Kontrollieren Sie die Karten aller Kinder und korrigieren Sie falls nötig, z.B. „Anna, das ist die Zahl 9, ich will aber 6." Wenn ein Kind eine falsche Zahl zeigt, reicht es meist schon, ihm in die Augen zu sehen und die ursprüngliche Anweisung zu wiederholen: „… die Zahl 6".

Zahlen verdrehen, mehrstellige Zahlen
Am Anfang ist es schwierig, Zahlen aus Karten zu bilden, sie in der Hand aufzustecken und dann in Richtung Tafel zu halten, ohne dabei die Zahlen zu verdrehen oder die Stellenwerte zu vertauschen. Tipp: Erst die Zahl so bilden, bzw. die Karten in der Reihenfolge aufstecken, dass man sie selbst richtig lesen kann.
Dann dreht man die Hand in Richtung Tafel bzw. Spielleitung.

Spielvarianten

Zeig mir die Zahl …

Mathematischer Schwerpunkt:
Zahlenraum, Zahlen bilden, Zahlenbereiche, Runden von Zahlen, Stellenwerte

Spielidee
L nennt Zahlen, die daraufhin von den Kindern gebildet und gezeigt werden.
Sobald alle Kinder die Zahl richtig zeigen, schreibt L die Zahl an die Tafel und spricht dabei deutlich mit.

Erweiterung: Tafelkind
Sie können auch ein Tafelkind bestimmen, das die Lösung(en) am Ende jeder Übung aufschreiben darf.

Erweiterung: Kinder stellen Rätsel
Nachdem Sie einige Aufgaben gestellt haben, sollen auch einzelne Kinder ähnliche Aufgaben für ihre Mitschüler/innen formulieren.

Erweiterung: Unterscheidung
Bei Aufgaben, bei denen mehrere Lösungen möglich sind, können Sie zusätzliche Merkmale einfordern: „Eure Zahl muss sich von der Zahl eurer Nachbarin, eures Nachbarns unterscheiden."

Einfache Aufgaben:
Die gesuchte Zahl wird angesagt.
L: „Zeigt mir die Zahl 58!" – „Zeigt mir die Zahl 127!"

Bereichsaufgaben:
Ein Zahlenbereich wird angesagt.

Spiele mit Zahlenkarten

L: „Zeigt mir eine Zahl zwischen 50 und 60!" – „Zeigt mir eine Zahl, die größer ist als 100!"
Zusatzbedingung: L: „Eure Zahl muss sich von der Zahl eures Banknachbarns unterscheiden!"

Einfache Stellenwertaufgaben:
Zahlen werden mit Hilfe der Stellenwerte beschrieben.
L: „Zeigt mir eine Zahl, die an der Einerstelle die Ziffer 3 hat und an der Zehnerstelle die Ziffer 8!"
Wenn alle Kinder die Lösung haben: „Wie lautet die Zahl?"

Offene Stellenwertaufgaben:
Zahlen werden mit Hilfe der Stellenwerte beschrieben. Es gibt mehrere Lösungen.
L: „Zeigt mir eine zweistellige Zahl, die an der Zehnerstelle die Ziffer 5 hat!"
L: „Zeigt mir eine Zahl, die an der Hunderterstelle die Ziffer 2 hat und an der Einerstelle eine größere Ziffer als an der Zehnerstelle!"

Rundungsaufgaben:
Zahlenbereiche werden durch ihr Rundungsergebnis beschrieben.
Vereinbaren Sie vor dem Spiel, ob auf Zehner, Hunderter oder Tausender gerundet wird.
L: „Zeigt mir eine Zahl, die gerundet 120 ergibt!"
L: „Zeigt mir die Zahl, die man erhält, wenn man 157 auf Hunderter rundet!"

Gerade / ungerade:
Kombinieren Sie die obigen Fragestellungen mit den Begriffen gerade/ungerade.
L: „Zeigt mir eine ungerade Zahl zwischen 20 und 30!"

Auflockerungsspiel

Mathematischer Schwerpunkt:
Zahlenraum

Spielidee
Legen Sie vor dem Spiel den Zahlenbereich fest, zum Beispiel: „Jedes Kind bildet eine Zahl zwischen 300 und 500!" Fordern Sie ein, dass sich die Zahlen der einzelnen Kinder unterscheiden müssen. L gibt dann Anweisungen, was Kinder tun sollen, wenn sie eine bestimmte Zahl gewählt haben. „Alle ungeraden Zahlen stehen auf!" etc.

Mathematische Hinweise	Aktionshinweise
Alle ungeraden Zahlen …	… stehen auf (und setzen sich wieder)
Alle geraden Zahlen …	… stehen auf einem Bein
Alle Zahlen, die größer sind als …	… heben die linke Hand
Alle Zahlen, die größer sind als …	… legen die linke Hand auf den Kopf
Alle Zahlen, deren Einerziffer größer ist als die Zehnerziffer …	… blasen die Wangen auf
etc.	etc.

Malreihenspiel

Mathematischer Schwerpunkt:
Malreihen

L bestimmt eine Malreihe und schreibt sie auf, z.B. „Die 4er Reihe".
Jedes Kind bildet eine Zahl der 4er Reihe und zeigt sie. Fordern Sie eine Unterscheidung: Die Zahl des Kindes muss sich von der Zahl des Banknachbarns unterscheiden. Dann werden die Ergebnisse an der Tafel gesammelt.
Wenn noch Zahlen der 4er Reihe fehlen, wird das Spiel wiederholt, bis alle Zahlen da sind.

Knobelaufgabe:
Kann man alle Malreihenzahlen mit Ziffernkarten darstellen, wenn man jede Ziffer nur ein Mal hat?

Tintenklecksaufgaben Kopfrechnen

Mathematischer Schwerpunkt:
Grundrechnungsarten, Kopfrechnen, Rechnen mit Platzhaltern

Spielidee
L schreibt eine Rechnung an die Tafel, bei der eine oder zwei Zahlen fehlen (vgl. Tintenklecks-Aufgaben). Die Kinder zeigen die fehlenden Ziffern.
Wenn alle Kinder die Aufgabe gelöst haben, wird die Rechnung an der Tafel fertig geschrieben (L oder Tafelkind).

Tipp: Wenn die Kinder zwei Zahlen erraten müssen, sollten diese Zahlen nur einstellig sein.

Einfache Aufgaben:
Es fehlt nur eine Ziffer, das Ergebnis ist eindeutig.
Beispiele: 5 + □ = 12 68 - 59 = □
□ · 5 = 30 42 : □ = 6

Offene Aufgaben:
Es fehlen zwei Ziffern, dadurch gibt es mehrere Lösungen. Nachbarkinder sollen unterschiedliche Antworten haben, die Kinder müssen untereinander klären, wer eine andere Lösungsvariante suchen muss.
Beispiele: 7 + □ = □ □ - 8 = □
24 : □ = □ 2 · □ = □

Tintenklecksaufgaben

Mathematischer Schwerpunkt:
schriftliche Rechenverfahren, Addition, Subtraktion, Multiplikation, Division

Spielidee
L schreibt eine Rechnung an die Tafel, bei der eine oder zwei Ziffern fehlen.
Die Kinder halten die entsprechenden Karten hoch.

□ 1 5	4 7 1
6 4 1	1 □ □
8 □ 6	6 2 4

Schätzspiel: Wie viele ... sind das?

Mathematischer Schwerpunkt:
Zahlenraum, Schätzen, Differenz berechnen um die Schätzungen zu beurteilen

Spielidee
Eine Schätzmenge wird kurz gezeigt. Die Kinder geben mit Hilfe ihrer Zahlenkarten Tipps ab. Nach der Präsentation des Ergebnisses muss festgestellt werden, wer die besten Schätzungen abgegeben hat. Das ist die zweite mathematische Aufgabe, welche die Kinder lösen müssen.

Beispiel
Zum Schätzen großer Mengen eignen sich unterschiedliche Gegenstände, die kostengünstig, flexibel, einsetzbar, handlich, ... sein sollen, z.B. Plättchen aus unterschiedlichen Materialien, Stäbchen, Würfel, Murmeln, Gummiringerl, Zahnstocher, Riesenkonfetti, ...

Sie können zum Beispiel auch 35 Kreise auf die Tafel zeichnen und die Tafel zuklappen, ohne dass die Kinder die Kreise vorab zählen können. Erklären Sie das Spiel: „Ich zeige euch jetzt ein Bild mit Kreisen. Ihr sollt schätzen, wie viele das sind. Dazu zeigt ihr mir eure Schätzungen mit den Zahlenkarten."
Klappen Sie die Tafel kurz auf und rasch wieder zu. Nun zeigen die Kinder ihre Schätzungen. Sie halten ihre Schätzzahlen in die Höhe. Klappen Sie dann die Tafel wieder auf und zählen Sie die Kreise. Streichen Sie die Kreise dabei einzeln durch: „Eins, zwei, drei, ... 35!" „Wer hat genau 35?" Wenn Kinder genau geschätzt haben, dann sind das die Sieger. Wenn nicht, fragen Sie die Schüler/innen, welche Zahlen dann gewonnen haben könnten (z.B. 36 und 34).

Diskussion im Klassenverband
Wenn ein Kind 31 hat und ein anderes Kind hat 39, welches hat dann besser geschätzt? Die Kinder sollen ihre Überlegungen in Kleingruppen diskutieren und dann der Klasse vorstellen. Bieten Sie zur Erläuterung einen Zahlenstrahl an (in diesem Fall reicht der Bereich 30 bis 40). Verwenden Sie den Begriff „Differenz" im Zusammenhang mit „um wie viel verschätzt".

Differenzen zeigen
Spielen Sie ein neues Schätzspiel. Wenn die Kinder ihre Schätzung abgegeben haben und das genaue Ergebnis bekannt ist, soll jedes Kind ausrechnen, wie große seine Differenz zur richtigen Lösung ist. Anstatt der geschätzten Zahl wird mit den Zahlenkarten der Unterschied zur richtigen Lösung gezeigt. Nun fällt die Bestimmung der Sieger/innen leichter.

Rätselspiel: Ich suche eine Zahl ...

Mathematischer Schwerpunkt:
Zahlenraum, mathematische Begriffe

Spielidee
L gibt Hinweise, die schrittweise zu einer Lösungszahl führen. Die Hinweise werden an die Tafel oder auf ein Plakat geschrieben, da immer alle Hinweise erfüllt sein müssen.

Spiele mit Zahlenkarten

Beispiel
L: „Ich suche eine gerade Zahl." Notation: gerade Zahl
Die Kinder bilden mit ihren Zahlenkarten gerade Zahlen.
L: „Meine Zahl ist größer als 100!" Notation: > 100
Jene Kinder, die eine Zahl gebildet haben, die kleiner als 100 ist, müssen ihre Zahl entsprechend ändern, d.h. Zahlenkarte(n) ergänzen. Die anderen können ihre Zahl behalten.
L: „Hinweis: Die Zahl muss immer noch gerade sein."
L: „Meine Zahl ist kleiner als 220." Notation: < 220
Wieder müssen Kinder, deren Zahl die neue Bedingung nicht erfüllt, ihre Zahlenkarten ändern, umstecken.
…
Die Hinweise werden so lange weitergeführt, bis es nur mehr eine Zahl gibt, die alle Bedingungen erfüllt – die gesuchte Zahl. Am Ende sollen alle Kinder diese Zahl haben.

Tipp für den Einsatz im Unterricht: Sie müssen die Rätsel „Ich suche eine Zahl …" gut vorbereiten. Es ist sehr schwierig, sich neue Bedingungen auszudenken, während das Spiel im Gang ist. Wir stellen Ihnen drei fertige Rätsel vor:

Rätsel 1
1. Die Zahl ist kleiner als 50.
2. Die Zahl ist in der 7er Reihe.
3. Die Zahl ist gerade.
4. Die Ziffer an der Einerstelle ist größer als die Ziffer an der Zehnerstelle.
5. Die Zahl liegt zwischen 20 und 30.

Lösung: 28

Rätsel 2
1. Die Zahl ist größer als 50.
2. Die Zahl ist dreistellig.
3. Die Zahl hat die Ziffer 1 an der Hunderterstelle.
4. Zählt man die Ziffern der Zahl zusammen erhält man 3.
5. Die Zahl ist größer als 110.

Lösung: 120

Rätsel 3
1. Die Zahl ist ungerade.
2. Die Zahl liegt zwischen 400 und 500.
3. Rundet man die Zahl auf ganze Hunderter, erhält man 500.
4. Rundet man die Zahl auf ganze Zehner, erhält man 480.
5. Die Zahl ist größer als 480.
6. Die Ziffer an der Hunderterstelle ist vier Mal so groß wie die Ziffer an der Einerstelle.

Lösung: 481

Balkenmodelle

Einführung in die Arbeit mit Balkenmodellen

1. Was sind Balkenmodelle?
Balkenmodelle sind eine systematische, einfache Art von Skizzen. Sie dienen als Bindeglied zwischen der Sachebene und der mathematischen Ebene.

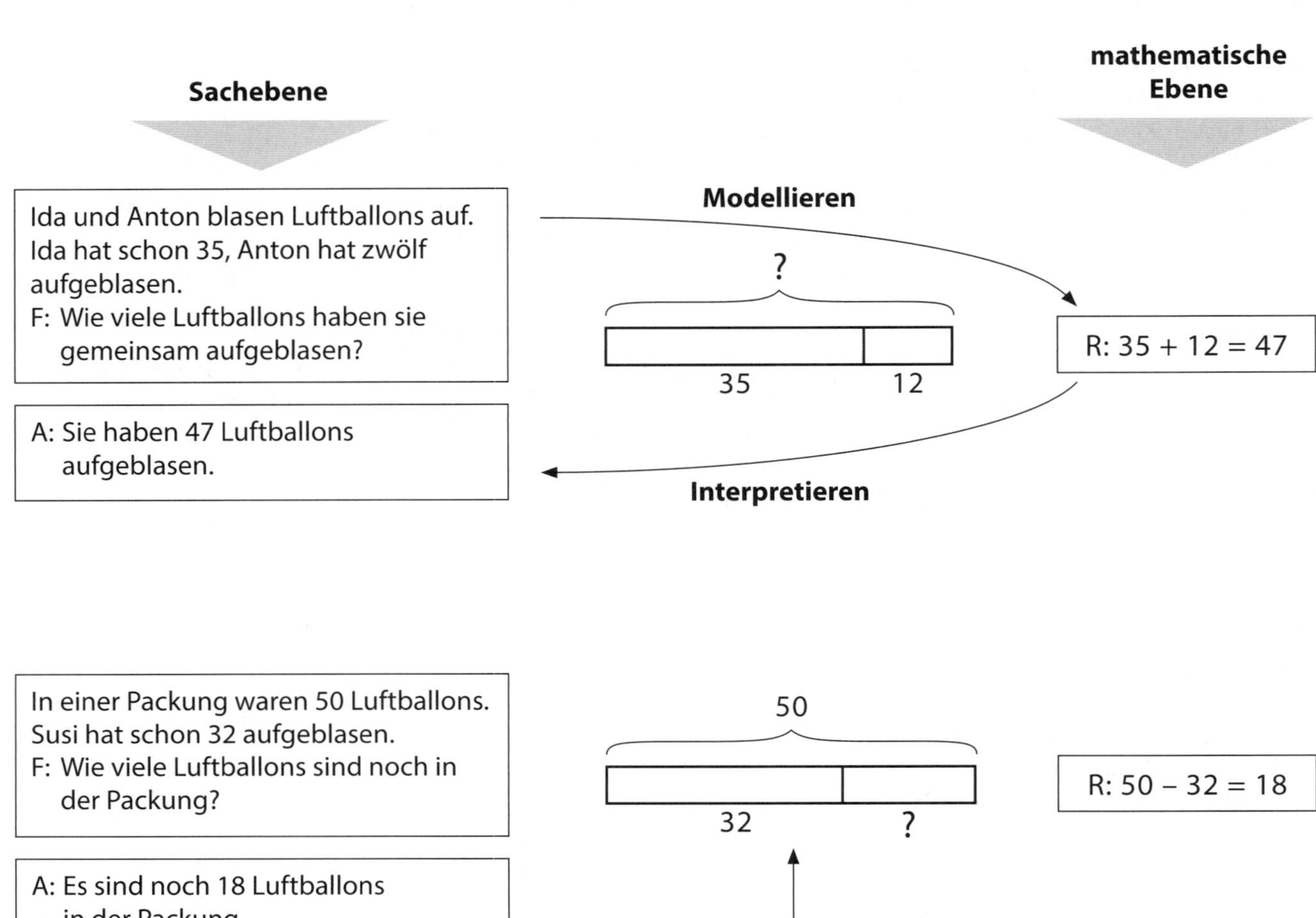

Das Konzept der Balkenmodelle wurde Ende der 1980er Jahre in Singapur entwickelt. Nach den großen Erfolgen Singapurs bei internationalen Vergleichstests wie TIMMS wurden auch Pädagog/innen anderer Länder auf die Modelle aufmerksam. 2009 publizierte das Bildungsministerium Singapur unter dem Titel „The Singapore MODEL METHOD for Learning Mathematics" die Prinzipien der Balkenmodelle. In leicht abgewandelter Form halten die Modelle seit einigen Jahren in den USA Einzug (vgl. Char Forsten: „Step-by-Step Model Drawing").

Das Autorenteam von EINS PLUS hat die Literatur aus Asien und den USA studiert und die Modelle mit Erprobungsklassen getestet. EINS PLUS ist somit das erste und bislang einzige deutschsprachige Lehrwerk, das Balkenmodelle für den Einsatz im Mathematikunterricht der Grundschule didaktisch aufbereitet und praktisch anwendet.

Balkenmodelle

2. Arten von Modellen

2.1 Das Teile-Ganzes-Modell

Beim Teile-Ganzes-Modell (Englisch: Part-Whole-Model) werden Balken aneinandergereiht.
Das Modell zeigt, wie sich ein Ganzes aus einzelnen Teilen zusammensetzt.

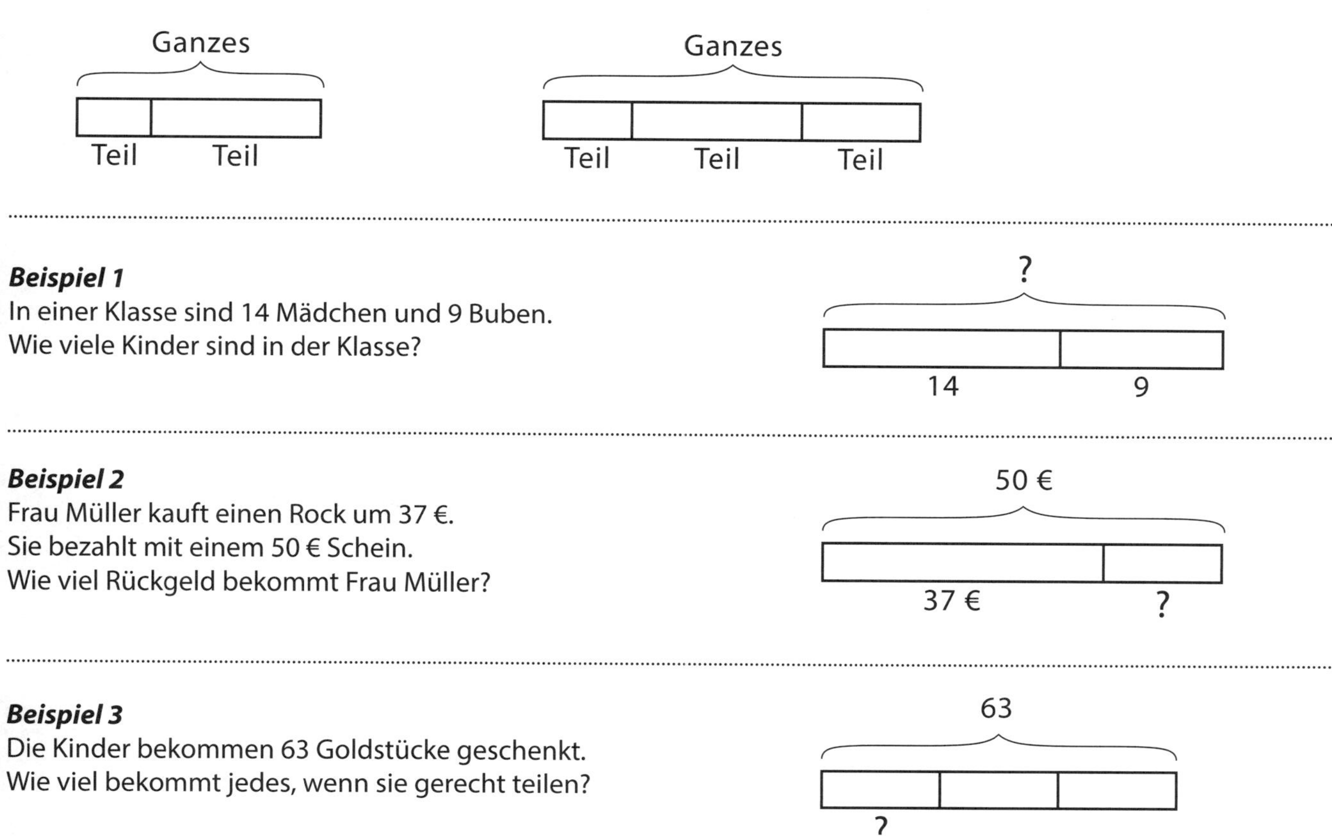

Beispiel 1
In einer Klasse sind 14 Mädchen und 9 Buben.
Wie viele Kinder sind in der Klasse?

Beispiel 2
Frau Müller kauft einen Rock um 37 €.
Sie bezahlt mit einem 50 € Schein.
Wie viel Rückgeld bekommt Frau Müller?

Beispiel 3
Die Kinder bekommen 63 Goldstücke geschenkt.
Wie viel bekommt jedes, wenn sie gerecht teilen?

Für die Erstellung von Balkenmodellen gelten folgende Regeln: Die Balken werden nicht maßstabgetreu dargestellt, es handelt sich um Skizzen, die das Verständnis erleichtern sollen. Allerdings werden größere Zahlen durch längere Balken dargestellt, kleinere Zahlen durch kürzere. Gleich große Zahlen sollen gleich groß dargestellt sein. Die Reihenfolge der Teile spielt keine Rolle, in Beispiel 2 könnte der unbekannte Teil auch an erster Stelle gezeichnet werden.

2.2 Das Vergleichsmodell

Beim Vergleichsmodell (Englisch: Comparison Model) werden die Balken linksbündig untereinander gezeichnet. Die Summe der Balken wird mit einer Klammer rechts neben das Modell geschrieben, Differenzen können mit Pfeilen eingezeichnet werden.

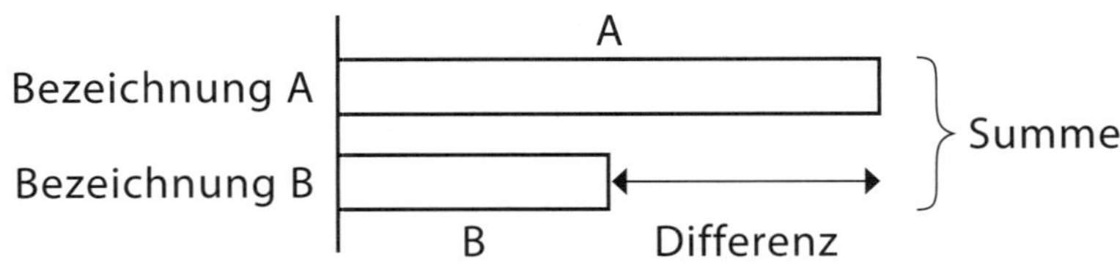

Beispiel 1

In einer Klasse sind 14 Mädchen.
Das sind um 5 mehr als Buben.
Wie viele Kinder sind in der Klasse?

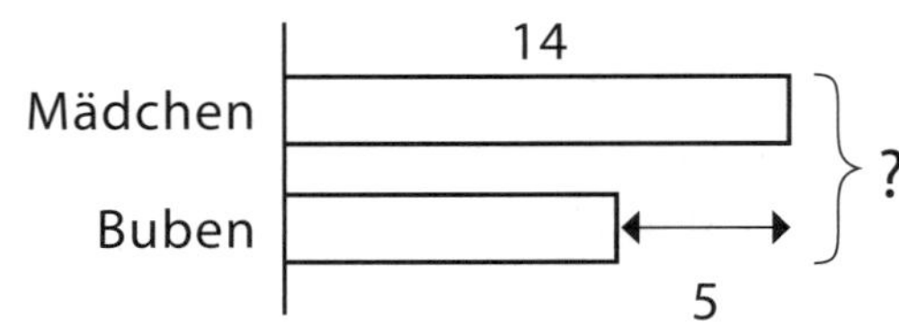

Beispiel 2

Miriam ist drei Mal so schwer wie ihr Hund.
Gemeinsam wiegen sie 28 kg.
Wie schwer ist der Hund?

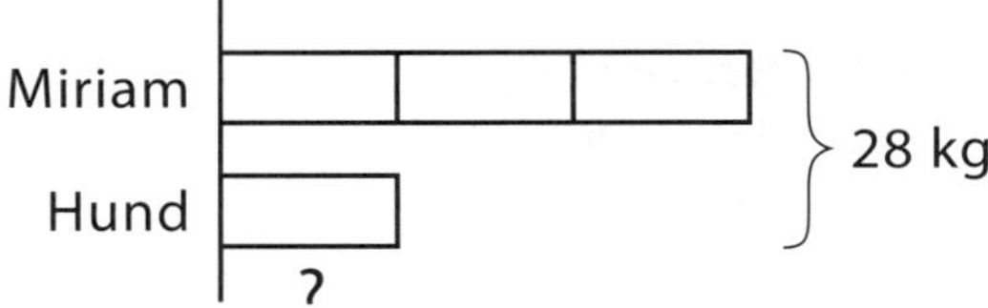

Beispiel 3

Anton hat 12 Murmeln, Bernd hat fünf Mal so viele. Um wie viele Murmeln hat Bernd mehr als Anton?

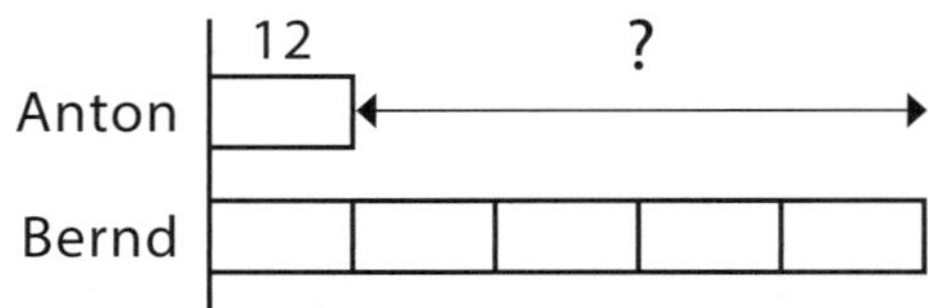

Die Bezeichnungen links neben den Balken sind hilfreich, aber nicht erforderlich. Sie können auch Abkürzungen verwenden, z.B. A für Anton, B für Bernd in Beispiel 3.

Die Balkenmodelle legen den Rechenweg nicht fest. Sie erleichtern das Finden von möglichen Rechenwegen, ohne sie fix vorzugeben. Für Beispiel 3 bieten sich zwei Lösungswege an:

1. Zuerst die Murmeln von Bernd berechnen, 12 • 5 = 60,
   dann die Differenz zu Anton ausrechnen, 60 – 12 = 48.
2. Aus dem Modell „viermal mehr" ablesen und gleich 4 • 12 = 48 rechnen.

Fast alle mathematischen Probleme lassen sich sowohl mit einem „Teile-Ganzes-Modell" als auch mit einem „Vergleichsmodell" darstellen. Wenn bei einer Sachaufgabe Differenzen oder Vergleiche auftreten, ist das Vergleichsmodell meist besser geeignet.

3. Verwendung der Balkenmodelle im Unterricht

3.1 Balkenmodelle für die Erklärung verwenden, Balkenmodelle selbst zeichnen

Erfahrungsgemäß ist der Umgang mit fertig gezeichneten Modellen für Kinder sehr leicht und intuitiv. Im Schülerbuch und Arbeitsheft von EINS PLUS 3 werden Balkenmodelle deshalb meist fertig gezeichnet angeboten. Sie können so Modelle für Erklärungen verwenden, ohne die Balkenmodelle mit den Kindern erarbeiten zu müssen.

Modelle zeichnen lernen hingegen braucht Zeit und Übung. Bevor man zu zeichnen beginnt, muss man folgende Frage beantworten können: Worüber reden wir hier? (Personen in einem Zug, Äpfel, Geld, Kisten, Murmeln, …) Denn das ist es, was die Balken darstellen werden.
Beim Zeichnen von Modellen brauchen Kinder Bleistift und Radiergummi. In den wenigsten Fällen wird ein Modell einfach hingezeichnet. Es muss häufig korrigiert werden.

Sollen Kinder Balkenmodelle selbst zeichnen lernen?
In Singapur zeichnen Kinder selbst Modelle. Selbst zeichnen dauert länger, bedeutet aber eine tiefere Auseinandersetzung mit der jeweiligen Aufgabe. Das Autorenteam von EINS PLUS steht hier für „weniger ist mehr". Besser weniger Sachaufgaben durcharbeiten, diese dafür gründlich. Also JA, Kinder sollen selbst Modelle zeichnen. Dabei werden schwächere Kinder bei einfachsten Modellen bleiben. Für leistungsfähigere Kinder werden Modelle zu einem nützlichen Werkzeug bei komplexeren Beispielen.

3.2 Einzel- oder Kleingruppenarbeit

Viele Kinder haben Probleme eine Sachaufgabe zu mathematisieren. In der Grundstufe I und bei einfachen Beispielen der Grundstufe II kann man ihnen helfen, indem man sie mit Legematerial arbeiten lässt. Der große Zahlenraum ist dabei jedoch ein Problem. Betrachten wir folgende Aufgabe:

Beispiel 1: *Im Fußballstadion*
In einem Fußballstadion sitzen 235 Menschen auf der Westtribüne.
Das sind um 45 Menschen mehr als auf der Osttribüne.
Wie viele Menschen sind insgesamt im Stadion?

Verwendung von „Wort-Tricks":
Wenn Kinder das Gefühl haben, Aufgaben sowieso nicht zu verstehen, arbeiten sie oft mit „Tricks". Bei der Fußballaufgabe ist ein häufig beobachteter, leider falscher, Lösungsweg folgender: Die Zahlen sind: 235, 45, Reizwort: „mehr" – wird mit „plus" übersetzt. Daraus folgt ein falscher Lösungsansatz: 235 + 45 = …

Wenn Kinder keine Lösung finden, brauchen sie Hilfe. Aufgaben in diesem Zahlenraum kann man leider mit Legematerial nicht mehr gut darstellen. Balkenmodelle hingegen eignen sich gut zur Sicherung des Verständnisses. Fertigen Sie gemeinsam mit dem Kind ein Modell an.

In Beispiel 1 ist das Publikum auf der auf Ost- und Westtribüne nicht direkt angegeben, sondern über einen Vergleich: „… um 45 mehr als …". Es bietet sich also ein Vergleichsmodell an.

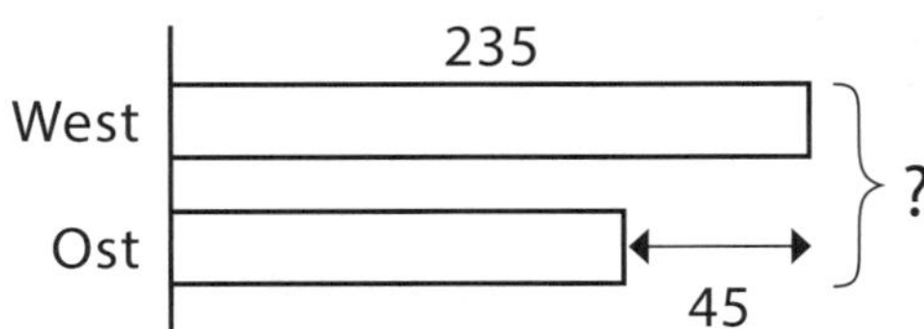

Balkenmodelle

Der folgende Dialog zwischen L Lehrer/in und K Kind ist beispielhaft dafür, wie ein Balkenmodell gemeinsam erstellt werden kann.

1. Orientierung

L: Lies mir das Beispiel vor.
Das Kind liest.
L: Worum geht es? Was wollen wir wissen? Wollen wir wissen, wer das Spiel gewonnen hat? …
K: Wir wollen wissen, wie viele Leute da waren.

2. Zeichnen des Modells

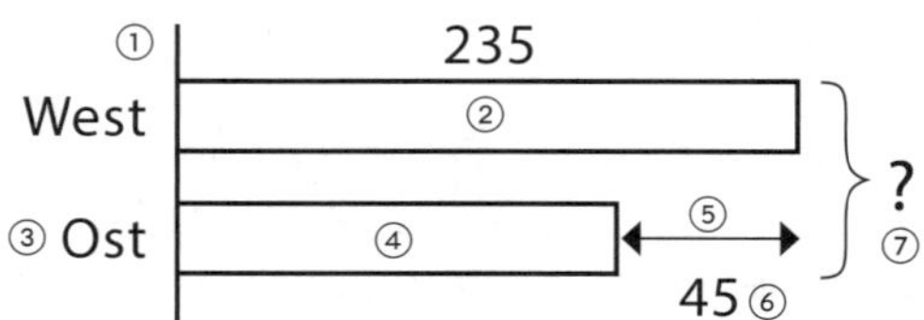

L: Zeichnen wir das auf.
① senkrechten Strich zeichnen, „West" schreiben
L: Da steht Westtribüne. Wie viele waren denn da?
K: 235 Menschen.
L: Gut, dann zeichnen wir einen Balken für 235 Menschen.
② Balken zeichnen und beschriften
L: Und wo sitzen noch Menschen?
K: Auf der Osttribüne.
L: Ok, schreiben wir „Ost".
③ „Ost" schreiben
L: Wie groß sollen wir den Balken für Ost zeichnen? Sind da mehr oder weniger Leute als in West?
K: Mehr, glaube ich.
L: Lies den Satz noch einmal vor.
K: Das sind um 45 Menschen mehr als auf der Osttribüne.
L: Wo sind jetzt mehr?
K: In West sind mehr, in Ost sind weniger.
L: Sollen wir den Balken für Ost jetzt länger oder kürzer als den für West zeichnen?
K: Kürzer.
L: ④ Balken zeichnen
⑤ Pfeil zeichnen
L: Wissen wir, um wie viel Zuschauer/innen in Ost weniger sind?
K: Um 45.
L: ⑥ „45" schreiben
L: Und was sollen wir ausrechnen?
K: Wie viele Menschen insgesamt im Stadion sind.
L: ⑦ Klammer zeichnen, Fragezeichen schreiben

3. Betrachten und Besprechen des Modells

L: Kannst du mir das Balkenmodell erklären? Was haben wir nacheinander gezeichnet?
K: Erst die Zuseher von West. Dann die von Ost.
L: Was haben wir noch eingezeichnet?
K: Den Unterschied, hier mit dem Pfeil. 45.

4. Lösen der Aufgabe

L: Wie könnten wir ausrechnen, wie viele Leute insgesamt im Stadion waren?
K: West und Ost zusammenzählen.
L: Versuche es selber!

4. Darstellung der vier Grundrechnungsarten mit Balkenmodellen

Die Zahlen in den Kreisen schlagen die Reihenfolge vor, in der das Zeichnen erfolgen soll. Der Text bei den Sprechblasen gibt die Worte wieder, die parallel zum Zeichnen gesprochen werden, bzw. nennt Vorschläge, welche Fragen und Antworten im Gespräch mit den Schüler/innen hilfreich sein können.

4.1 Balkenmodelle für die Addition

Teile-Ganzes-Modell

Die Addition wird üblicherweise im Teile-Ganzes-Modell dargestellt. Die Summe ist hier unmittelbar als Summe der einzelnen Teile sichtbar.

Beispiel 1: In einem Parkhaus sind 40 Plätze frei und 70 Plätze belegt. Wie viele Plätze hat das Parkhaus insgesamt?

Wie viele Plätze sind frei? 40.
Balken für 40 zeichnen und beschriften.

40

Und wie viele Plätze sind belegt? 70.
Muss dieser Balken länger oder kürzer sein?
Länger, weil 70 größer ist als 40.
Balken für 70 zeichnen und beschriften.

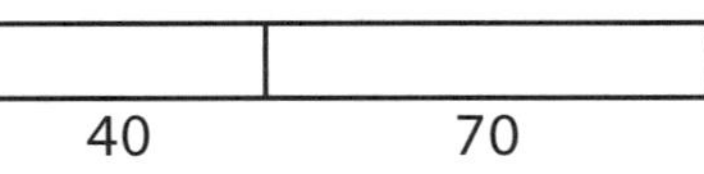

Wir wollen wissen, wie viele Plätze es insgesamt gibt. Das ist das Ganze.
Klammer über die Balken zeichnen und Fragezeichen eintragen.

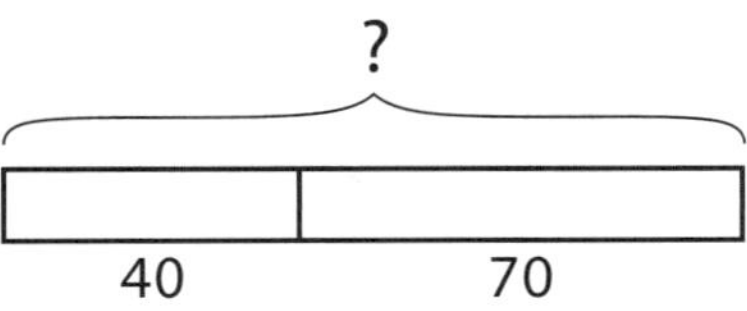

Die Kinder sehen aus dem Modell, dass die freien und die belegten Plätze addiert werden müssen.

Vergleichsmodell

Im Vergleichsmodell ist die Summe nicht direkt sichtbar, dafür wird deutlich, welche Summanden größer oder kleiner sind. Im folgenden Beispiel verlangt die erste Frage einen Vergleich. Die zweite Frage gilt der Summe. Sie wird anhand des gleichen Modells beantwortet.

Beispiel 2: In einem Parkhaus sind 40 Plätze frei und 70 Plätze belegt.
Frage 1: Sind mehr Plätze frei oder belegt? Frage 2: Wie viele Plätze hat das Parkhaus insgesamt?

1. senkrechten Strich zeichnen
2. Balken für 40 zeichnen und beschriften
3. längeren Balken für 70 zeichnen und beschriften
4. Klammer über die Balken zeichnen und Fragezeichen eintragen

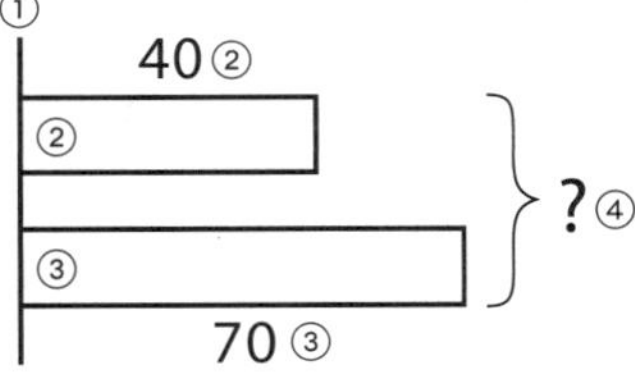

Beispiel 3: 69 + 24 + 21 = ?

Teile-Ganzes-Modell

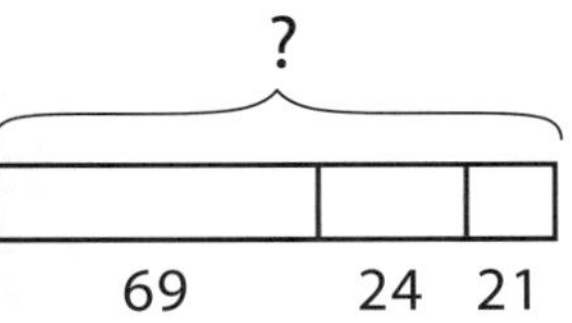

Vergleichsmodell

69
24
21
?

4.2 Balkenmodelle für die Subtraktion

Teile-Ganzes-Modell
Die Verwendung des Teile-Ganzes-Modell ist dann angebracht, wenn das Ganze gegeben ist und Teile davon berechnet werden sollen.

Beispiel 1: In einem Parkhaus gibt es 110 Parkplätze. 70 Plätze sind belegt. Wie viele Plätze sind frei?

Wie viele Parkplätze gibt es insgesamt? 110.
Balken für 110 zeichnen, Klammer zeichnen und beschriften.

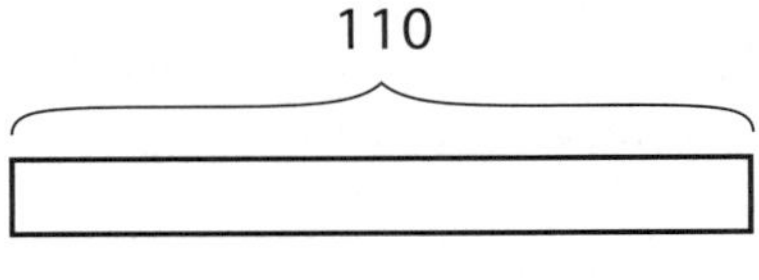

Wie viele Parkplätze sind belegt? 70.
Wir müssen den Balken in zwei Teile teilen, einen für die freien und die belegten Plätze.
Sind die belegten Plätze mehr oder weniger als die Hälfte? Mehr, also muss der Balken für 70 länger sein.
Trennstrich in den Balken eintragen, den größeren Teil mit 70 beschriften.

110

70

Wir wollen wissen, wie viele Plätze frei sind.
Fragezeichen eintragen.

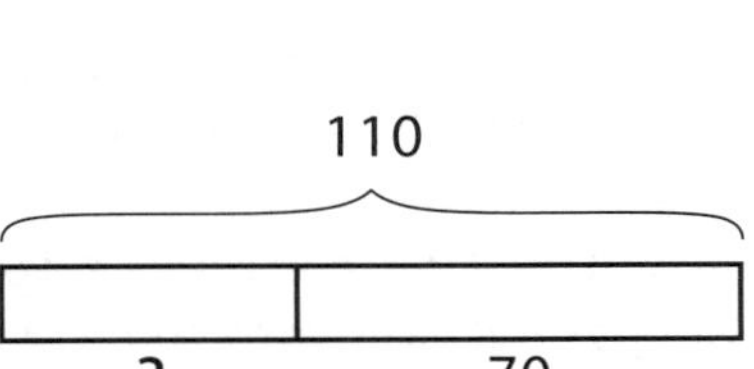

Das Teile-Ganzes-Modell zu diesem Beispiel kann auch anders aufgebaut werden. Bei dieser Vorgangsweise zeigt sich das Größenverhältnis erst, wenn die Summe eingetragen wird, daher muss möglicherweise radiert oder neu gezeichnet werden.

Wie viele Parkplätze sind belegt? 70.
Balken für die belegten Plätze zeichnen und beschriften.

70

Und wie viele Parkplätze sind frei?
Das wissen wir noch nicht.
Balken für freie Plätze zeichnen, Fragezeichen ergänzen.

70 ?

Wie viele Parkplätze gibt es insgesamt? 110.
Klammer zeichnen und beschriften.

110

70 ?

Vergleichsmodell

Das Vergleichsmodell bietet sich an, wenn es darum geht, einen Unterschied zwischen zwei Größen auszurechnen, die nicht unbedingt zusammen ein Ganzes ergeben müssen.

Beispiel 2: Schulklassen möchten einen Radausflug machen. 70 Kinder wollen mitfahren. 40 davon haben ein eigenes Rad. Wie viele Räder müssen ausgeliehen werden?

1. senkrechten Strich zeichnen
2. Balken für 70 zeichnen und mit „Kinder" beschriften
3. kürzeren Balken für „Räder" zeichnen und beschriften
4. Doppelpfeil für „Unterschied" zeichnen, Fragezeichen eintragen

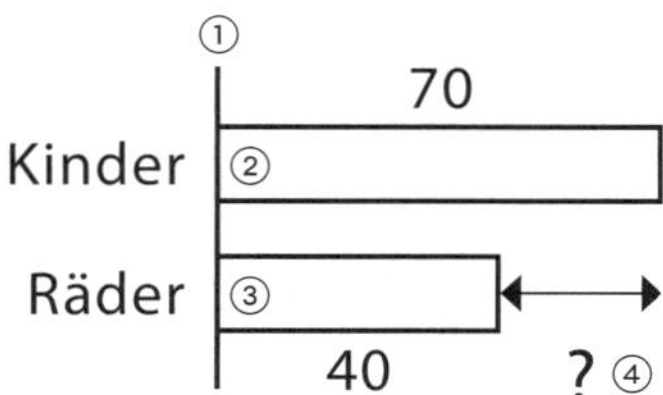

Die Modelle für Subtraktion schauen genau so aus wie die Modelle für Addition. Der Unterschied besteht darin, ob die Summe oder einer der Summanden gefragt ist. Das Fragezeichen steht entweder bei der Summe oder bei einem Summanden. Damit werden Zusammenhänge zwischen additiven und subtraktiven Aufgaben sichtbar.

4.3 Balkenmodelle für die Multiplikation

Teile-Ganzes-Modell

Das Teile-Ganzes-Modell für die Multiplikation bringt zum Ausdruck, dass das Ganze aus einer bestimmten Anzahl von gleich großen Teilen besteht.

Beispiel 1: In einem Parkhaus gibt es 4 Ebenen mit je 32 Parkplätzen. Wie viele Plätze sind das insgesamt?

Wir wissen, dass auf einer Ebene 32 Parkplätze sind.
Balken für 32 zeichnen und beschriften.

32

Wir wissen, dass es vier gleich große Parkebenen gibt. Wir brauchen also vier gleich große Balken.
Drei weitere gleich große Balken zeichnen.

32 32 32 32

Was wollen wir wissen?
Wir wollen wissen, wie viele Parkplätze es insgesamt gibt.
Klammer über die Balken zeichnen und Fragezeichen eintragen.

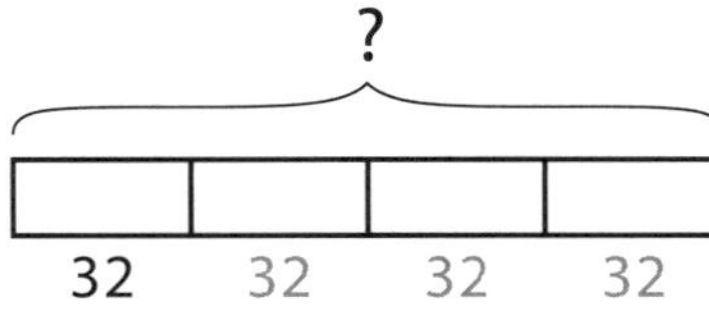

Balkenmodelle

Vergleichsmodell
Ein Vergleichsmodell verwendet man für die Multiplikation, wenn eine Größe oder eine Anzahl mit einem Vielfachen davon verglichen wird.

Beispiel 2: Frederic hat 32 Punkte, Sophie hat viermal so viel. Wie viele Punkte hat Sophie?

1. senkrechten Strich zeichnen
2. einen Balken für 32 zeichnen und mit „Frederic" beschriften
3. vier gleich lange Balken zeichnen, mit „Sophie" beschriften
4. Klammer unter die Balken zeichnen und Fragezeichen eintragen

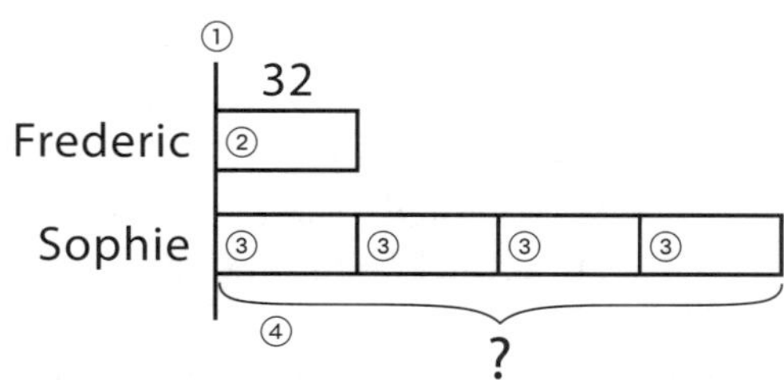

Beispiel 3: 150 • 3 = ?

Teile-Ganzes-Modell

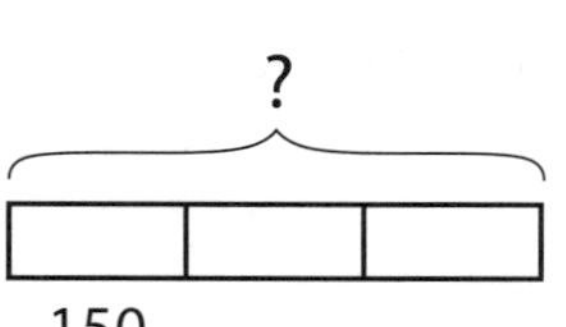

Vergleichsmodell

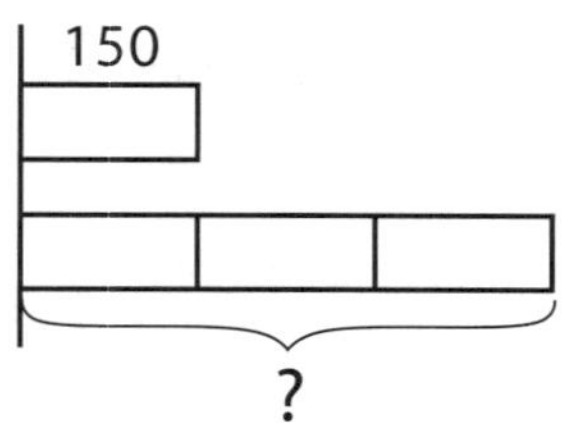

Vergleichsmodell

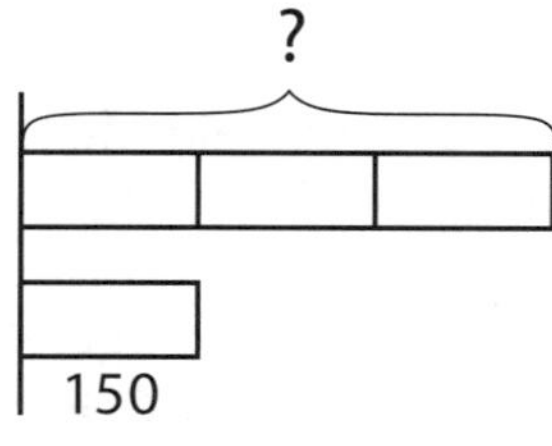

Beispiel 4: 56 • 9 = ?

Für Fortgeschrittene: Wenn der Multiplikator sehr groß wird stellt sich die Frage, ob man die einzelnen Teile noch darstellen soll. Wenn Sie den Zusammenhang Addition/Multiplikation betonen wollen, stellen Sie alle Teile dar, siehe Modell a). Ansonsten verwenden Sie eine Übergangsform b) oder nur mehr die Beschriftungsform c).

a)

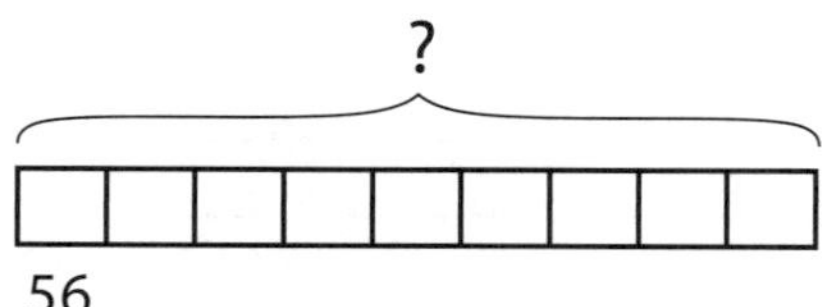

b)

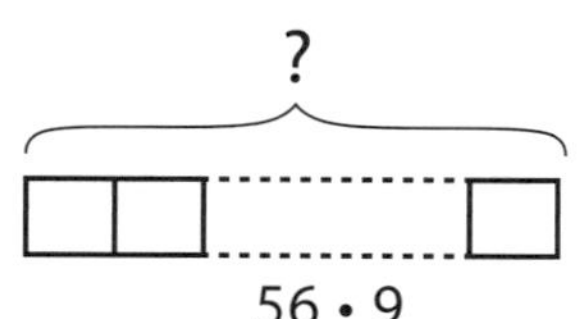

c)

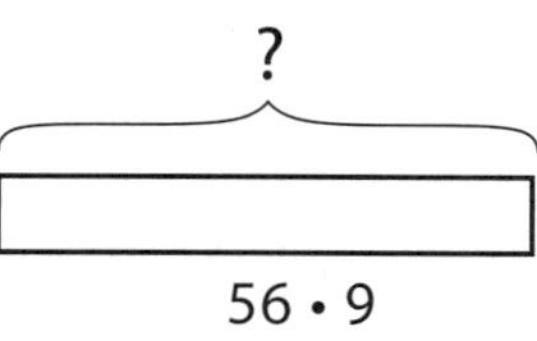

4.4 Balkenmodelle für die Division

Teile-Ganzes-Modell

Das Teile-Ganzes-Modell für die Division ist immer dann geeignet, wenn eine Größe oder eine Anzahl in gleiche Teile geteilt werden soll.

Beispiel 1: Vier Kinder bekommen 92 € geschenkt. Sie teilen gerecht.

Wir wissen, dass das Ganze 92 ist.
Langen Balken für 92 zeichnen, Klammer zeichnen und beschriften.

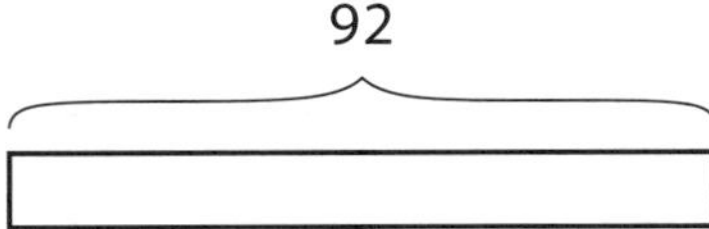

Wir wissen, dass das Ganze in vier gleich große Teile geteilt werden soll. Wir brauchen also vier gleich große Balken.
Zuerst den Balken mit einem Strich halbieren, dann jede Hälfte nochmals halbieren, unter den ersten der vier gleich großen Balken ein Fragezeichen schreiben.

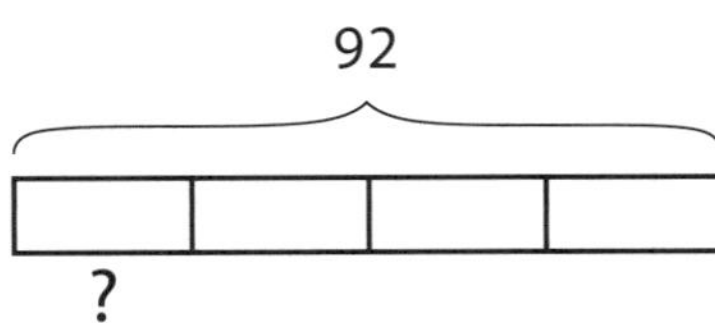

Auch bei der Division kann das Teile-Ganzes-Modell ähnlich wie bei der Multiplikation aufgebaut werden.

Wie viel bekommt ein Kind? Das wissen wir noch nicht.
Kurzen Balken zeichnen und Fragezeichen ergänzen.

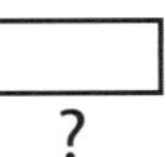

Wir wissen, dass das Ganze viermal so viel ist. Wir brauchen also vier gleich große Balken.
Noch drei gleich lange Balken zeichnen.

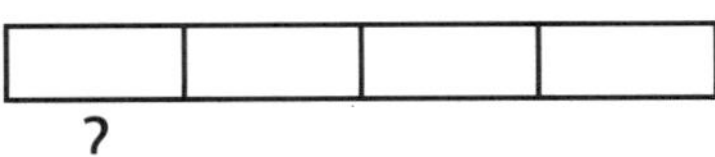

Wir wissen, dass die Kinder insgesamt 92 € bekommen haben.
Klammer zeichnen und mit 92 beschriften.

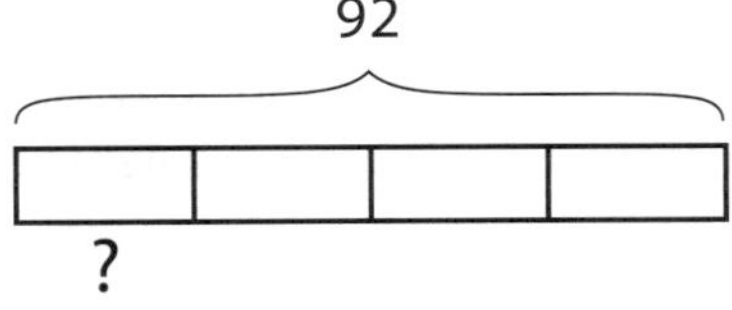

Vergleichsmodell

Das Vergleichsmodell bietet sich vor allem in der vierten Klasse im Zusammenhang mit der Bruchrechnung an.

Beispiel 2: Sabine hat 92 Punkte erreicht, Vinzenz hat erst ein Viertel davon erreicht.

1. senkrechten Strich zeichnen
2. einen langen Balken für Sabine zeichnen, Klammer über den Balken setzen und mit 92 beschriften.
3. langen Balken in vier gleich lange Teile teilen
4. einen Balken mit der Länge eines Viertels zeichnen und mit „Vinzenz" beschriften, Fragezeichen setzen

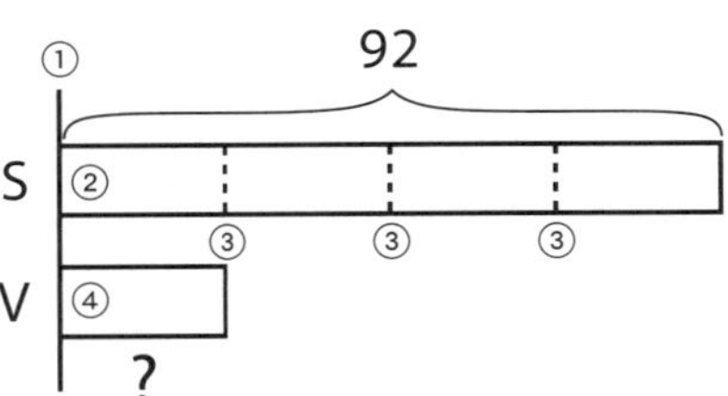

Die Modelle für Division schauen genau so aus wie die Modelle für Multiplikation. Der Unterschied besteht darin, ob das Produkt oder einer der Faktoren gefragt ist. Der Zusammenhang zwischen multiplikativen Operationen wird damit sichtbar.

Teilen und Aufteilen
Die Division ist die Umkehrfunktion zur Multiplikation. Teilen und Aufteilen entsprechen beide der Operation „Dividieren", sind aber nicht dasselbe. Der Unterschied wird bei der Darstellung mit Balkenmodellen besonders deutlich. Die Darstellung des Teilens ist analog zu den Multiplikationsmodellen. Beispiele, bei denen „aufgeteilt" wird, sind schwieriger darzustellen.

Beispiel 1
Vier Eierdiebe erbeuten 240 Eier. Sie teilen gerecht.
Wie viele Eier bekommt jeder?

Beispiel 2
Ein Bauer packt 240 Eier in 4er Kartons.
Wie viele Kartons braucht er?

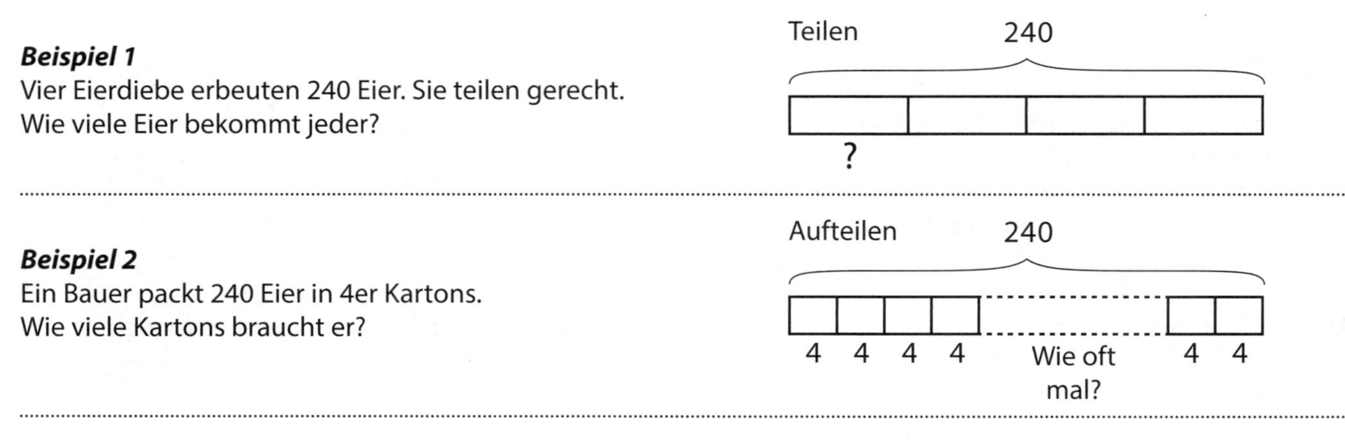

Wir empfehlen, nur das Teilen mit Balkenmodellen darzustellen.

5. Weiterführende Literatur

Zum Thema Balkenmodelle ist bis dato leider nur englischsprachige Literatur erhältlich. Das Autorenteam von EINS PLUS legt somit die erste deutschsprachige Erklärung der Balkenmodelle vor.

Ministry of Education: „The Singapore Model Method for Learning Mathematics."
Singapore, EPB Pan Pacific, 2009.

Ban Har, Yeap: „Bar Modeling. A Problem Solving Tool."
Singapore, Marshall Cavendish Education, 2010.

Forsten, Char: „Step-By-Step Model Drawing. Solving Word Problems the Singapore Way."
USA, Crystal Springs Books, 2010.

Lernstandserhebungen

Lernstandserhebungen

Die Lernstandserhebung

Der Lehrstoff in EINS PLUS Band 3 ist in vier Lernphasen unterteilt, in denen jeweils alle mathematischen Kompetenzbereiche angesprochen werden. Es empfiehlt sich daher, am Ende jeder Lernphase den Lernstand der Kinder zu erheben. Die Ergebnisse der Lernstandserhebung zeigen, wie weit die Kinder den Lehrstoff inhaltlich erfasst haben. Im Anschluss daran können Sie dann das Angebot der Wiederholungskapitel zur differenzierten Absicherung des Unterrichtsertrages nutzen.

Aufbau der Lernstandserhebungen in der dritten Klasse

Die Lernstandserhebungen in der Grundstufe II sind mehr als reine Überprüfungen des zuvor erarbeiteten Stoffs. In einem kompetenzorientierten Unterricht, der auf die Bildungsstandards vorbereitet, ist es erforderlich,

- bereits vor längerer Zeit erarbeitetes Grundlagenwissen immer wieder zu vergegenwärtigen,
- die Schülerinnen und Schüler in zunehmendem Maß mit Aufgaben zu konfrontieren, die zwar mit den vorhandenen Mitteln und Kenntnissen bearbeitet werden können, die aber in dieser Form noch nicht im Unterricht präsent waren.

EINS PLUS greift diese neuen Herausforderungen auf. Die Lernstandserhebungen der dritten Klasse bestehen nun aus jeweils drei Seiten:

Auf der ersten Seite werden mathematische Grundlagen überprüft. Diese Aufgaben werden die Schüler/innen im Allgemeinen als sehr leicht erleben. Das ist ein gutes Zeichen dafür, dass sich die jeweiligen Kompetenzen, die zum Lösen der Beispiele notwendig sind, bereits gut verankert haben.
Auf der zweiten Seite finden sich Aufgaben, die sich auf den zuletzt erarbeiteten Stoff beziehen.
Die dritte Seite stellt Aufgaben in Bildungsstandards-Formaten zum zuletzt erarbeiteten Stoffgebiet. Ziel ist es, dass die Schüler/innen frühzeitig lernen, auch mit solchen Aufgaben umzugehen, die nicht detailliert vorbereitet, bzw. vorgeübt worden sind.

Durchführung

Für die Durchführung einer Lernstandserhebung benötigen Sie etwa eine Unterrichtseinheit. Kopieren Sie für jede Schülerin, jeden Schüler die Kopiervorlagen zur jeweiligen Lernstandserhebung, die auf den folgenden Seiten abgedruckt sind. Der Auswertungsbogen wird nur einmal benötigt. Bitten Sie die Kinder, ihre Namen auf das Blatt zu schreiben. Besprechen Sie die einzelnen Aufgaben mit den Kindern. Sagen Sie ihnen, was zu tun ist. Achten Sie darauf, dass die Kinder die Aufgabenstellung gut verstehen. Nachfragen ist jederzeit erlaubt. Sie sollten aber keine inhaltlichen Hilfestellungen anbieten. Beachten Sie die Hinweise zu einzelnen Aufgaben in den Fußnoten der Erhebungsbögen. Sie können einzelne Übungen auch weglassen. Sie müssen dann die jeweilige Spalte im Auswertungsbogen freilassen.

Auswertung

Schreiben Sie bei der Auswertung bitte die Namen der Schülerinnen und Schüler auf den Auswertungsbogen. In der rechten Spalte der Kopiervorlagen finden Sie Hinweise für die Auswertung. Vergeben Sie danach beispielsweise Haken (alles in Ordnung), Ringe (in Ordnung, aber mit leichten Problemen) oder Kreuze (nicht in Ordnung). Tragen Sie diese Bewertungen in der Zeile mit dem Namen des Kindes in den Auswertungsbogen ein.

Interpretation und Differenzierung

Aus den Spalten des Auswertungsbogens ist ersichtlich, bei welchen Inhalten in der ganzen Klasse Übungsbedarf besteht. Viele Ringe und Kreuze sind Zeichen dafür. Stimmen Sie die Wiederholungsphasen dementsprechend ab. Achten Sie auf gutes Verständnis und ausreichend Zeit zum Üben. Lassen Sie sich für die Wiederholungsphasen Zeit. Diese Zeit ist sehr gut investiert. Aus der Auswertung der Zeilen erhalten Sie Hinweise, welche Bereiche ein einzelnes Kind beherrscht, bzw. wo es Mängel aufweist.
Wenn Sie bei einem Kind größere Probleme vorfinden, empfehlen wir folgende Vorgangsweise:

- Finden Sie heraus, wo genau die Schwächen liegen, z.B. zählendes Rechnen, nicht genügend automatisierte Rechensätzchen, Aufgabenverständnis, Schriftbild, Arbeitshaltung, ... Das geht am einfachsten, indem Sie mit einem Kind oder mit einer Kleingruppe die Problembereiche in der Lernstandserhebung wiederholen und sich dabei erklären lassen, wie die Kinder an die Aufgaben herangehen.
- Scheuen Sie sich bitte nicht, rechtzeitig die Hilfe eines Sonderpädagogen/einer Sonderpädagogin, bzw. der Schulpsychologie anzufordern, wenn Sie vermuten, dass die festgestellten Probleme gravierend sind und Ihre Mittel der Differenzierung, Individualisierung und Förderung nicht ausreichend erscheinen. Je früher Probleme erkannt werden und je früher gefördert wird, desto besser sind die Chancen für das Aufholen.

Stellen Sie ein individuelles Lernprogramm für jene Kinder zusammen, für die Sie eine spezifische Förderung für notwendig erachten.

In den Wiederholungskapiteln finden Sie vor allem im Übungsteil viel Material, das Sie dafür einsetzen können. Verwenden Sie bitte auch Lernstationen aus dem Angebot der Lernwerkstatt und geben Sie den Kindern Gelegenheit, zu bauen, zu legen, mit konkreten Dingen zu hantieren. Achten Sie auch darauf, dass Kinder nicht nur in ihren „Problembereichen" arbeiten, sondern auch in Bereichen der Mathematik, die sie gut beherrschen. Neben der inhaltlichen Förderung ist auch der Aufbau des mathematischen Selbstvertrauens von großer Bedeutung.
Loben Sie ihre Kinder daher und sagen Sie ihnen immer wieder: „Du kannst das!" „Du wirst es schaffen!"

Für Kinder, die den geforderten Stoff gut beherrschen, bieten wir Ihnen weitere kreative Lernstationen zu den Wiederholungskapiteln an. Vermeiden Sie bitte, diese Kinder mit noch mehr Rechnungen und zusätzlichen Arbeitsblättern zu langweilen. Mehr vom Gleichen bringt nichts. Kreative Lernstationen hingegen öffnen den Blick dieser Kinder für weitere Zusammenhänge und fördern ihre allgemeinen mathematischen Kompetenzen.

Beispiel Lernstandserhebung II

Lernstandserhebung Lernphase II		Geometrie			Zahlen		Rechnen			Größen					Sachaufgaben					
		G	akt.	BS ☆	G		G		akt.	aktuell			BS ☆		G		aktuell		BS	
Klasse: 3a	Datum: 19.1.	1	8	15	2	3	4	5	12	9	10	11	16	17	6	7	13	14	18	
1	Autinger Daniel	✓	✓	O	✓	✓	✓	✓	O	✓	✓	✓	✓	X	✓	✓	✓	✓	✓	schnell
2	Aydin Saha	✓	✓	O	✓	✓	✓	✓	✓	✓	✓	✓	✓	✓	✓	✓	✓	✓	✓	
3	Baum Lea	✓	✓	✓	✓	✓	✓	O	O	✓	✓	✓	✓	✓	✓	✓	✓	✓	✓	
4	Buske Doris	✓	✓	✓	O	O	✓	O	✓	✓	O	✓	✓	X	✓	✓	✓	O	✓	langsam
5	Dichtl Thomas	✓	O	O	✓	O	O	✓	O	✓	O	O	✓	X	✓	O	O	X	X	!
6	Entner Angela	✓	✓	O	✓	✓	✓	✓	✓	✓	✓	✓	✓	✓	✓	✓	✓	✓	✓	
7	Ertl Hannes	✓	✓	✓	✓	✓	✓	✓	✓	✓	✓	✓	✓	✓	✓	✓	✓	✓	✓	
8	Gabler Verena	✓	✓	✓	✓	✓	✓	✓	✓	✓	✓	O	✓	✓	✓	✓	✓	✓	O	
9	Genc Naim	✓	✓	X	✓	O	O	✓	X	O	X	X	✓	X	O	X	X	X	X	Sprache!
10	Hettler Claudia	✓	✓	✓	O	✓	✓	✓	O	✓	✓	✓	✓	✓	✓	✓	✓	✓	✓	
11	Iseer Asmir	✓	✓	O	✓	O	O	✓	X	✓	O	✓	✓	✓	✓	✓	✓	✓	✓	unkonzentriert
12	Kostler Bernd	✓	O	O	O	X	X	O	X	✓	✓	✓	✓	X	✓	O	✓	✓	✓	
13	Nuredin Raylan	✓	✓	X	O	X	X	X	X	O	X	O	✓	X	O	O	O	O	O	!!
14	Osterer Erika	✓	✓	✓	✓	✓	✓	✓	✓	✓	✓	✓	✓	✓	✓	✓	✓	✓	✓	
15	Pese Nikola	✓	✓	✓	✓	✓	✓	✓	O	✓	O	✓	✓	✓	✓	✓	✓	✓	✓	
16	Petrovic Marko	✓	O	O	✓	O	✓	✓	O	✓	O	✓	✓	X	✓	O	✓	X	✓	
17	Rabl Lukas	✓	✓	✓	✓	✓	✓	✓	✓	✓	✓	✓	✓	✓	✓	✓	✓	✓	✓	
18	Riepl Franz	✓	✓	✓	✓	✓	✓	O	X	✓	O	O	✓	✓	✓	✓	✓	O	O	Schrift!
19	Schorn Astrid	✓	✓	O	✓	O	O	✓	X	O	O	X	✓	X	✓	X	X	X	X	
20	Sekulic Jedranka	✓	O	✓	O	O	O	✓	O	✓	✓	✓	✓	✓	✓	✓	✓	O	O	
21	Tesic Tarik	✓	✓	✓	✓	✓	✓	✓	✓	✓	✓	✓	✓	✓	✓	✓	✓	✓	✓	
22	Wellner Egon	✓	✓	X	X	✓	X	O	X	✓	✓	O	✓	✓	O	O	X	X	X	!!
23	Zeranko Luisa	✓	✓	O	O	✓	O	✓	O	✓	✓	O	✓	X	✓	X	O	X	X	!!
24																				
25																				

Beispiel Auswertung

Aus der vorliegenden Lernstandserhebung II lassen sich folgende Hinweise ablesen:

Auswertung der einzelnen Spalten
Klassenprofil

Geometrie Die ganze Klasse erbringt großteils gute Leistungen. Aufgabe 15 sollte dennoch nochmals besprochen werden.

Zahlenraum Aufgabe 2 (Runden) ist bei den meisten Kindern gut abgesichert. Aufgabe 3 (Sprachrätsel) sollte mit der ganzen Klasse noch einmal geübt werden.

Rechenoperationen Die Grundaufgaben (Addition und Subtraktion) werden großteils gut beherrscht. Bei den gerade erarbeiteten Operationen besteht noch Übungsbedarf.

Größen Die ganze Klasse erbringt großteils gute Leistungen. Aufgabe 17 sollte jedoch nochmals besprochen werden.

Sachaufgaben Das Ergebnis ist entsprechend der Rechenfertigkeiten und der sprachlichen Entwicklung der Kinder sehr unterschiedlich.
Eine Wiederholung in einer Kleingruppe für Kinder mit Sprachdefiziten ist angebracht. Bei Kindern, die Rechenfehler machen, empfiehlt sich ein gezieltes Training der Rechentechnik, zum Beispiel mit der EINS PLUS Lernsoftware.

Auswertung der einzelnen Zeilen
Schüler/innenprofile

Die Schüler/innen 9, 12, 13, 19, 22 und 23 brauchen dringend gezielte Förderung in allen mathematischen Bereichen, kollegiale Unterstützung holen!
Es ist weiters zu klären, ob Sprachprobleme das Verständnis erschweren, gegebenenfalls Sprachförderung organisieren.
Schülerin 4 arbeitet zwar langsam, die mathematischen Leistungen sind aber recht gut.

Aufgrund sehr guter Leistungen können die Schüler/innen 1, 2, 3, 6, 7, 8, 10, 14, 15, 17, und 21 in Kleingruppen mit komplexeren Beispielen und vertiefenden Angeboten aus der Lernwerkstatt arbeiten.

Lernstandserhebung
Lernphase I

		Geo.	Zahlen							Rechnen								Sachaufgaben			
		G	G		aktuell			BS ☆		G				aktuell		BS ☆			aktuell		BS ☆
Klasse:	Datum:	1	2	3	9	10	11	16	17	4	5	6	7	12	13	18	19	8	14	15	20
1																					
2																					
3																					
4																					
5																					
6																					
7																					
8																					
9																					
10																					
11																					
12																					
13																					
14																					
15																					
16																					
17																					
18																					
19																					
20																					
21																					
22																					
23																					
24																					
25																					

Name: ______________________ Klasse: __________ Datum: __________

LSE Phase I

Auswertung

(1) **Male alle Quadrate rot und alle Rechtecke blau an.**

0 Fehler ✓
1 Fehler ❍
sonst ✗ ☐

(2) **Zähle weiter in Zehnerschritten.**

10, 20, ____, ____, ____, ____, ____

richtig ✓
falsch ✗ ☐

(3) **Zähle rückwärts in Einerschritten.**

64, 63, ____, ____, ____, ____, ____

richtig ✓
falsch ✗ ☐

(4) **Rechne.**

23+6= ____	15+40= ____	67+8= ____
52+4= ____	38+20= ____	45+9= ____

0 Fehler ✓
1–2 Fehler ❍
sonst ✗ ☐

(5) **Rechne.**

65−5= ____	42−10= ____	70−4= ____
98−3= ____	59−30= ____	62−7= ____

0 Fehler ✓
1–2 Fehler ❍
sonst ✗ ☐

(6) **Rechne.**

4·6= ____	0·1= ____	7·8= ____
8·3= ____	5·7= ____	9·4= ____

0 Fehler ✓
1–2 Fehler ❍
sonst ✗ ☐

(7) **Rechne.**

20:5= ____	32:8= ____	15:3= ____
16:2= ____	49:7= ____	54:6= ____

0 Fehler ✓
1–2 Fehler ❍
sonst ✗ ☐

(8) **In Antons Klasse sind 25 Kinder.**
In der Klasse seines Bruders Viktor sind 6 Kinder weniger.
Wie viele Kinder sind in Viktors Klasse?

richtig ✓
teilweise ❍
sonst ✗ ☐

____

____

Name: ______ Klasse: ______ Datum: ______

Auswertung

(9) **Schreibe die Zahlen.**

5 H 9 Z 2 E ______ 9 H 2 E ______

0 Fehler ✓ 1 Fehler ❍ 2 Fehler ✗ ☐

(10) **Schreibe die gesuchten Zahlen in die Kästchen.**

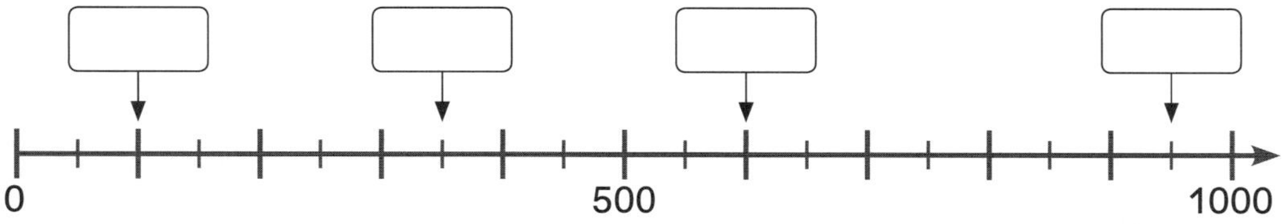

☐ ☐ ☐ ☐

0 — 500 — 1000

0 Fehler ✓ 1, 2 Fehler ❍ sonst ✗ ☐

(11) **Runde auf ganze Hunderter.**

435 ≈ ____ 702 ≈ ____ 954 ≈ ____

0 Fehler ✓ 1 Fehler ❍ mehr ✗ ☐

(12) **Rechne.**

624+321 274+453 895-154 421-185

0 Fehler ✓ 1, 2 Fehler ❍ mehr ✗ ☐

(13) **Berechne die Summe von 548 und 193.**

richtig ✓ Operation erkannt ❍ sonst ✗ ☐

(14) **Herr Huber kauft einen Anzug für 342 €**
und Schuhe für 125 €.
Wie viel kostet das?

______

0 Fehler ✓ teilweise ❍ sonst ✗ ☐

(15) **Frau Wagner kauft ein Kleid für 219 €**
und eine Perlenkette.
Sie bezahlt 604 €.
Wie viel kostet die Perlenkette?

______

0 Fehler ✓ teilweise ❍ sonst ✗ ☐

Name: ______________ Klasse: ______ Datum: ______

Auswertung

(16) **Trage die fehlende Zahl ein.**

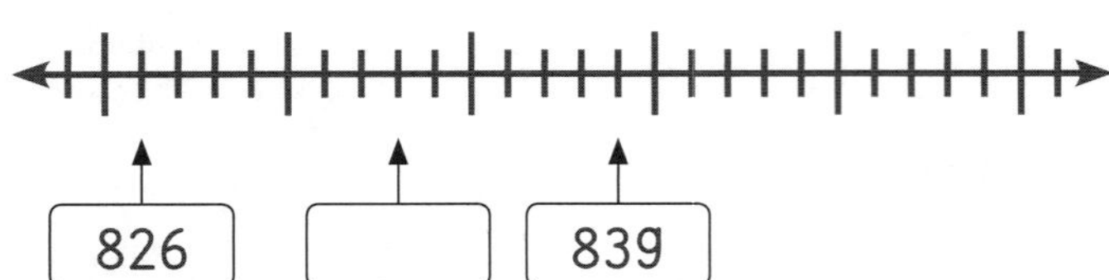

richtig ✓
falsch ✗ ☐

(17) **Kirsten legt mit Ziffernkärtchen die Zahl 328.**

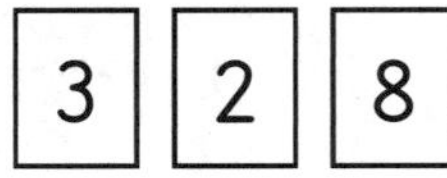

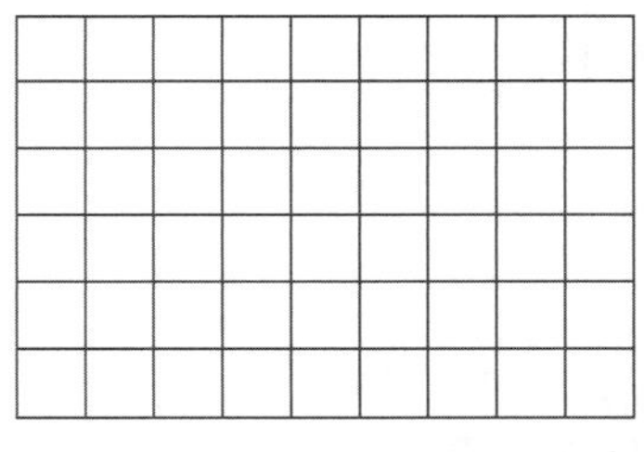

Jetzt tauscht sie die 2 durch eine 9 aus.
Wie viel größer ist die neue Zahl?

richtig ✓
falsch ✗ ☐

(18) **Kreuze das richtige Ergebnis an.**

215+335=

- ❑ 540
- ❑ 550
- ❑ 640
- ❑ 650

richtig ✓
falsch ✗ ☐

(19) **Finde die passenden Rechenzeichen: +, –, ·, :**

18 ____ 3 = 15   4 ____ 6 = 20 ____ 4

20 ____ 2 = 10   11 ____ 6 = 15 ____ 3

0, 1 Fehler ✓
2, 3 Fehler ❍
mehr ✗ ☐

(20) **Auf einem Tisch stehen 3 Obstkörbe.**
In jedem Korb befinden sich 4 Äpfel und 5 Birnen.
Wie musst du rechnen, um die Anzahl der Birnen zu bestimmen?

- ❑ 3+5
- ❑ 3·4
- ❑ 3·5
- ❑ 3+4+5

richtig ✓
falsch ✗ ☐

Lernstandserhebung
Lernphase II

Klasse:	Datum:	Geometrie			Zahlen		Rechnen			Größen					Sachaufgaben				
		G	akt.	BS ☆	G		G		akt.	aktuell			BS ☆		G		aktuell		BS
		1	8	15	2	3	4	5	12	9	10	11	16	17	6	7	13	14	18
1																			
2																			
3																			
4																			
5																			
6																			
7																			
8																			
9																			
10																			
11																			
12																			
13																			
14																			
15																			
16																			
17																			
18																			
19																			
20																			
21																			
22																			
23																			
24																			
25																			

Name: ____________ Klasse: ________ Datum: ________

Auswertung

1. **Wie viele Würfel sind hier aufgebaut?**

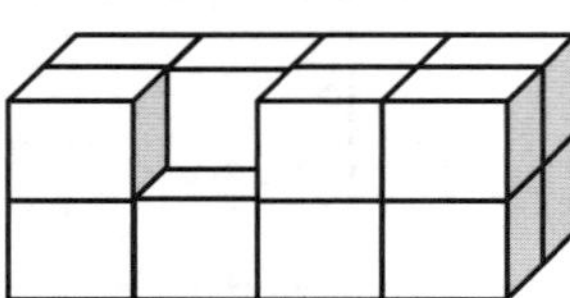

Würfel ____

richtig ✓ falsch ✗ ☐

2. **Runde die Zahlen auf ganze Zehner.**

642 ≈ ____ 308 ≈ ____ 795 ≈ ____

0 Fehler ✓ 1 Fehler ❍ mehr ✗ ☐

3. **Finde die gesuchten Zahlen.**

a) Welche Zahl ist um 1 kleiner als 700? ____

b) Welche Zahl ist um 10 größer als 197? ____

0 Fehler ✓ 1 Fehler ❍ mehr ✗ ☐

4. **Rechne im Kopf.**

65+ 9= ____ 74− 6= ____ 200·4= ____

234+20= ____ 489−50= ____ 900:3= ____

0, 1 Fehler ✓ 1, 2 Fehler ❍ mehr ✗ ☐

5. **Rechne.**

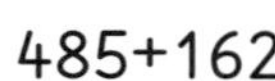

485+162

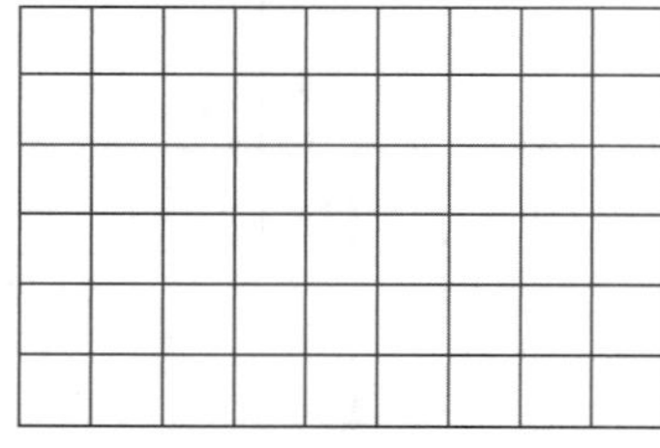

871−327

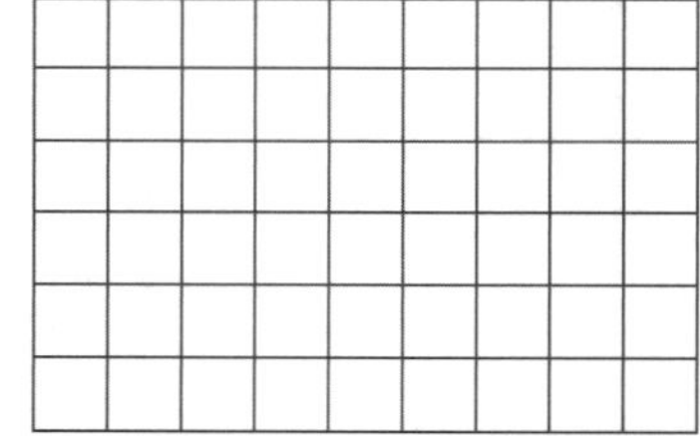

0 Fehler ✓ 1 Fehler ❍ mehr ✗ ☐

6. **Für ein Konzert sollen 90 Stühle in einem Saal aufgestellt werden. Hans und Rudi teilen sich die Arbeit. Wie viele Stühle muss jeder aufstellen?**

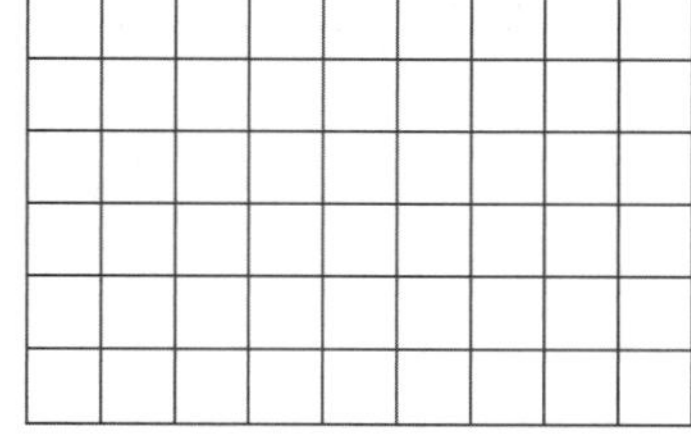

richtig ✓ teilweise ❍ sonst ✗ ☐

7. **318 Kinder gehen in die Ludwig-Schule. Davon sind 142 Mädchen. Wie viele Jungen sind an der Schule?**

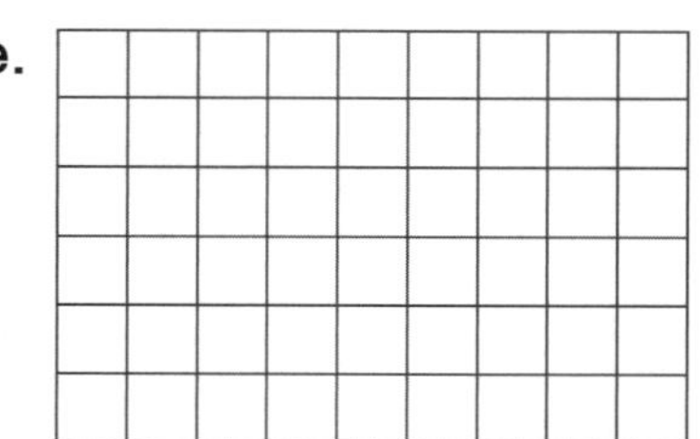

richtig ✓ teilweise ❍ sonst ✗ ☐

Name: ______________________ Klasse: __________ Datum: __________

Auswertung

(8) **Zeichne die Spiegelbilder.**

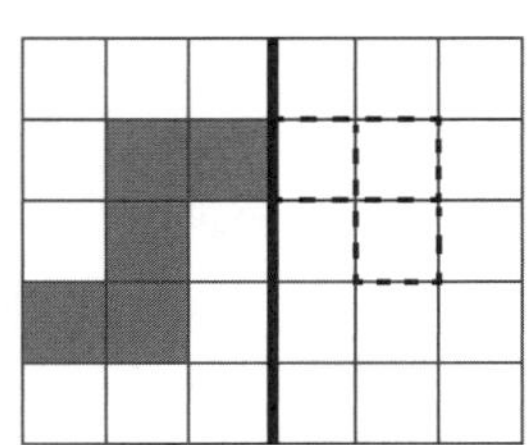

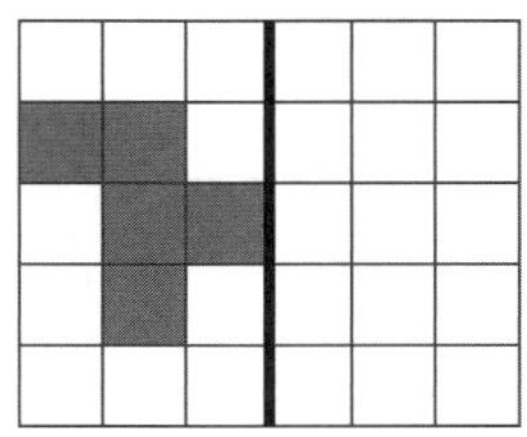

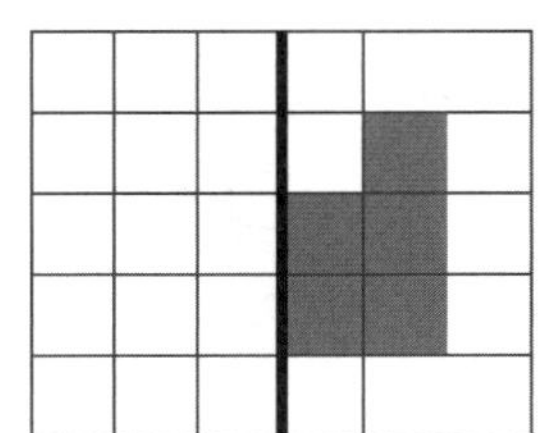

0 Fehler ✓
1 Fehler ❍
mehr ✗ ☐

(9) **Wandle in Millimeter um.**

3 cm 8 mm = _____ mm 20 cm 5 mm = _____ mm

0 Fehler ✓
1 Fehler ❍
mehr ✗ ☐

(10) **Schreibe mit Komma.**

168 cm = _____ m 702 cm = _____ m 25 cm = _____ m

0 Fehler ✓
1 Fehler ❍
mehr ✗ ☐

(11) **Ordne die Geldbeträge vom kleinsten bis zum größten.**

410 ct / 2 € / 4 € 9 ct geordnet: ____________________

richtig ✓
falsch ✗ ☐

(12) **Rechne.**

137·4

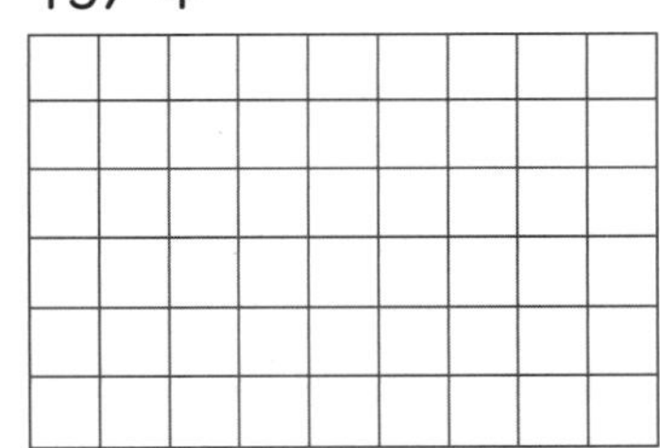

654:3

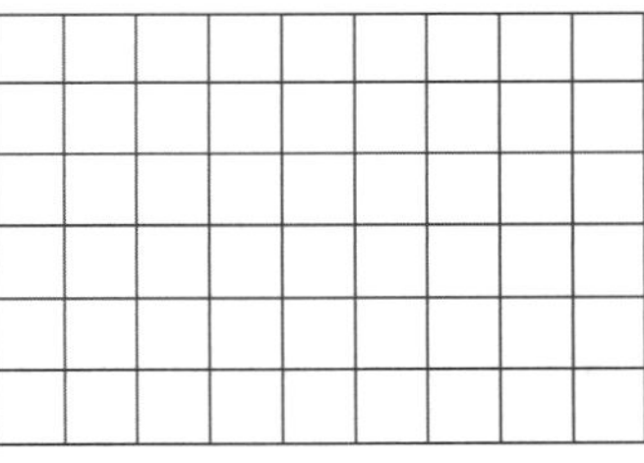

0 Fehler ✓
1 Fehler ❍
mehr ✗ ☐

(13) **Der Bauer sammelt 162 Eier ein.
Er packt sie in Kartons zu je 6 Stück.
Wie viele Kartons kann er füllen?**

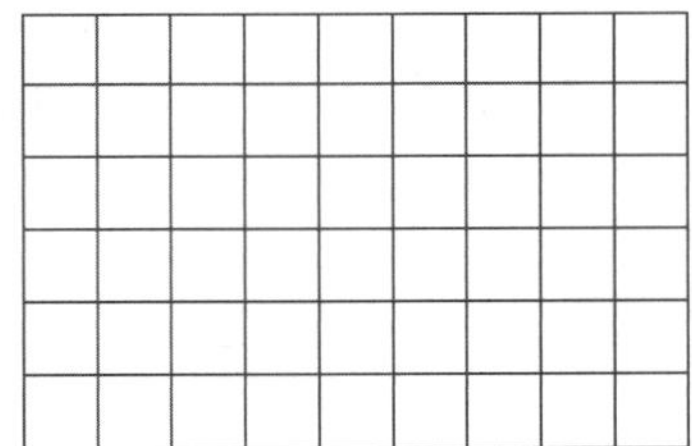

richtig ✓
teilweise ❍
sonst ✗ ☐

(14) **Jan kauft einen Radiergummi für 1,40 €
und einen Spitzer für 2,30 €.
Er bezahlt mit einem 5-Euro-Schein.
Berechne das Rückgeld.**

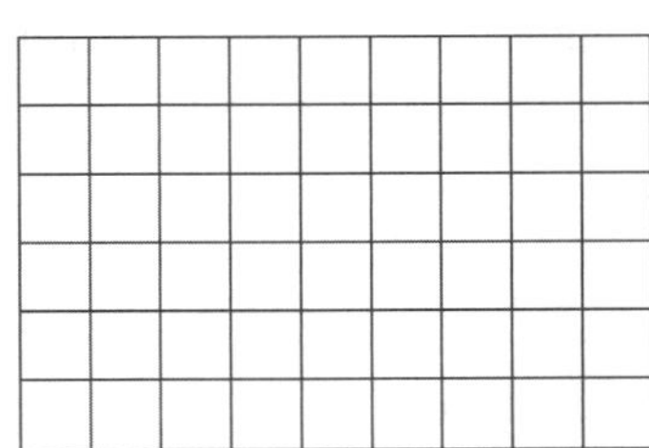

richtig ✓
teilweise ❍
sonst ✗ ☐

Name: ______ Klasse: ______ Datum: ______

Auswertung

(15) **Prüfe bei jeder Figur, ob sie keine, eine oder mehrere Spiegelachsen hat. Zeichne sie gegebenenfalls ein.**

a) b) c)

0 Fehler ✓
1 Fehler ❍
mehr ✗ ☐

(16) **Wie lang ist der Bleistift ungefähr? Kreuze an.**

Der Bleistift ist ungefähr …

❑ 7 mm lang. ❑ 7 cm lang. ❑ 7 m lang.

richtig ✓
falsch ✗ ☐

(17) **Jörg hat zwei unterschiedliche Münzen. Welcher Betrag kann es nicht sein? Kreuze an.**

❑ 1,05 €
❑ 1,50 €
❑ 2 €
❑ 2,20 €
❑ 3 €

richtig ✓
falsch ✗ ☐

(18) **Einkauf.**

Obst	Preis pro Stück
Ananas	2,99 €
Kiwi	0,49 €
Wassermelone	1,99 €

Gemüse	Preis pro Stück
Gurke	1,29 €
Salatkopf	1,49 €
Blumenkohl	2,19 €

Kreuze an.

	ja	nein
Du kaufst eine Kiwi und eine Ananas. Reichen 3 € für den Einkauf?	❑	❑
Du kaufst einen Salatkopf und einen Blumenkohl. Reichen 5 € für den Einkauf?	❑	❑
Du kaufst drei Kiwis. Reichen 1,50 € für den Einkauf?	❑	❑
Du kaufst 2 Gurken und einen Salatkopf. Reichen 4 € für den Einkauf?	❑	❑

0 Fehler ✓
1 Fehler ❍
mehr ✗ ☐

Lernstandserhebung
Lernphase III

		Geometrie			Zahlen		Rechnen					Größen			Sachaufgaben		
		aktuell		BS	G		G		aktuell		BS ☆	G	akt.	BS	G	akt.	BS
Klasse:	Datum:	7	8	13	1	2	4	5	9	10	15	3	11	14	6	12	16
1																	
2																	
3																	
4																	
5																	
6																	
7																	
8																	
9																	
10																	
11																	
12																	
13																	
14																	
15																	
16																	
17																	
18																	
19																	
20																	
21																	
22																	
23																	
24																	
25																	

Name: ______________________ Klasse: __________ Datum: __________

Auswertung

(1)

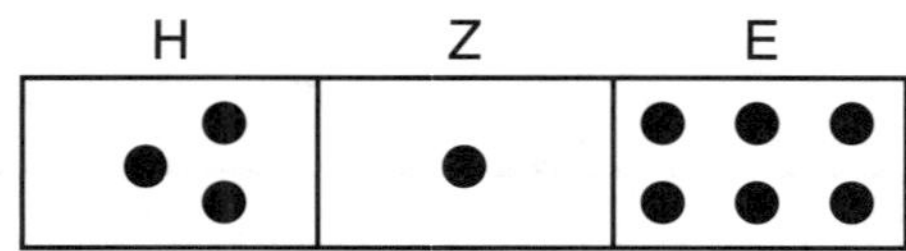

a) Welche Zahl ist hier dargestellt? _______

b) Wie heißt die Zahl, wenn die Einerstelle und die Hunderterstelle vertauscht werden? _______

0 Fehler ✓
1 Fehler ❍
mehr ✗

(2) **Ergänze die fehlenden Zahlen.**

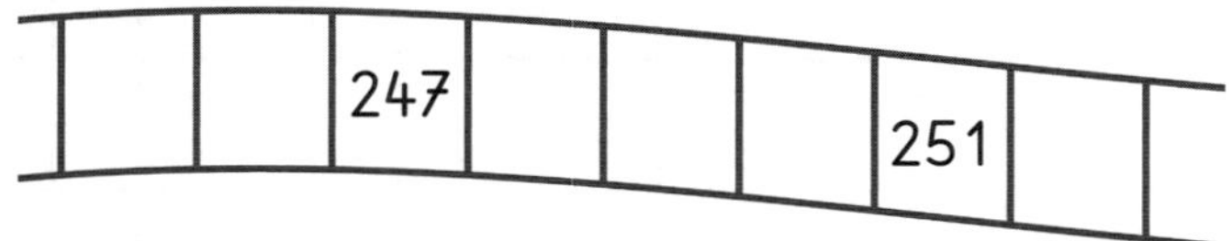

richtig ✓
falsch ❍

(3) **Wandle in Zentimeter um.**

2 m = _____ cm   3,68 m = _____ cm $1\frac{1}{2}$ m = _____ cm

0 Fehler ✓
1 Fehler ❍
mehr ✗

(4) **Rechne im Kopf.**

240+17= _____   310- 7= _____   70·3= _____

480+50= _____   740-90= _____   160:2= _____

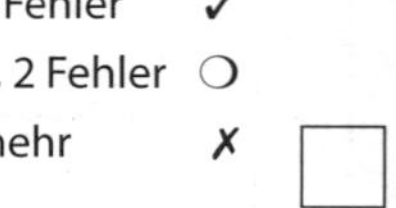

(5) **Rechne und ergänze die fehlenden Rechnungen.**

a) 54+30= _____   b) 71-20= _____

54+29= _____   70-19= _____

54+28= _____   69-18= _____

__________   __________

0 Fehler ✓
1 Fehler ❍
mehr ✗

(6) **Auf einem Tisch stehen 3 Schüsseln.**
Lisa legt in jede Schüssel 2 Bananen, 4 Äpfel und 1 Birne.
Wie viele Äpfel braucht Lisa dafür?

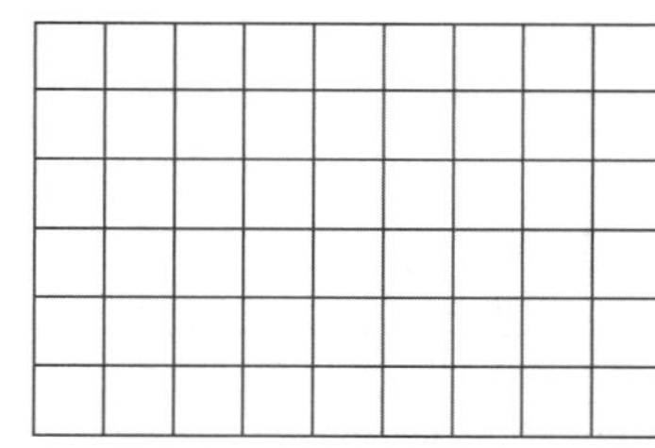

richtig ✓
teilweise ❍
sonst ✗

Name: ______________________ Klasse: __________ Datum: __________

Auswertung

(7) **Welches Bauwerk passt zu dem Bauplan?**
Kreuze an.

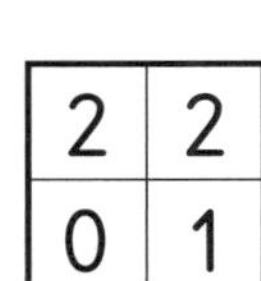

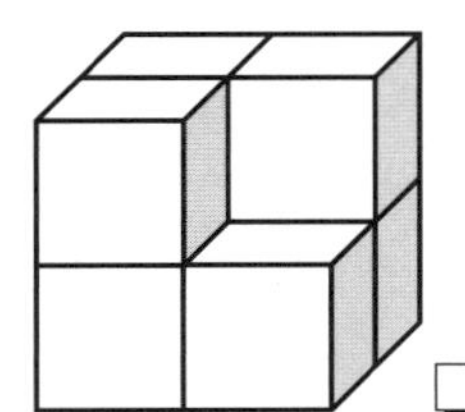

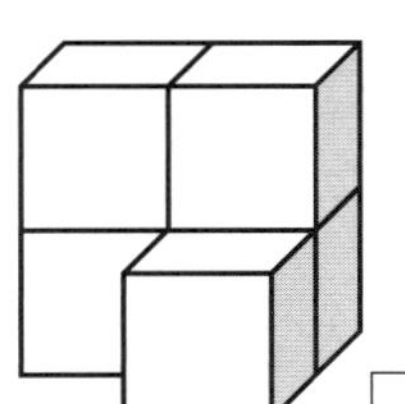

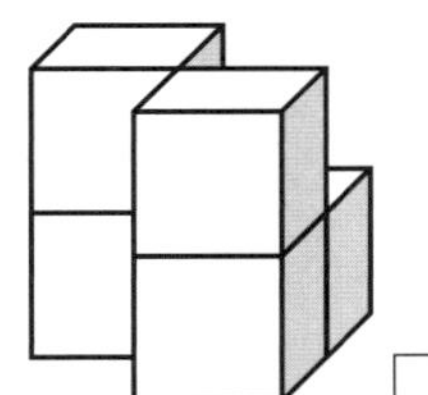

richtig ✓
falsch ✗

(8) **Aus diesen Netzen sollen Würfel gefaltet werden.**
Welche Fläche liegt jeweils gegenüber der schwarzen Fläche?
Male sie an.

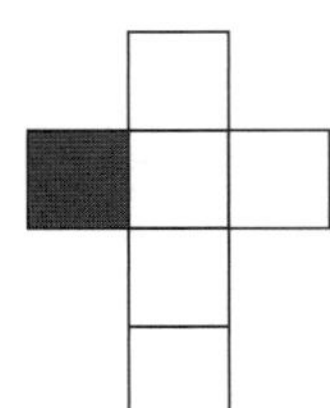

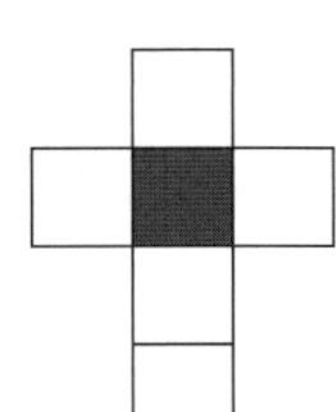

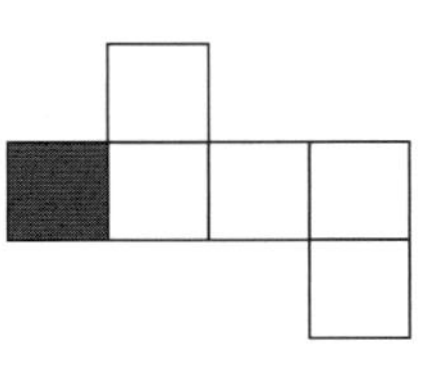

0 Fehler ✓
1, 2 Fehler ❍
mehr ✗

(9) **Rechne schriftlich.**

308+461

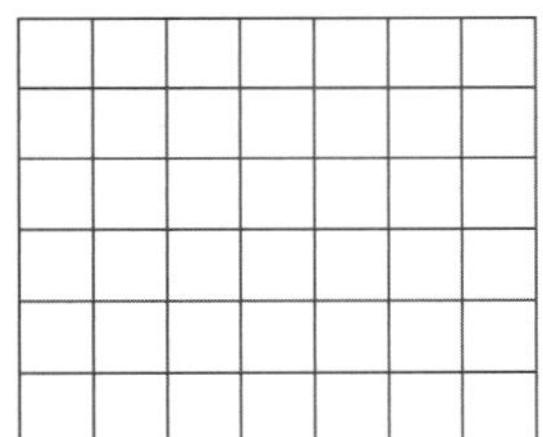

275+483

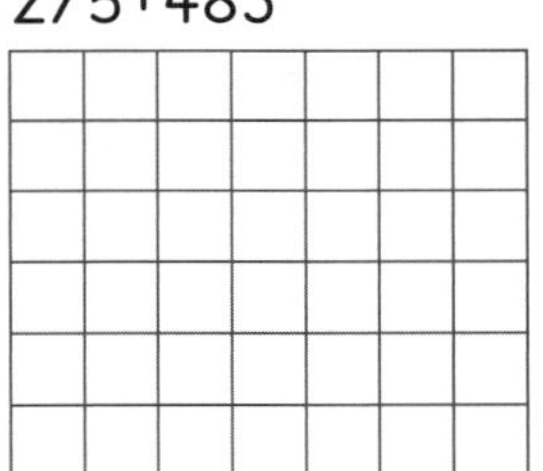

84+619

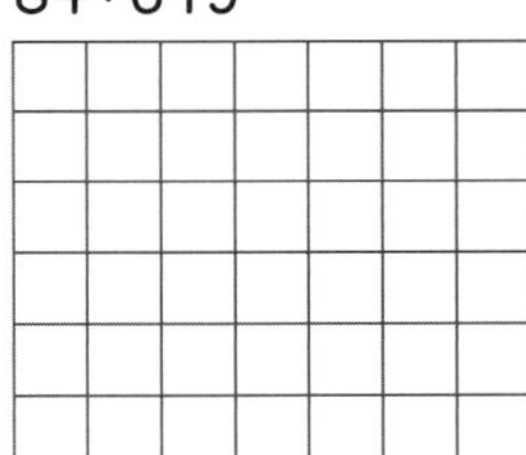

0 Fehler ✓
1, 2 Fehler ❍
mehr ✗

(10) **Rechne schriftlich.**

985−143

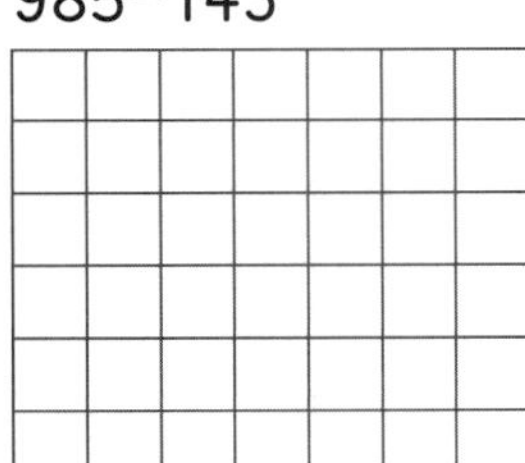

650−218

700−341

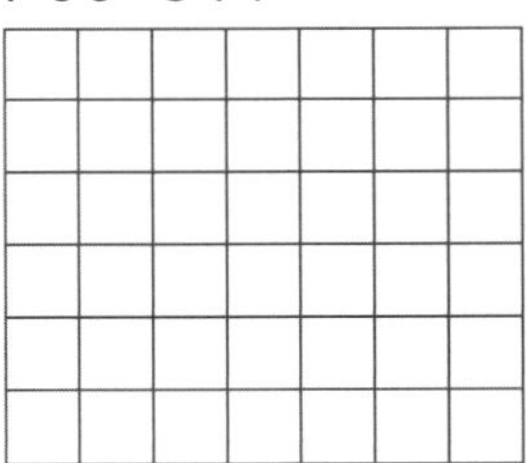

0 Fehler ✓
1, 2 Fehler ❍
mehr ✗

(11) **Ergänze immer auf 1 Kilogramm.**

520 g = _____ = 1 kg   10 g = _____ = 1 kg

0 Fehler ✓
1 Fehler ❍
mehr ✗

(12) **Ein Pferd wiegt 840 kg.**
Der Kleinwagen des Bauern wiegt eine Tonne.
Was von beiden ist schwerer?
Um wie viel?

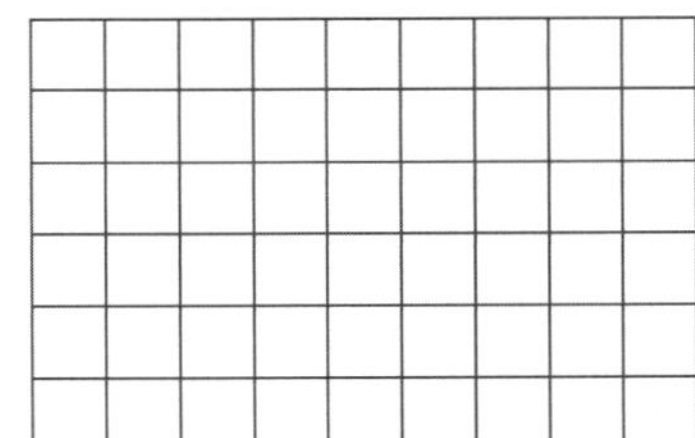

richtig ✓
teilweise ❍
sonst ✗

Name: Klasse: Datum:

LSE Phase III
Seite 3 von 3

Auswertung

(13) **Welche Zeichnung zeigt das Bauwerk von oben? Kreuze an.**

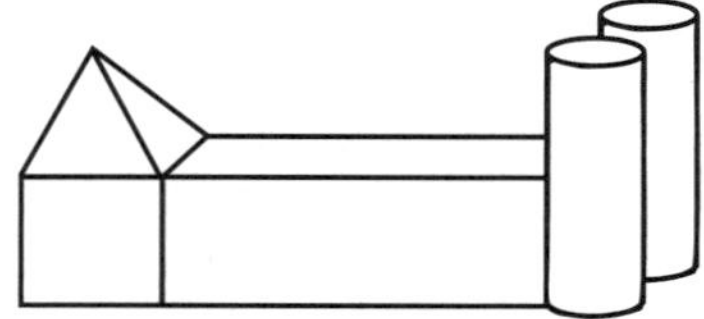

❏ A

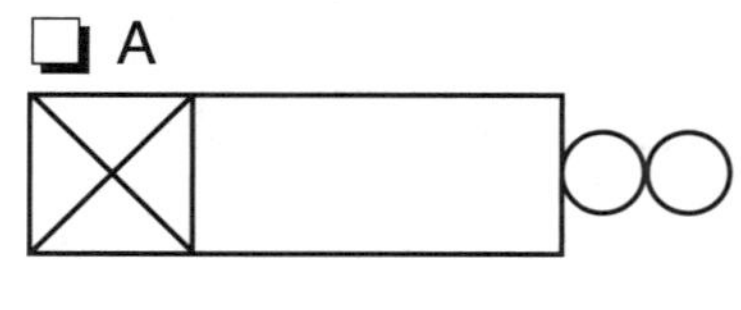

❏ B

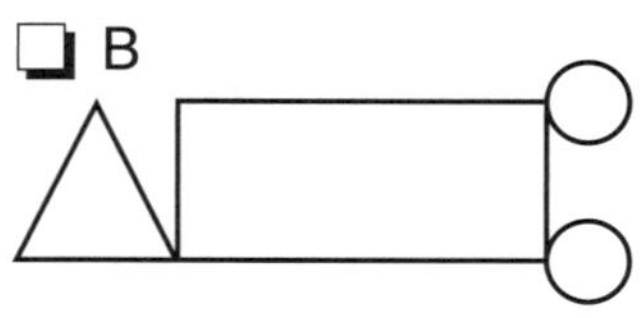

❏ C

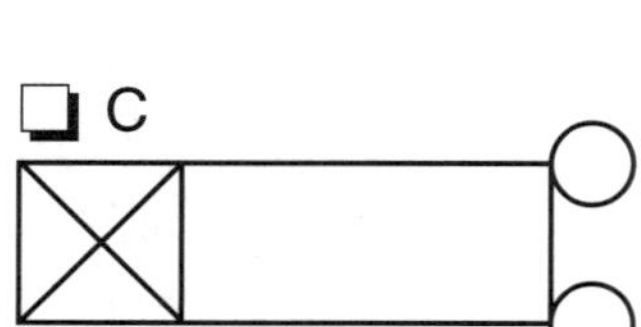

❏ D

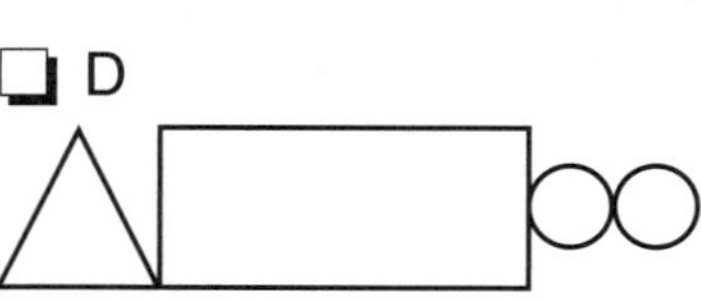

richtig ✓
falsch ✗

(14) **Die Waage ist im Gleichgewicht. Wie viel wiegt der Apfel?**

richtig ✓
falsch ✗

(15) **Setze die fehlenden Zahlen ein.**

	3	2	9
+	☐	☐	☐
	6	8	2

0 Fehler ✓
1 Fehler ❍
mehr ✗

(16) **Ergänze die Sätze mit Hilfe der Tabelle.**

a) Welches Schaf ist am leichtesten?

b) Der Schäferhund wiegt 15 kg weniger als Alara.
Wie schwer ist er?

Schaf	Gewicht
Gipsy	52 kg 500 g
Delia	50 kg 90 g
Pepita	51 kg 200 g
Alara	51 kg

0 Fehler ✓
1 Fehler ❍
mehr ✗

Lernstandserhebung
Lernphase IV

Klasse: Datum:

		Zahlen		Rechnen			Größen						Geometrie		Daten		Sachaufgaben		
		G		G		akt.	G	aktuell			BS		akt.	BS	akt.	BS	G		BS
		1	2	3	4	13	5	10	11	12	14	17	8	15	9	16	6	7	18
1																			
2																			
3																			
4																			
5																			
6																			
7																			
8																			
9																			
10																			
11																			
12																			
13																			
14																			
15																			
16																			
17																			
18																			
19																			
20																			
21																			
22																			
23																			
24																			
25																			

Name: ______________________ Klasse: __________ Datum: __________

Auswertung

① **Ergänze die fehlenden Zahlen.**

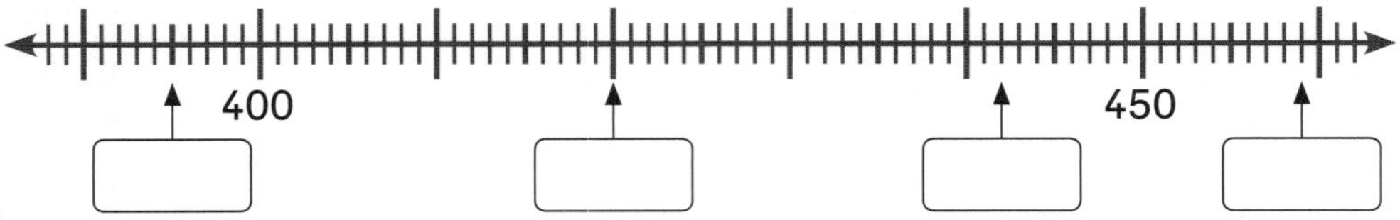

400 450

☐ ☐ ☐ ☐

0 Fehler ✓
1 Fehler ❍
mehr ✗ ☐

② **Nenne die Nachbarzahlen.**

_____ 671 _____ _____ 200 _____ _____ 830 _____

0 Fehler ✓
1, 2 Fehler ❍
mehr ✗ ☐

③ **Rechne schriftlich.**

613+125 408+317 346+475

0 Fehler ✓
1, 2 Fehler ❍
mehr ✗ ☐

④ **Rechne schriftlich.**

873−143 507−261 924−188

0 Fehler ✓
1, 2 Fehler ❍
mehr ✗ ☐

⑤ **Ordne diese Längen ihrer Größe nach.**
Beginne bei der kleinsten.

215 cm / 1 m / 300 mm / 18 cm

geordnet: __________ < __________ < __________ < __________

0 Fehler ✓
1 Fehler ❍
mehr ✗ ☐

⑥ **Vor einem Kaufhaus sind 85 Parkplätze.**
23 Parkplätze sind noch frei.
Wie viele sind besetzt?

richtig ✓
teilweise ❍
flasch ✗ ☐

⑦ **Mascha hat 5,20 €.**
Sie kauft ein Brötchen für 1,50 €.
Wie viel Geld bleibt ihr?

richtig ✓
teilweise ❍
flasch ✗ ☐

Name: ______________________ Klasse: __________ Datum: __________

LSE Phase IV
Seite 2 von 3

Auswertung

(8) **Bestimme die Größe dieser Figuren in Maßquadraten.**

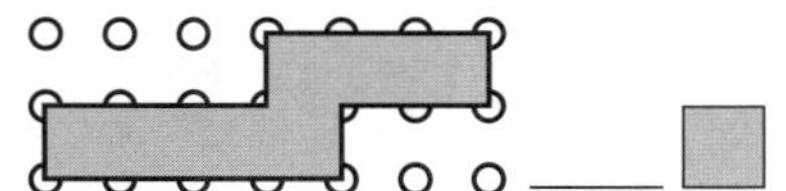

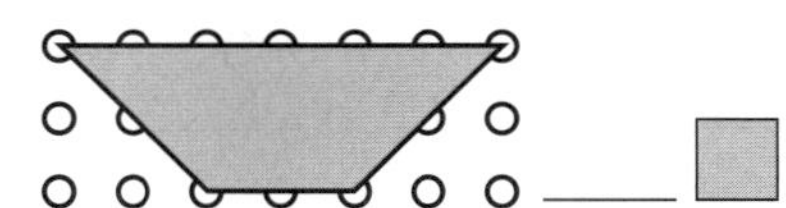

0 Fehler ✓
1 Fehler ❍
mehr ✗ ☐

(9) **Leon zieht eine Kugel aus dem Becher, ohne hinzusehen. Kreuze an, ob die Aussagen richtig oder falsch sind.**

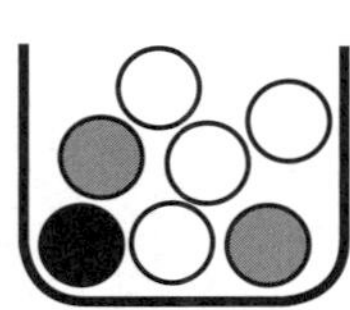

	richtig	falsch
Schwarz ist möglich.	❑	❑
Grau ist unmöglich.	❑	❑
Weiß ist sicher.	❑	❑
Weiß ist wahrscheinlich.	❑	❑

0 Fehler ✓
1 Fehler ❍
mehr ✗ ☐

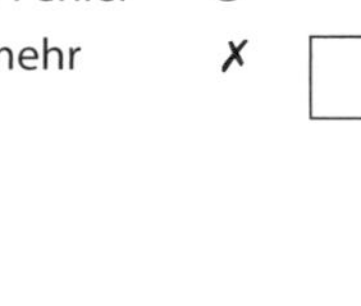

(10) **Wandle in Minuten und Sekunden um.**

103 s = ______ min ______ s 130 s = ______ min ______ s

0 Fehler ✓
1 Fehler ❍
mehr ✗ ☐

(11) **Zeichne die Zeiger in die Uhren.**

9:05 Uhr

19:50 Uhr

Halb vier

0 Fehler ✓
1, 2 Fehler ❍
mehr ✗ ☐

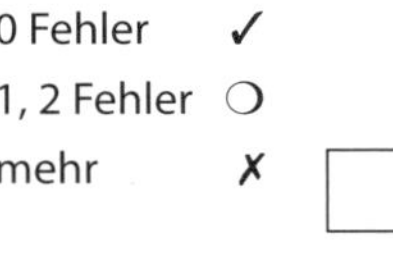

(12) **Hans verlässt um 8:30 Uhr das Haus. Er bringt seiner Tante 5 Krapfen. Danach besucht er noch 2 Freunde. Um 10:15 Uhr ist er wieder zu Hause. Wie lang war Hans unterwegs?**

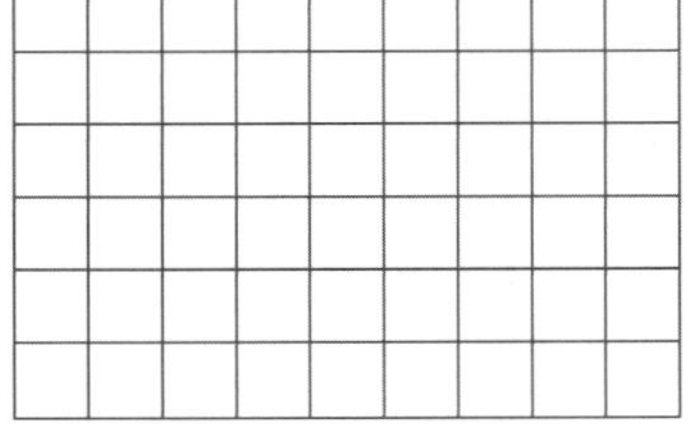

richtig ✓
teilweise ❍
falsch ✗ ☐

(13) **Rechne geschickt.**

99·4

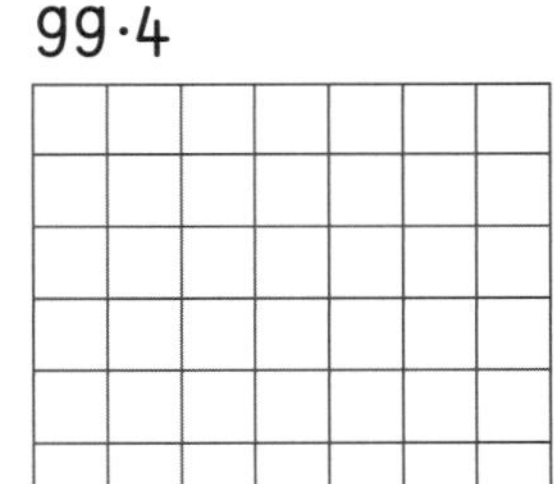

652−299

799+154

0 Fehler ✓
1, 2 Fehler ❍
mehr ✗ ☐

Name: ______________ Klasse: ______ Datum: ______

Auswertung

(14) **Von einem 1 m langen Stock werden 200 mm abgesägt. Wie viele Zentimeter bleiben übrig?**

____

richtig ✓
teilweise ❍
falsch ✗ ☐

(15) **Aus wie vielen Kästchen besteht das Rechteck?**

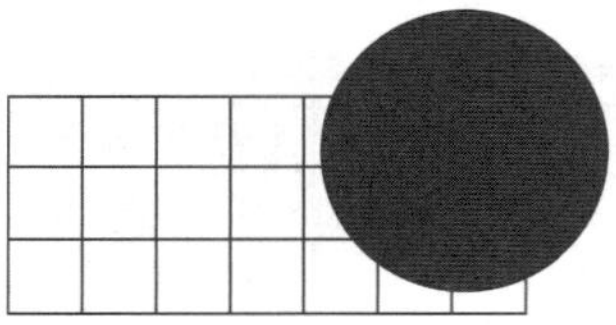

____

richtig ✓
falsch ✗ ☐

(16) **Kugelspiel**
Du füllst 10 Kugeln in einen Becher. Sie können weiß oder schwarz sein. Dein Partner darf mit verbundenen Augen zwei Kugeln herausnehmen. Wie musst du den Becher füllen, damit dein Partner die besten Chancen hat, eine weiße und eine schwarze Kugel zu ziehen?

Ich fülle den Becher mit _____ weißen und _____ schwarzen Kugeln.

richtig ✓
falsch ✗ ☐

(17) **Stadtlauf**
3 Freunde nehmen am Stadtlauf teil.
Bernds Zeit beträgt 31 Minuten und 20 Sekunden.
Erwin ist um 1 Sekunde langsamer als Bernd.
Till ist um 2 Minuten schneller als Bernd.
Trage die Zeiten von Erwin und Till in die Tabelle ein.

	Zeit
Bernd	31 min 20 s
Erwin	
Till	

0 Fehler ✓
1 Fehler ❍
mehr ✗ ☐

(18) **Die Eintrittskarte für ein Pop-Konzert kostet 65 €. Im Vorverkauf kann man die gleich Karte für 49 € kaufen.**
Wie viel Euro spart man, wenn man die Karte im Vorverkauf kauft?

richtig ✓
teilweise ❍
falsch ✗ ☐

Methodisch-didaktische Anregungen zu den einzelnen Kapiteln mit Vorschlägen zur Lernwerkstatt

Didaktische Hinweise zu den Kapiteln

Überblick über die Arbeit mit einem Kapitel von EINS PLUS

Wir schlagen Ihnen vor, EINS PLUS auf folgende Weise einzusetzen:

1) Vorbereitung mit einem Knobelplakat
Die Knobelplakate führen die Kinder zum mathematischen Thema des jeweiligen Kapitels hin. Es empfiehlt sich, das passende Plakat schon einige Tage vor der Erarbeitung des Themas als Rätselimpuls in der Klasse aufzuhängen. Die Kinder sollen zumindest einen Tag Zeit haben, sich über die knifflige Fragestellung Gedanken zu machen, bevor die Lösung gemeinsam ausführlich besprochen wird. Oft ist es auch sinnvoll, die Lösung erst am Ende der Woche zu diskutieren.

Präsentieren Sie die Spielregeln für die Arbeit mit Knobelplakaten, Kopiervorlage 1, als Plakat in der Klasse. Besprechen Sie mit allen Kindern die einzelnen Punkte und erinnern Sie immer wieder daran. Jedes Kind soll auch eine persönliche Kopie zur Verfügung haben.

2) Einstieg mit einer Abenteuergeschichte
Die Abenteuergeschichten von Cedric und seinen Freundinnen und Freunden, von der CD gespielt oder aus dem Handbuch für Lehrerinnen und Lehrer vorgelesen, sollen die Kinder zu Beginn jedes Kapitels motivieren, mathematische Probleme zu lösen. Die Geschichten führen den Kindern die Lebensnähe mathematischer Themen vor Augen. Darüber hinaus werden grundlegende Kompetenzen aus dem Deutschunterricht fachübergreifend gefördert:

- zuhören können
- Konzentrationsfähigkeit erhöhen
- Hörverständnis verbessern
- Sprachkompetenz entwickeln
- Wortschatz erweitern

Zusätzlich finden Sie im Schülerbuch passende Impulsbilder, die den Kindern helfen sollen, den Inhalt der Abenteuergeschichte zu verstehen.

3) Klassenaktivitäten
Wir schlagen Ihnen pro Kapitel eine Einstiegsaktivität vor, die Sie einsetzen können, um den Kindern das zu erarbeitende mathematische Thema nahe zu bringen. Diese Klassenaktivitäten sind meist für die gemeinsame Arbeit im Klassenkreis gedacht. Wir haben uns bemüht, interessante und lustige Aktivitäten zu finden, die das mathematische Thema präsent machen und die auch nicht all zu viel Vorbereitungsarbeit benötigen.

4) Arbeit im Buch
Zu jeder Abenteuergeschichte gibt es im Schülerbuch eine passende Aktivität. Diese steht am Beginn des Kapitels. Sie ist so konzipiert, dass die Kinder sie auch lösen können, ohne die Geschichte zu kennen. Dann folgen die einzelnen Übungen, die die Kinder selbstständig lösen sollen. Die Abschnitte „Bleib in Form!" können Sie entweder in der im Buch gegebenen Reihenfolge durchführen, oder Sie können den Kindern freistellen, selbstständig vorzuarbeiten.

5) Hausaufgaben
Das Arbeitsheft enthält vielfältige Aufgaben, welche die Kinder selbstständig lösen können, da jede Herausforderung bereits im Schülerbuch behandelt wurde.

6) Offener Unterricht – Lernwerkstatt
In EINS PLUS finden Sie zu jeder Themeneinheit Vorschläge zur Gestaltung abwechslungsreicher Lernstationen. Ihre Schülerinnen und Schüler können Lerninhalte selbstständig erarbeiten, wiederholen und vertiefen. Zu jedem Kapitel gibt es auch eine Lernstation am Computer, welche die Kinder einzeln oder in kleinen Gruppen bearbeiten können.

Ziele und Kompetenzen

- Strukturierte Zahlerfassung und Vergleich von Zahlen im Zahlenraum bis 100
- Plus- und Minusrechnen im Zahlenraum bis 100 Nutzen von Strategien wie Analogiebildung, Tauschaufgaben oder geschicktes Rechnen zur Rechenerleichterung
- Malrechnen und Teilen im Zahlenraum bis 100 Nutzen von Strategien wie Kernaufgaben, Verdoppeln bzw. Halbieren, Tausch- und Umkehraufgaben zur Rechenerleichterung
- Sachrechnen: Verwenden von Skizzen, Aufgaben erfinden

Didaktische Hinweise

Am Beginn der 3. Klasse werden wesentliche Übungen zum Zahlenraum 100 und den vier Grundrechenarten wiederholt. Einen weiteren Schwerpunkt des Kapitels bildet das Sachrechnen. Das Erstellen und Verwenden von einfachen Skizzen wird angeregt. Dies dient einerseits als Hilfe beim Lösen der Aufgaben, andererseits jedoch auch zur Sicherstellung des Aufgabenverständnisses bei den Kindern. Die Texte sind bewusst kurz und einfach gehalten. In den ersten Aufgabenstellungen sind die Informationen direkt der Einstiegsgrafik zu entnehmen. Die weiteren Aufgaben basieren auf diesen ersten Informationen. So stellt die Abfolge der Aufgaben eine natürliche Differenzierung dar. Die Aufgaben regen zum Sprechen über die Sachverhalte an. Im Zusammenhang mit den Skizzen bildet das Sachrechnen so einen Sprachförderkurs im Mathematikunterricht, besonders für die Schülerinnen und Schüler, die Defizite in der deutschen Sprache aufweisen.

Materialien

- Knobelplakat 1: „Mit großen Schritten auf den Turm"
- Schülerbuch S 5–12
- Arbeitsheft S 5–10
- Kopiervorlage 1 So arbeite ich mit einem Knobelplakat
  Kopiervorlage 2 Begriffe für das Protokoll zum Knobelplakat 1
  Kopiervorlage 3 Ziffernkarten
- Abenteuergeschichte „Ankunft im Schloss"
- Lernwerkstatt
  LS 1 Mit dem Würfel munter rauf und runter
  LS 2 Malreihen-Bingo

Knobelplakat 1
Mit großen Schritten auf den Turm

Aufgabenstellung

Cedric, Aron und Nora laufen auf den Turm des Schlosses. Cedric nimmt dabei immer 2 Stufen auf einmal, Aron 3 Stufen und Nora sogar 5 Stufen. Kein Wunder, sie hat ja Unterstützung durch ihren Flugrucksack. Alle Kinder landen mit ihrem letzten Sprung genau auf der obersten Plattform des Turms. Wie viele Stufen hat der Turm mindestens?

Auflösung

Die mathematische Lösung lautet 30 Stufen. Die Antwort, der Turm hat 30 Stufen oder ein Vielfaches davon, also z.B. 60, 90, … Stufen, ist selbstverständlich auch korrekt.

Begründung: Wären die Stufen durchnummeriert, dann könnte man Folgendes sagen: Cedric zählt in Zweierschritten: 0, 2, 4, 6, … Aron in Dreierschritten: 0, 3, 6, … und Nora in Fünferschritten: 0, 5, 10, … Die erste Stufe, bei der sich die drei Kinder wieder gemeinsam treffen, ist die Stufe 30.

In der Sekundarstufe würde die Antwort lauten: „30 ist das kleinste gemeinsame Vielfache von 2, 3 und 5."

Was tun, wenn …

… kein Kind eine richtige Lösung gefunden hat?
Zeichnen Sie eine Treppe mit 11 Stufen auf die Tafel oder ein Blatt Papier. Beschriften Sie die Stufen von 1 bis 11. Stellen Sie folgende Fragen und lassen sie die Kinder die entsprechenden Antworten eintragen. „Wer kann hier

einzeichnen, auf welche Stufen Cedric steigen wird?" Ein Kind zeichnet z.B. blaue Punkte auf jede zweite Stufe. „Cedric steigt also auf die Stufen 0, 2, 4, 6, 8 und 10. Wer kann sagen, wie das weitergehen würde?" „... 12, 14, ..." etc. „Auf welche Stufen wird Aron steigen?" Mit einer anderen Farbe werden Arons 3er-Sprünge eingezeichnet. Wieder die Frage: „Wie würde das weitergehen?"
Am Ende werden bei 5 und 10 noch Noras Schritte eingezeichnet. „Gibt es irgendeine Stufe, auf der alle drei Kinder eingezeichnet sind?" Die Antwort der Schüler/innen wird „nein" lauten, daraus lässt sich die Erkenntnis gewinnen, dass der Turm höher sein muss. Die Kinder sollen diese Schlussfolgerung selbst ziehen und dann selbstständig überlegen, weiterzählen, zeichnen, ...
Wenn immer noch kein Kind eine Idee hat, dann lassen Sie die Kinder in Kleingruppen zusammenarbeiten. Jede Gruppe soll eine Treppe mit 40 Stufen zeichnen und Cedrics, Arons und Noras Sprünge einzeichnen. Auf welcher Stufe treffen sich die drei Kinder wieder gemeinsam?

... falsche Lösungen auftauchen?
Würdigen Sie auch diese Antworten, das Kind hat sich bestimmt bemüht. Prüfen Sie gemeinsam die Ideen. Dies führt meist zu weiteren Erkenntnissen. Kinder sollen dabei lernen, dass falsche Vermutungen in der Mathematik nichts Schlimmes sind, sondern Schritte auf dem Weg zu einer Lösung.

Die Kinder sollen ihre Antworten auch mittels Skizze begründen. Dies führt meist rasch zur richtigen Lösung.

... ein Kind sehr rasch die richtige Lösung gefunden hat?
Entwickeln Sie in der Klasse eine Kultur, die es allen Kindern erlaubt, eigenzeitlich zu arbeiten. Erinnern Sie an die Vereinbarungen „So arbeite ich mit dem Knobelplakat". Fragen Sie nach den Erklärungen für die Lösung, möglicherweise ergeben sich neue Ansätze. Sie können auch die Frage stellen, bei welchen Stufen sich die Kinder wieder treffen würden, wäre der Turm noch höher.

Mögliche Weiterführung
Wählen Sie für die Turmläuferinnen und -läufer andere Schrittfolgen. Wie würde die Lösung aussehen, wenn Cedric immer 3, Aron immer 4 und Nora immer 8 Stufen (mit Flugrucksack geht das wunderbar) springen würden? Lösung: 24 Stufen

Begriffe für das Protokoll
Zweierreihe, Dreierreihe, Fünferreihe, Fußspuren, Schritte, immer 2, immer 3, immer 5, zeichnen, einzeichnen, markieren, verschiedene Farben, weiterzählen, in Schritten zählen, weiterhüpfen, Zahlen aufschreiben, gleiche Zahlen finden
→ Download Kopiervorlage A4 unter
www.helbling.com/de/einsplus-lehrer

Leonardos Protokoll
Ich habe einen Turm mit vielen Stufen gezeichnet.
Jedes Kind hat eine Farbe bekommen: Cedric blau, Aron grün, Nora rot.
Dann habe ich eingezeichnet, wo die Kinder hingetreten sind.
Auf der 30. Stufe waren dann alle Farben zu sehen.

Meine Lösung lautet: Der Turm hat 30 Stufen.

Einstieg mit der Abenteuergeschichte

Wenn Sie mit der Abenteuergeschichte einsteigen wollen, lesen Sie die Geschichte selbst oder erzählen sie mit eigenen Worten.
Der König ist krank. So bittet er seinen Sohn Cedric, seine Aufgaben eine Zeit lang zu übernehmen. Dieser reist gemeinsam mit seinen Freunden an. Sie werden von dem wunderlichen Haushofmeister in Empfang genommen ...

Klassenaktivität (Vorschlag für den Einstieg)

100
Besorgen Sie für die Klasse 100 Wäscheklammern. Sie können dieses Material im Laufe des Schuljahres für die verschiedensten Zahlenspiele verwenden. Lesen Sie die Abenteuergeschichte vor. Die 100 Klammern symbolisieren die 100 Zimmer, bzw. deren Schlüssel. In der Geschichte wird nach und nach berichtet, warum welche Zimmer nicht beziehbar sind und daher als Wohnmöglichkeit ausscheiden. Präsentieren Sie die Klammern z.B. auf einer Leine. Die Kinder sollen dann Klammern wegnehmen, die entsprechende Subtraktion verbalisieren und notieren. Als Variante können die Kinder eigene Geschichten erfinden (z.B. auch Spukgeschichten, Phantasiegeschichten, ...), warum Zimmer nach und nach als Wohnorte ausscheiden.

Tipps zur Erarbeitung im Buch

Falls Sie und/oder die Schüler/innen EINS PLUS schon in der Grundstufe I verwendet haben, dann sind Cedric, seine Freundinnen und Freunde, Nora, Linn, Philipp und Aron und deren Abenteuer gut bekannt.

Wenn Sie zum ersten Mal mit dem Lehrwerk EINS PLUS arbeiten, dann lesen Sie bitte die einleitenden Texte und die Porträts der fünf Heldinnen und Helden. Sie finden sie in diesem Handbuch auf Seite 20.

S 5/1 Möglicher Einstieg mit Abenteuergeschichte, siehe oben.

S 5/2 Die einzelnen Aufgaben geben Impulse, mit denen die Kinder selbstständig Rechengeschichten oder Sachaufgaben formulieren können. Es bleibt Ihnen überlassen, wie sehr Sie in diesem Zusammenhang auf orthografische Perfektion Wert legen. Struktur, Rechentechnik und logische Schlussfolgerungen sollten jedoch verbindlich eingefordert werden. Auch die Form der Heftführung kann an dieser Stelle thematisiert werden. Im Sinne der Kompetenz Modellieren ist es wichtig, dass Kinder immer wieder Gelegenheit bekommen, selbst Sachaufgaben zu erstellen.

S 6/1, 2 Unterstützung durch Legematerial, falls nötig.

S 7/5 Sie können das Spiel je nach Geschick der Kinder variieren:

- 100 – runter: (längere Spieldauer)
  Das Spiel beginnt bei der Zahl 100.
- Zwei Würfel: (schwereres Spiel)
  Pro Spielzug werden 2 Würfel geworfen und die Summe der Würfelaugen abgezogen.

S 8/3, 4, 5 Zum besseren Verständnis sollen die Kinder einfache Skizzen erstellen.

S 9/1 Auch wenn die Kinder die Aufgaben im Kopf lösen und die Zwischenschritte nicht aufschreiben, sollen sie ihre Vorgehensweise beschreiben.

S 12 Im Format AUFGABEN-WERKSTATT wird in der Einleitung ein Sachkontext vorgestellt. Dieser bildet für die Kinder den Ausgangspunkt, eigene Sachaufgaben zu erfinden und zu lösen.
Planen Sie für die Bearbeitung solcher Aufgaben genug Zeit ein.

Herzlich willkommen!

Lernwerkstatt – Lernstation

LS 1 Mit dem Würfel munter rauf und runter

Mathematischer Inhalt: Addition und Subtraktion im ZR 100
Gruppengröße: 2 – 4 Kinder
Material: 2 Würfel

Jedes Kind startet bei 0 Punkten. Es wird reihum gewürfelt. Jedes Kind addiert nach jedem Wurf die Augenzahl auf dem Würfel zu den bereits vorhandenen Punkten, z.B. 0+5=5, 5+2=7, 7+4=11, ... Wer zuerst genau 30 Punkte erreicht, gewinnt. Würfe, die über 30 hinausgehen, werden nicht gezählt. Das Kind muss in der nächsten Runde nochmals würfeln, so lange, bis es genau 30 erreicht.

Varianten mit einem Würfel:

- 30 muss nicht genau erreicht werden
- Start ist bei 30, die Augenzahlen auf dem Würfel müssen subtrahiert werden, bis (genau) 0 erreicht wird.

Varianten mit zwei Würfeln:

- Die Kinder würfeln mit jeweils 2 Würfeln, addieren die Augenzahlen und notieren das Ergebnis. In der nächsten Runde wird dann die Summe aus dem zweiten Wurf addiert. Ziel: 100
- Start ist bei 100, die Summe der Augenzahlen wird subtrahiert, bis 0 erreicht wird.

LS 2 Malreihen - Bingo

Mathematischer Inhalt: Wiederholung aller Malreihen
Gruppengröße: ab 2 Kindern bis Kleingruppe
Material: Spielpläne oder Papier, Bleistift und Lineal für jedes Kind, mehrere Sets mit Ziffernkarten von 0 bis 9, KV 3 oder UNO-Karten.

Blanko-Spielplan

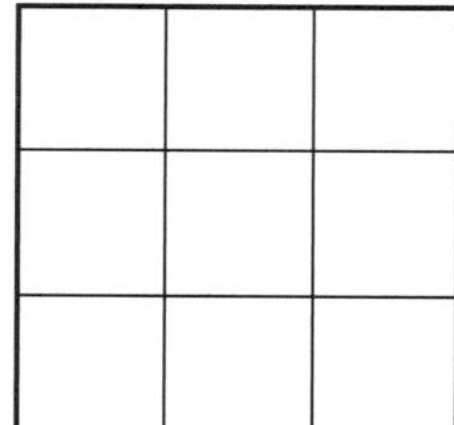

Malreihe 9

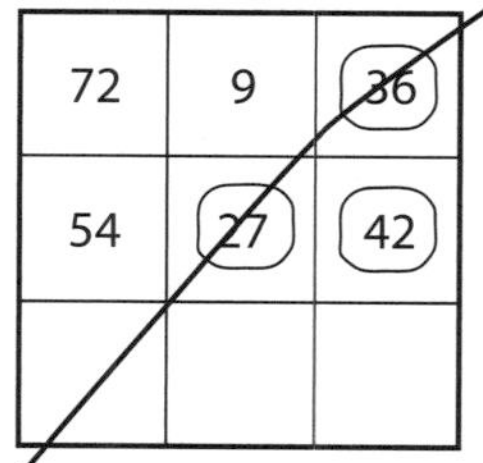

Das Bingofeld besteht aus 9 Quadraten, Seitenlänge ca. 2 cm, die in einem 3 mal 3 Raster angeordnet sind. Sie können mehrere Spielpläne vorbereiten oder die Kinder zeichnen selbst ihre Spielpläne und üben dabei das Zeichnen und Messen mit dem Lineal. Pro Spielgruppe wird ein Satz Ziffernkarten von 0 bis 9 gemischt und verdeckt auf den Tisch gelegt. Die Gruppe einigt sich, mit welcher Malreihe gespielt wird. Die Kinder schreiben auf ihre Spielpläne Zahlen aus der gewählten Malreihe. Jede Zahl darf nur einmal notiert werden. Ein Kind hebt die erste Ziffernkarte vom Stapel ab und nennt die Malrechenaufgabe aus der zu bearbeitenden Malreihe. Wenn z.B. die Dreierreihe vereinbart wurde und die erste Karte 6 zeigt, dann lautet die Ansage: „6 mal 3 gleich". Wer das Ergebnis, in diesem Fall 18, auf seinem Spielplan stehen hat, darf es einkreisen. Wer drei Kreise horizontal, vertikal oder diagonal eingekreist hat, ruft: „Bingo!" und erhält einen Siegerpunkt. Die Kinder können sich beim Abheben der Karten abwechseln.

Spielvarianten:

- Raster wird auf 16 Quadrate vergrößert, zwei Malreihen spielen mit, Zahlen können auch mehrfach notiert werden. Beim Ziehen der Karten wird zwischen den Malreihen abgewechselt, z.B. 3 • 6, 4 • 9, 2 • 6, 7 • 9 ...
- statt Ziffernkarten 10er-Würfel verwenden

CD-ROM Rechentrainer

Mit einem Klick auf das Schloss öffnet sich der Rechentrainer. Beim ersten Einstieg gestaltet jedes Kind sein persönliches Maskottchen. Es überreicht dem Kind ein zunächst leeres Stickeralbum. Für jede erfolgreich abgeschlossene Übungssequenz erhält das Kind einen Sticker für sein Album. In jeder Lernphase kann das Kind Sticker sammeln.

Abenteuergeschichte – Willkommen im Schloss! S 5/1

Was bisher geschah:
Am Ende des Schuljahres hatten Cedric, Linn, Philipp, Nora und Aron Nachricht bekommen, dass Cedrics Vater schwer erkrankt war und seine Königsgeschäfte nicht mehr ausführen konnte. Cedric musste ins Königreich zurückfahren und dem König und der Königin helfen. Seine Freundinnen und Freunde begleiteten ihn.

Mathematischer Inhalt:
Operationen im Zahlenraum 100
➔ Stuhlkreis, Geschichtenbild liegt in der Mitte

Cedric, Linn, Philipp, Nora und Aron waren nach einer langen Schiffsreise endlich im Königreich angekommen. Nun standen sie vor dem königlichen Schloss und staunten. Das große Schlosstor öffnete sich und ein festlich gekleideter Mann trat heraus. „Willkommen im königlichen Schloss", rief er und blies ein paar Töne auf einer kleinen Trompete. „Ich bin Haushofmeister Hinzkunz."
Cedric trat vor und begrüßte ihn: „Sehr erfreut. Ich bin Prinz Cedric. Das hier sind meine Freundinnen und Freunde. Wir sind hundemüde von der Reise. Wir brauchen bitte schöne Zimmer mit bequemen Betten zum Ausruhen."
Der Haushofmeister runzelte die Stirn und sagte: „Ja, wenn das so einfach wäre, lieber Prinz. Seit deiner Abreise wurde das ganze Schloss umgebaut. Es hat jetzt 100 Zimmer."
Philipp lachte: „100 Zimmer sind mehr als genug. Bitte gib uns die Schlüssel, damit wir uns endlich ausschlafen können." Er gähnte laut.
Hinzkunz sagte: „Ja, wenn das so einfach wäre. Ein so großes Schloss braucht viele Angestellte. Diese bewohnen 40 Zimmer."
„Da bleiben ja immer noch genug Zimmer für uns," antwortete Linn.

„Stimmt, stimmt", brummte Hinzkunz, „doch bevor ihr euch die Zimmer aussucht, muss ich euch noch ein paar Besonderheiten erklären. Im Westflügel spukt der verstorbene Baron Kniffelhausen. Wenn euch das nichts ausmacht, dann könnt ihr gerne …". Linn war mutig und verkündete: „Ich habe keine Angst vor Gespenstern! Doch ich möchte einmal wirklich ruhig schlafen können. Wie viele Zimmer sind denn vom Spuk betroffen?" Der Haushofmeister überlegte: „Es sind 27 Zimmer. Aber, aber … auch der Ostflügel kann nicht bewohnt werden." „Wieso denn das?" fragten die Kinder im Chor. „Beim Umbau wurde der Gang zum Ostflügel irrtümlich zugemauert. Wir können daher die 23 Zimmer im Ostflügel nicht erreichen."
Cedric war verzweifelt. „Aber wir können doch die verbleibenden Zimmer benützen", schlug er vor.
Hinzkunz schüttelte den Kopf: „Da gibt es noch etwas, was ihr wissen müsst. Die Hälfte der verbleibenden Zimmer ist an einen Zirkus vermietet. Er gibt gerade ein Gastspiel im Schlosshof."
Cedric fielen schon fast die Augen zu. Mit leiser Stimme sagte er: „Bitte, lieber Haushofmeister, bitte, bitte gib uns endlich die Schlüssel für die freien Zimmer."

Die Schülerinnen und Schüler rechnen aus, wie viele Zimmer im Schloss frei sind.
Erinnerst du dich?
Wie viele Zimmer hat das Schloss insgesamt?
Wie viele werden von den Angestellten bewohnt?
Wie viele Zimmer hat der Westflügel?
Wie viele Zimmer hat der Ostflügel?
Wie viele Zimmer sind an den Zirkus vermietet?
Bleiben noch genug Zimmer für die fünf Kinder übrig?

Langsam, ganz langsam zog Hinzkunz einen riesigen Schlüsselbund aus der Tasche. Jedes Kind bekam einen Schlüssel.
Cedric war erleichtert: „Herzlichen Dank, lieber Hinzkunz. Doch bevor wir schlafen gehen, müssen wir noch den König und die Königin begrüßen."
Hinzkunz kratzte sich am Kopf: „Das geht leider nicht", sagte er. „Die Königin ist mit dem kranken König auf die Kurinsel gefahren. Er muss sich dort erholen. Du musst jetzt auf das Königreich aufpassen!"
Cedric seufzte: „Da wartet eine große Aufgabe auf uns. Aber jetzt schlafen wir uns einmal gründlich aus."

KV 1: So arbeite ich mit einem Knobelplakat

So arbeite ich mit einem Knobelplakat

Vorstellung
- Ich schaue mir die Aufgabe in Ruhe an.
- Ich frage nach, bis mir die Aufgabe klar ist.
- Ich behalte meine Ideen für die Lösung noch für mich.

Knobelzeit
- Alle, die mitmachen, können etwas lernen.
- Ich arbeite alleine oder im Team.
- Wenn ich eine Lösung weiß, schreibe ich sie auf oder mache eine Zeichnung.
- Die Antworten kommen in die Box.
- Noch verrät niemand die Lösung.

Auflösung
- Jede Antwort wird wertschätzend behandelt.
- Jede Idee wird vorgestellt, besprochen und ausprobiert.
- Manchmal gibt es mehr als eine richtige Lösung.
- Ich kann von den Ideen anderer lernen.

Präsentation
- Ich erkläre meinen Lösungsweg.
- Ich spreche die Sprache der Mathematik.
- Ich schreibe ein Protokoll mit der richtigen Lösung.

KV 2: Begriffe für das Protokoll zum Knobelplakat 1

Knobelplakat 1

Die Kinder hüpfen in 2er-, 3er- und 5er-Sprüngen auf den Turm. Alle landen mit ihrem letzten Sprung genau auf der obersten Stufe. Wie viele Stufen hat der Turm?

in Schritten zählen

Zweierreihe

immer 3

Fußspuren

weiterhüpfen

markieren

Dreierreihe

gleiche Zahlen finden

Schritte

einzeichnen

immer 5

Zahlen aufschreiben

immer 2

Fünferreihe

weiterzählen

zeichnen

verschiedene Farben

KV 3: Ziffernkarten

Ziele und Kompetenzen

- Zahlen im Zahlenraum 1000 strukturiert erfassen
- Das dekadische Stellenwertsystem verstehen
- Analogien nutzen
- Gesetzmäßigkeiten in arithmetischen Mustern erkennen
- Zahlbeziehungen wie Vorgänger, Nachfolger, Nachbarzahlen, das Doppelte, die Hälfte … zur Strukturierung des Zahlenraums nutzen
- Zahlen bis 1000 sprechen, lesen und in Ziffern schreiben
- Zahlen am Zahlenstrahl ablesen und einzeichnen
- Zahlen miteinander vergleichen, Größer – kleiner Relation verstehen
- Schätzen von Zahlen, Gewinnung von Größenvorstellungen von Zahlen

Didaktische Hinweise

Schwerpunkt dieses Kapitels ist die Erweiterung des Zahlenraums bis 1000. Ausgehend vom handelnden Umgang mit den Mehrsystemblöcken erweitern die Schülerinnen und Schüler ihre erworbenen Kenntnisse zu unserem dekadischen Stellenwertsystem. Sie erfahren, dass jede 10er-Bündelung der unteren Einheit zur nächst höheren führt. Umgekehrt werden Darstellungen von Zahlen immer wieder in die einzelnen Stellenwerte zerlegt. Die auf der enaktiven Ebene durchgeführten Übungen werden anschließend auf der ikonischen Ebene weitergeführt. Parallel zum Legen und Darstellen von Zahlen in Zahlbildern wird die Stellenwerttabelle mitgeführt. Die Schülerinnen und Schüler pendeln ständig zwischen der ikonischen Darstellung (Zahlbilder), der Darstellung in der Stellenwerttabelle und der Notation als Zahl hin und her. Am Zahlenstrahl lernen die Schülerinnen und Schüler die Verortung der Zahlen bis 1000. Das Vergleichen von Zahlen sowie das ungefähre Eintragen von Zahlen am Zahlenstrahl festigen das Verständnis von Zahlen in diesem Zahlbereich.

Materialien

- Knobelplakat 2: „Zahlenkugeln auf der Kugelbahn"
- Schülerbuch S 13–19
- Arbeitsheft S 11–15
- Kopiervorlage 4 Begriffe für das Protokoll zum Knobelplakat 2
  Kopiervorlage 5 Zahlenkarten
  Kopiervorlage 6 Zahlenstrahl
  Kopiervorlage 7 Protokoll zum Zahlenstrahl
- Abenteuergeschichte „Eine Schiffsladung voll Kisten"
- Lernwerkstatt
  LS 3 Zahlenstrahlspiel
  LS 4 Schätzspiel
  LS 5 Würfelspiel
- CD-ROM Übung „Zahlen bis 1000"

Knobelplakat 2 Zahlenkugeln auf der Kugelbahn

Aufgabenstellung

Beim Start der Kugelbahn ist eine Kugel mit der Zahl 24 zu sehen. Es gilt herauszufinden, welchen Weg sie durch die Bahn nehmen wird und in welchem Topf sie landen wird. Bei jeder Abzweigung muss man entscheiden, welche Antwort zutrifft. Die Kugel rollt dann in die entsprechende Richtung weiter.

Auflösung

Die Zahlenkugel 24 wird im Topf B landen.
Begründung: 24 ist eine gerade Zahl, kleiner als 100 und in der 6er-Reihe.
Für die anderen Töpfe sind unterschiedliche Lösungen möglich. Hier einige Beispiele:
A: 4, 17, 32, 55, … 99
B: 6, 12, 18, 24, … 60, 66, 72, … 96
C: 202, 204, 206, … 1000, …
D: 102, 104, 106, … 198
E: 7, 11, 13, …
F: 3, 9, 15, …

Was tun, wenn …

… kein Kind eine richtige Lösung gefunden hat?
Ein Kind soll einen Finger auf die blaue Kugel legen. Dann wird der erste Hinweis vorgelesen. Er lautet „ungerade". Das Kind muss entscheiden, ob 24 eine ungerade Zahl ist. Da sie es nicht ist, rutscht der Finger, symbolisch für die Kugel, auf der Bahn mit „nein" weiter bis zur nächsten Abzweigung. Hier muss entschieden werden, ob 24 größer

Zahlen bis 1000

als 100 ist. Das Kind nennt die Antwort „nein" und wird vermutlich alleine seinen Weg zu Ende fahren können. Eine größere Herausforderung stellt das Finden von Zahlen für die anderen Töpfe dar. Möglicherweise geben Sie zunächst einen bestimmten Zahlenraum oder eine Menge von Zahlen vor, die zur Wahl stehen. Die Kinder können auch eigene Zahlen einbringen. In jedem Fall sollen sie mit der gewählten Zahl konsequent alle Hinweise bei den Abzweigungen beachten und herausfinden, ob sie für einen der Töpfe geeignet ist. Man kann auch herausfinden, welche Eigenschaften notwenig sind, um als Zahlenkugel in einem bestimmten Topf zu landen, z.B. müssen Zahlen, die in Topf C kommen wollen, größer als 200 und gerade sein.

... falsche Lösungen auftauchen?
Die Kinder sollen nochmals konzentriert alle Hinweise lesen und überprüfen, ob die geforderten Merkmale auf ihre Zahlen zutreffen.

... ein Kind sehr rasch die richtige Lösung gefunden hat?
Wenn die Töpfe mit den entsprechenden Zahlen befüllt wurden und auch die dazugehörigen Erklärungen verschriftlicht worden sind, dann gebührt großes Lob. Interessierte Kinder möchten eventuell ähnliche Kugelbahnen zeichnen und eigene Hinweisschilder formulieren. Unterstützen Sie diese Ideen.

Mögliche Weiterführung
Regen Sie an, die Kugelbahn nachzuzeichnen, bzw. selbst ähnliche Gebilde zu konstruieren. Lassen Sie die Kinder selbstständig andere Hinweise formulieren, die an den Abzweigungen die weitere Richtung bestimmen.

Begriffe für das Protokoll
Kugel, Zahlenkugel, Bahn, Weg, starten, rollen, gerade, ungerade, in der Malreihe, größer als, kleiner als, gehört dazu, gehört nicht dazu, passt, passt nicht, stimmt, stimmt nicht, überlegen, nachdenken, ausprobieren
→ Download Kopiervorlage A4 unter
www.helbling.com/de/einsplus-lehrer

Leonardos Protokoll
Ich starte mit der Zahl 24. 24 ist keine ungerade Zahl. Die Kugel rollt auf der Bahn mit „nein" weiter. Da steht, ob sie größer als 100 ist. Wieder nein. Dann muss ich überlegen, ob 24 in der 6er-Reihe ist. Ja. Die Kugel rollt in den Topf B.

Meine Lösungen für die anderen Töpfe: Topf A 74, Topf B 60, Topf C 888, Topf D 144, Topf E 13, für Topf F 9.

Einstieg mit der Abenteuergeschichte

Wenn Sie mit der Abenteuergeschichte einsteigen wollen, lesen Sie die Geschichte selbst vor oder erzählen sie mit eigenen Worten.
Cedrics erste Aufgabe im Königreich ist es, am Hafen eine Ladung Kisten zu übernehmen. Ein Sturm hat alles durcheinandergeworfen und so ist es sehr schwierig für ihn nachzuzählen, ob alle 125 Kisten angekommen sind ...

Klassenaktivität (Vorschlag für den Einstieg)

Schätzspiel
Geben Sie 40 bis 60 Würfel (oder etwas Ähnliches) in ein großes Glas und lassen Sie die Kinder die Anzahl schätzen. Alle Schätzwerte werden gut sichtbar notiert. Lassen Sie die Kinder ihre Strategien zum geschickten Schätzen erläutern. „Ich habe nur die obere Reihe gezählt. Es gibt x Reihen." Ähnliche Vorgehensweisen sind möglich.
Besprechen Sie nun mit den Kindern, wie man die vielen Würfel am besten zählen könnte.
Bitten Sie anschließend zwei Kinder die Würfel aus dem Glas zu zählen. Sie sollen dabei die Würfel in 10er-Gruppen zusammenfassen. Das Kind, das am besten geschätzt hat, bekommt einen Stern.
Wiederholen Sie das Spiel mit mehr als 100 Würfeln.
Tipp: Sie können dieses Schätz- und Zählspiel im Stationenbetrieb übernehmen, wo Kleingruppen selbst Material einfüllen, schätzen und am Ende zählen.

Tipps zur Erarbeitung im Buch

S 13/1 Möglicher Einstieg mit Abenteuergeschichte, siehe oben.

S 14/3 Diese Übungen vertiefen das Verständnis der Zerlegung der Zahlen in einzelne Stellenwerte. Sie bieten eine große Vielfalt an Varianten (natürliche Differenzierung). Leistungsschwächere Kinder legen die Zahlen mithilfe von Plättchen in eine vorgefertigte Stellentafel. Das Ergänzen, das Wegnehmen oder das Verschieben wird handelnd durchgeführt. Das Lesen der entstandenen Zahl schließt sich an. Schüler können in dieser Partnerarbeit als Helfer für andere Schüler fungieren.

S 15 Das Arbeiten auf der ikonischen Ebene ist besonders wichtig zur Bildung von mentalen Vorstellungen von Zahlen. Die Diskriminierung der Zahlen in einzelne Stellenwerte sowie das Erfassen der unterschiedlichen Größe der einzelnen Stellenwerte wird vertieft. Diese Übungen sind grundlegend für das Verständnis der halbschriftlichen und schriftlichen Rechenweisen.

S 16 Zahlenkarten
Alle Übungen dieser Seiten können mit den Zahlenkarten aus der Kopiervorlage KV 5 durchgeführt werden. Die Kinder legen sich die Zahlen zurecht und zeigen sie dann gleichzeitig, indem sie die Zahl in Kopfhöhe nach vorne zeigen.
Als Lehrer/in können Sie so die Arbeit der ganzen Klasse auf einen Blick erfassen.

S 17 Die Darstellung des Zahlenstrahls in der Weise, dass oberhalb des Zahlenstrahls unterschiedliche Zerlegungen des Zahlenraums bis 1000 stehen (Zerlegung in 100er-Vielfache, in Vielfache von 250 oder von 200) stehen, verbindet die Vorstellung von Zahlen im kardinalen und ordinalen Sinne. Die Darstellung erleichtert die Orientierung auf dem Zahlenstrahl. Das Zählen in Schritten kann wiederum auf sehr unterschiedlichen Niveaustufen durchgeführt werden. Auch hier bietet es sich an Schüler in der Funktion des Helfers für andere Schüler einzusetzen.

S 19 Die erste Übungsform können Sie auch im Sinne einer diagnostischen Übung verstehen. Sie erkennen, wie genau ein Kind den neuen Zahlenraum durchgliedern kann. Hierbei sind die Begründungen des Kindes für seine Entscheidung wichtig und geben Aufschluss zu seinem Zahlverständnis.

Zahlen bis 1000

Lernwerkstatt – Lernstation

LS 3 Zahlenstrahlspiel

Mathematischer Inhalt: Zahlenraum 1000, Orientierung auf dem Zahlenstrahl
Gruppengröße: Kleingruppe
Material: KV 6 Zahlenstrahl, ausgeschnitten und zusammengeklebt, KV 7 Protokoll zum Zahlenstrahl, Ziffernkartenset 0 bis 9, Büroklammer, Bleistift

Jedes Kind zieht 3 Ziffernkarten und trägt sie auf seinem Protokoll ein. Gespielt wird reihum. Ein Kind startet und bildet mit seinen Ziffern eine zwei- oder dreistellige Zahl. Diese Zahl wird in das erste Kästchen am Protokoll eingetragen. Dann wird die Büroklammer auf den Zahlenstrahl gelegt. Die Spitze der Klammer zeigt zur gebildeten Zahl. Die anderen Mitspieler/innen kontrollieren. Anschließend wird die Zahl auch beim Zahlenstrahl auf dem Protokoll mit einem Kreuz markiert. Dann kommt das nächste Kind an die Reihe. Insgesamt sind auf diesem Protokoll 8 Zahlen einzutragen, die alle verschieden sein sollen.

Beispiel:
Diese Karten habe ich gezogen: 7, 3, 6
Lösungszahlen: 736, 367, 67, 763, 36, 376, 73, 673

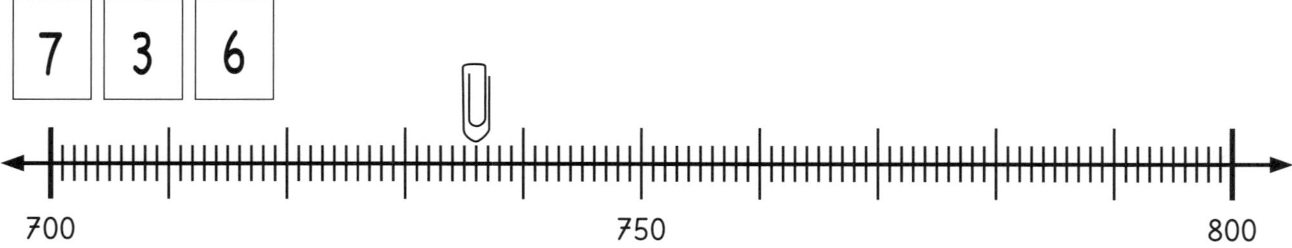

LS 4 Schätzspiel

Mathematischer Inhalt: Zahlenraum 1000
Gruppengröße: Kleingruppe
Material: Glas mit 100 Würfeln

Geben Sie 40 bis 60 Würfel (oder etwas Ähnliches) in ein großes Glas und lassen Sie die Kinder die Zahl schätzen. Schreiben Sie alle Schätzwerte auf die Tafel. Lassen Sie die Kinder ihre Strategien zum geschickten Schätzen erläutern. „Ich habe nur die obere Reihe gezählt. Es gibt x Reihen." Oder ähnliche Vorgehensweisen sind möglich. Besprechen Sie nun mit den Kindern, wie man die vielen Würfel am besten zählen könnte, sodass man sich nicht verzählt. Bitten sie anschließend zwei Kinder die Würfel aus dem Glas zu zählen. Sie sollen dabei die Würfel in 10er-Gruppen zusammenfassen. Das Kind, das am besten geschätzt hat, bekommt einen Stern. Wiederholen Sie das Spiel mit mehr als 100 Würfeln. Tipp: Sie können dieses Schätz- und Zählspiel im Stationenbetrieb übernehmen, wo Kleingruppen selbst Material einfüllen, schätzen und am Ende zählen.

LS 5 Würfelspiel

Mathematischer Inhalt: Zahlenraum 100
Gruppengröße: 2–4 Kinder
Material: Würfel, Papier, Stift

Vorbereitung: Jeder schreibt eine Stellentafel.

Spiel: Würfelt abwechselnd: Würfle und schreib deine Zahl an die kleinste freie Stelle.
Du beginnst bei den Einern, in der zweiten Runde schreibst du die Zehner, in der dritten die Hunderter.

Spielende:Wenn alle Felder beschriftet sind, werden die Zahlen verglichen. Wer die größte Zahl hat, gewinnt.
Spielvariante: Die kleinste Zahl gewinnt.
Spielvariante: Du darfst dir die Stelle immer selbst aussuchen, musst also nicht bei den Einern beginnen.

CD-ROM Übung Zahlen bis 1000

Ein Boot soll beladen werden. Eine Kiste ist bereits an Bord. Das Kind soll die Ladung ergänzen, bis das zulässige Gesamtgewicht erreicht ist. Stellenwertrichtiges Ergänzen von Hundertern, Zehnern und Einern führt zum Ziel. Doch Vorsicht, ein Kilogramm zu viel und das Boot sinkt.

Zahlen bis 1000

Abenteuergeschichte – Eine Schiffsladung voll Kisten S 13/1

Was bisher geschah:
Cedric, Linn, Philipp, Nora und Aron waren im Königreich angekommen. Sie wurden von Haushofmeister Hinzkunz begrüßt. Die Kinder waren müde von der langen Reise und wollten endlich ausschlafen. Im Schloss gab es zwar viele Räume, doch fast alle waren belegt. Endlich fanden sie für jedes Kind ein freies Zimmer. Hinzkunz verteilte die Schlüssel und alle waren zufrieden.

Mathematischer Inhalt:
Zahlen über 100 – Schätzen, Anordnen
➔ Stuhlkreis, Geschichtenbild liegt in der Mitte

Es war schon spät am Vormittag, doch die Kinder schliefen noch. Sie waren sehr müde von der Reise. Plötzlich schreckte Cedric aus seinem Bett hoch. Er hielt sich die Ohren zu und schaute erschrocken zur Tür seines Zimmers. Dort stand Haushofmeister Hinzkunz und blies laut mit seiner Trompete. „Königlicher Ruf, dringende Geschäfte!", rief er aufgeregt.
Cedric schaute sich verwirrt um. „Wo sind meine Freundinnen und Freunde?"
„Die können noch weiterschlafen", sagte Hinzkunz, „aber auf dich warten dringende Aufgaben. Das Schiff der Königin ist angekommen. Es hat viele Kisten mit wichtigen Einkäufen geladen. Du musst bestätigen, dass die Ladung vollständig ist."
Cedric murmelte: „Hat das nicht bis morgen Zeit?"
„Auf keinen Fall", entgegnete Hinzkunz, „das Schiff muss noch heute die Rückfahrt antreten."
„Na gut", sagte Cedric und streckte sich, „ich hätte gerne länger geschlafen, aber jetzt bin ich ja schon wach. Wecken wir auch meine Freundinnen und Freunde."
Cedric schlüpfte in seine Kleider. Inzwischen ging Hinzkunz von Zimmer zu Zimmer und trompetete seinen Weckruf. Ein Kind nach dem anderen erschien und rieb sich verschlafen die Augen. Cedric sagte: „Zieht euch schnell an, wir müssen los! In zehn Minuten ist Abfahrt. Treffpunkt ist im Schlosshof."
Eine Pferdekutsche brachte die Kinder zum Hafen. Dort lag das Schiff der Königin. Davor sahen die Kinder einen riesigen Berg aus Kisten.
„Das sind ja viel mehr Kisten als man zählen kann!", rief Cedric erstaunt.
Linn meinte: „Deine Mutter hat fleißig eingekauft. So viele Kisten …"
Die Kinder dachten nach, wie sie die vielen Kisten zählen könnten.

➔ BILD Kapitel 2 zeigen
Wie könnte man herausfinden, wie viele Kisten das sind?
Sind alle Kisten auf dem Bild sichtbar?
Schätze: Sind es mehr als 100 Kisten oder weniger?
Mach einen Vorschlag: Wie würdest du die Kisten zählen?
Gehen Sie den Vorschlägen der Kinder nach. Stellen Sie ihnen ggf. Material zur Verfügung, sprechen Sie darüber, wie man die Kisten ordnen könnte, um das Zählen zu vereinfachen. Auf dem Bild sind fast 100 Kisten sichtbar, darunter verbergen sich aber noch viele.

Nora überlegte und sagte: „Ich schätze, das sind bestimmt mehr als 100 Kisten."
Philipp schlug vor: „Zählen wir die Kisten, die man sehen kann und rechnen das Doppelte aus. Das wird schon ungefähr stimmen."
Cedric schüttelte den Kopf: „Nein, nein, so einfach geht das nicht. Wir müssen es genau wissen. Keine einzige Kiste darf fehlen."
Aron war neugierig: „Wie viele Kisten sollen es denn sein?"
Hinzkunz antwortete: „Auf dem Packzettel steht: 125 Kisten."
Da meldete sich Linn: „Ich habe einen Vorschlag. Die Hafenarbeiter sollen immer zehn Kisten in einer Reihe aufstellen. Dann können wir sie besser zählen."
„Das ist eine gute Idee", sagte Cedric, „wenn zehn Reihen fertig sind, dann wissen wir, dass das hundert Kisten sind." Aron nickte: „Ja, und dann müssen noch zwei Zehnerreihen und fünf einzelne Kisten übrig bleiben."
Die Arbeiter stellten die Kisten so auf, wie Linn es vorgeschlagen hatte. Schon nach kurzer Zeit konnte Cedric dem Kapitän melden, dass alle 125 Kisten angekommen waren.

„Aber da ist ja noch eine Kiste", sagte Nora überrascht. Der Kapitän lächelte und sagte feierlich: „Ja, das ist eine ganz besondere Kiste. Sie kommt von der Königin persönlich. Ich bin sicher, darin sind wunderbare Willkommensgeschenke für euch alle."

KV 4: Begriffe für das Protokoll zum Knobelplakat 2

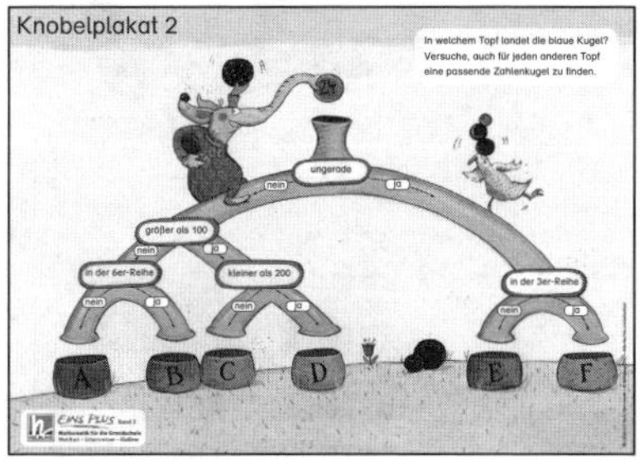

Knobelplakat 2

Zahlenkugel

überlegen

größer als

ungerade

Weg

nachdenken

passt

ausprobieren

passt nicht

gehört dazu

in der Malreihe

Kugel

Bahn

stimmt nicht

gehört nicht dazu

gerade

stimmt

kleiner als

rollen

starten

nachdenken

KV 5: Stellenwertkarten

0	1	2	3	4	5
6	7	8	9	10	
20		30		40	
50		60		70	
80		90			

KV 5: Stellenwertkarten

100	200
300	400
500	600
700	800
900	
1000	

Zahlen bis 1000

KV 6: Zahlenstrahl

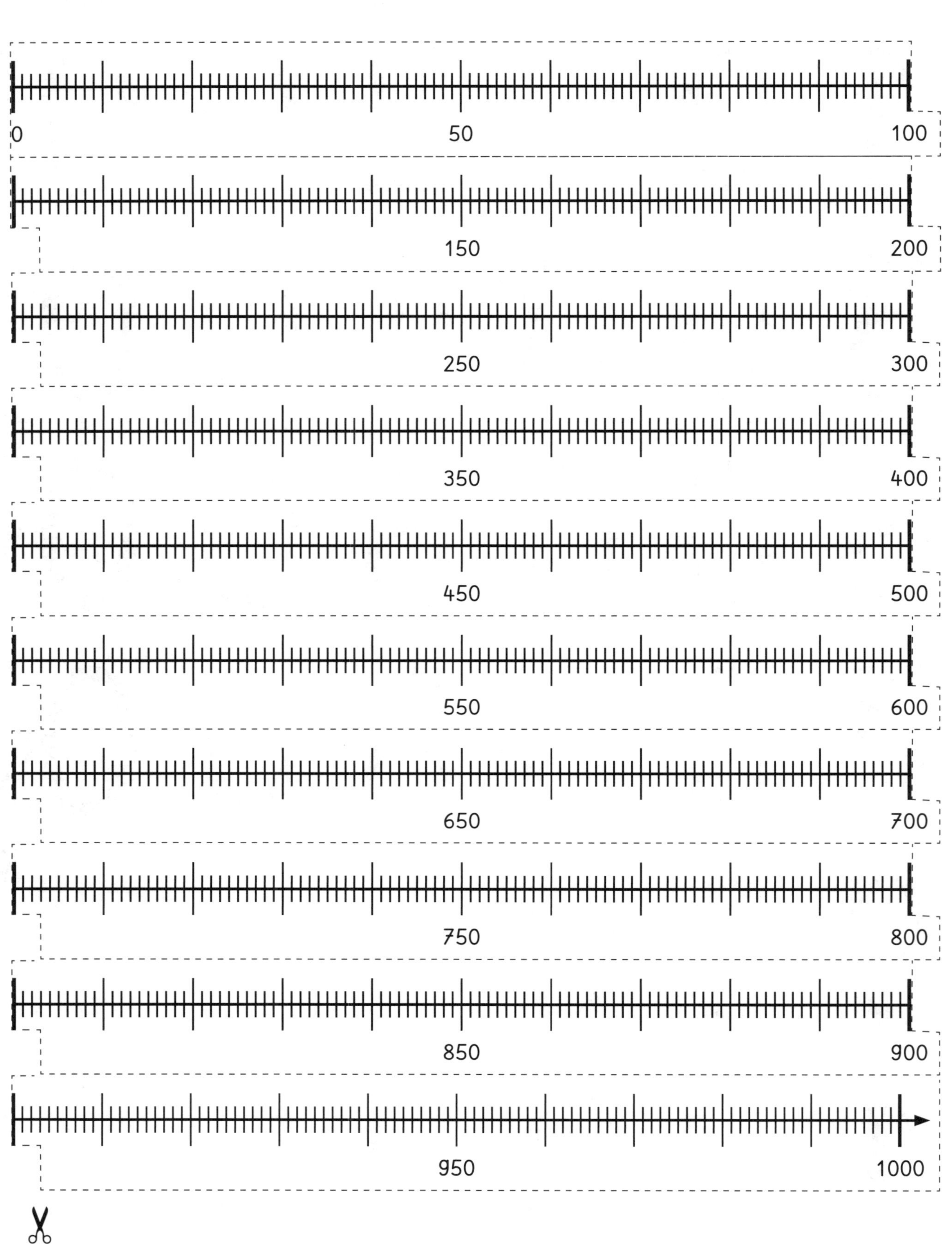

KV 7: Protokoll zum Zahlenstrahl

Diese Karten habe ich gezogen: ______ ______ ______

0 1000 0 1000

0 1000 0 1000

0 1000 0 1000

0 1000 0 1000

Diese Karten habe ich gezogen: ______ ______ ______

0 1000 0 1000

0 1000 0 1000

0 1000 0 1000

0 1000 0 1000

3 Kopfrechnen im Tausender

Ziele und Kompetenzen

- Additive Zerlegung des Zahlenraums bis 1000, Strategien aus dem Hunderterraum bewusst in den Tausenderraum übertragen (Analogiebildungen),
  Vertiefung des Verständnisses zum dekadischen System (Stellenwertsystem)
- Multiplikative Zerlegung des Zahlenraums bis 1000,
  Multiplikation mit Zehnervielfachen,
  Nutzen von Analogien wie 2 x 3 =, 2 x 30 = , 2 x 300 =
- Arithmetische Muster erkennen, eigenständig Aufgabenfolgen mit solchen Mustern entwerfen, Bildungsprinzip in strukturierten Päckchen erkennen und selbständig strukturierte Päckchen bilden
- Runden, auf Zehner/Hunderter runden

Didaktische Hinweise

Die Kopfrechenkompetenz der Kinder soll in Klasse 3 ausgebaut werden. Aus bekannten Additions- und Subtraktionsaufgaben aus dem Zahlenraum bis 20 bzw. bis 100 werden analoge Aufgaben im Tausenderraum bis 1000 gebildet. Ausgehend von der Zerlegung der 1000 in Hunderter, werden anschließend Aufgaben zur Festigung der Stellenwertsystematik unseres Zahlsystems behandelt. Typische Aufgaben auf dieser Stufe können sein 53 – 20 und 453 – 20 bzw. 453 – 200.
Es folgen multiplikative Zerlegungen in der Form 2 x 5= , 2 x 50 =, 2 x 500 = oder 4 x 25 = , 4 x 250 =, 8 x 125 = oder 5 x 2 = , 5 x 20 = , 5 x 200 = . Diese Zerlegungen nutzen später, wenn es um die Betrachtung von Anteilen (Brüchen) geht.
Alle diese Übungen werden zunächst handelnd mit Material (z.B. Zahlenkarten) gelegt. Erst dann erfolgt die Übertragung auf die symbolische Ebene. Jeweils parallel erfolgt die Versprachlichung der Gesetzmäßigkeiten (Analogien).
Den Abschluss des Kapitels bildet das Runden von Zahlen.

Materialien

- Knobelplakat 3: „Geschäftserfolg"
- Schülerbuch S 20–24
- Arbeitsheft S 16–20
- Kopiervorlage 8 Begriffe für das Protokoll zum Knobelplakat 3
- Abenteuergeschichte „Vorbereitung auf das Herbstfest"
- Lernwerkstatt
  LS 6 1000-Spiel
- CD-ROM Übung „Ballons"

Knobelplakat 3 Geschäftserfolg

Aufgabenstellung
Haushofmeister Hinzkunz schlägt Philipp ein Geschäft vor. Er soll 7 Beete umgraben und bekommt dafür für jedes Beet 10 €. Philipp schlägt ihm ein anderes Geschäft vor. Er verlangt für das erste Feld 1 €, für das zweite 2 € und dann für jedes Feld immer doppelt so viel. Hinzkunz stimmt zu. Wer von den beiden macht ein gutes Geschäft?

Auflösung
Die mathematische Lösung lautet, dass Hinzkunz an Philipp 127 € bezahlen muss. Wenn Philipp den Vorschlag von Hinzkunz angenommen hätte, hätte er nur 70 € bekommen. Philipp hat also ein gutes Geschäft gemacht. Begründung: Der Verdienst verdoppelt sich von Feld zu Feld, die einzelnen Teilbeträge (1,2,4,8,16,32,64) werden addiert und ergeben zusammen 127.

Was tun, wenn …
… kein Kind eine richtige Lösung gefunden hat?
Lesen Sie die Texte nochmals gemeinsam durch. Möglicherweise wurde der Sinn der Fragestellung nicht erkannt. Lassen Sie das Kind dann eine einfache Liste erstellen, wo die Einnahmen von Philipp vermerkt werden. 1. Feld 1 €, 2. Feld 2 € usw. Wenn die Einnahmen für alle Felder ausgerechnet sind, ergibt sich von selbst, dass die einzelnen Einnahmen addiert werden müssen.

… falsche Lösungen auftauchen?
Die Kinder sollen ihre Rechnungen selbst überprüfen und mögliche Rechenfehler korrigieren. Eventuell wurde vergessen, die einzelnen Teilbeträge zu addieren.

… ein Kind sehr rasch die richtige Lösung gefunden hat?
Lassen Sie sich den Gedankengang und den Rechenweg erklären und gratulieren Sie dem Kind zu seinem Geschäftssinn.

Mögliche Weiterführung
Stellen Sie den Kindern weitere Fragen: „Wenn nur 5 Felder zum umgraben wären, wer würde da das bessere Geschäft machen?" oder „Wie viele Felder müsste Philipp umgraben, wenn er mehr als 1000 € verdienen möchte." „Wie viele Felder müsste er für 1000 € umgraben, wenn er den Vorschlag von Hinzkunz angenommen hätte?"

Begriffe für das Protokoll
Feld, bezahlen, bekommen, verdoppeln, mal 2 rechnen, das Doppelte, addieren, eintragen, Summe, Euro, Geld, Tabelle, Liste, gutes Geschäft

Leonardos Protokoll
Ich habe eine Liste gemacht und dort eingetragen, wie viel Philipp für die Felder bekommt. Das Geld hat sich jeden Tag verdoppelt. Philipp bekommt 127 €. Er ist der Gewinner.

Felder	Einnahmen
1	1 €
2	2 €
3	4 €
4	8 €
5	16 €
6	32 €
7	64 €
Summe	**127 €**

Einstieg mit der Abenteuergeschichte

Wenn Sie mit der Abenteuergeschichte einsteigen wollen, lesen Sie die Geschichte selbst vor oder erzählen sie mit eigenen Worten.
Im Schloss findet das traditionelle Herbstfest statt. Den Höhepunkt bildet das Tausenderschießen mit Pfeil und Bogen, bei dem man mit zwei Pfeilen in Summe 1000 Punkte erreichen muss…

Klassenaktivität (Vorschlag für den Einstieg)

1000er-Schießen
Spielen Sie das Spiel aus dem Königreich in der Klasse nach.
Zeichnen Sie dazu die Zielscheibe auf einen Bogen Packpapier und legen Sie ihn auf den Boden.
Anstatt der zwei Pfeile eignen sich zwei Jonglierbälle oder zwei mit Reis gefüllte kleine Stoffbeutel zum Werfen. Reihum werfen die Kinder die beiden Bälle und zählen die Punkte zusammen. Wer genau 1000 Punkte hat, bleibt im Wettbewerb.
Nach jeder Runde wird der Abstand zur Zielscheibe etwas vergrößert.
Das Spiel endet, sobald ein Sieger feststeht.

Tipps zur Erarbeitung im Buch

S 20/1 Möglicher Einstieg mit Abenteuergeschichte, siehe oben.

S 22/4, 5 Als Rechenerleichterung hilft auch hier die einfache analoge Aufgabe aus dem Zahlenraum bis 100. Die Kinder sollen jeweils immer zunächst die einfache analoge Aufgabe (also 180 + 30, analoge Aufgabe 18 + 3 = 21) finden und lösen. Anschließend erfolgt die Versprachlichung der Gesetzmäßigkeit.

S 23 Wenn die Kinder noch Probleme bei der Zerlegung von Zahlen als Multiplikationsaufgabe oder bei der Division von Zehnervielfachen durch eine einstellige Zahl haben, kann der Hintergrund mithilfe des Legematerials erläutert werden. Die Stellenwertsystematik wird auf diese Weise nochmals veranschaulicht.

Kopfrechnen im Tausender

Lernwerkstatt – Lernstation

LS 6 1000-Spiel

Mathematischer Inhalt: Zahlenraum 1000
Gruppengröße: Kleingruppe
Material: Zielscheibe, 2 Stoffbeutel mit Reis

Spielen Sie das Spiel aus dem Königreich in der Klasse nach.
Zeichnen Sie dazu die Zielscheibe auf einen Bogen Packpapier und legen Sie ihn auf den Boden.
Anstatt der zwei Pfeile eignen sich zwei Jonglierbälle oder zwei mit Reis gefüllte kleine Stoffbeutel zum Werfen. Reihum werfen die Kinder die beiden Bälle und zählen die Punkte zusammen. Wer genau 1000 Punkte hat, bleibt im Wettbewerb.
Nach jeder Runde wird der Abstand zur Zielscheibe etwas vergrößert.
Das Spiel endet, sobald ein Sieger feststeht.

CD-ROM Übung Ballons

Das Kind soll jeweils zwei Ballons anklicken, deren Summe 1 000 ist. Zuerst klickt es auf einen Ballon, z.B. mit der Zahl 600, dann muss es einen Ballon finden, der die Zahl 400 trägt und auf diesen klicken. Das Spiel läuft über mehrere Runden. Wenn man viele richtige Ballons anklickt, wird die gesammelte Punktezahl in einer Highscore-Tabelle angezeigt.

Abenteuergeschichte – Vorbereitung auf das Herbstfest S 20/1

Was bisher geschah:
Gleich am ersten Tag gab es für Cedric und die Freundeschar viel zu tun. Das königliche Schiff hatte viele Kisten auf die Insel gebracht. Sie mussten entladen und gezählt werden. Gemeinsam mit den Hafenarbeitern lösten die Kinder die Aufgabe. Sie stellen fest: Alle Kisten waren angekommen.

Mathematischer Inhalt:
Strukturieren des Zahlenraums 1000
➔ Stuhlkreis, Geschichte ohne Bild beginnen

Vom königlichen Schiff wurden viele Kisten ausgeladen. Nun mussten sie vom Hafen ins Schloss gebracht werden. Das Fuhrwerk konnte nur 10 Kisten auf einmal befördern. Für die 125 Kisten musste es daher sehr oft zwischen Hafen und Schloss hin- und herfahren.

Ggf. Unterbrechung:
Wie oft musste das Fuhrwerk fahren?
Wie oft musste es für 100 Kisten fahren?
Wie oft musste es für die restlichen 26 Kisten fahren?

Cedric, Linn, Philipp, Nora und Aron versammelten sich rund um die Geschenkekiste der Königin. Für jedes Kind gab es ein ganz besonderes Paket.
Aron bekam einen Werkzeugkoffer mit mehr als 100 Teilen, Nora freute sich über eine ganz spezielle Karte der Königsinsel, für Philipp gab es einen Langbogen mit Carbonpfeilen und Linn bekam ein wertvolles altes Buch mit wunderbaren Geschichten aus dem Königreich.
Cedric entdeckte einen goldenen Schlüssel. „Der ist für dich", flüsterte Hinzkunz feierlich, „er sperrt die Schatzkammer des Königreichs auf. Eigentlich dürfen dort nur der König und die Königin hinein. Doch beide sind nicht da. Daher bekommst jetzt du, Prinz Cedric, den Schlüssel."
Vorsichtig nahm Cedric den Schlüssel und betrachtete ihn lange.
Die Kinder wollten noch mit ihren Geschenken spielen, doch Hinzkunz blies schon wieder mit seiner Trompete: „Königlicher Ruf, dringende Geschäfte!", rief er aufgeregt.
„Was ist denn jetzt schon wieder los?", fragte Philipp und legte seinen Bogen zur Seite.
Hinzkunz verkündete: „Morgen ist das königliche Herbstfest. Der König, äh Prinz Cedric, muss einen Vorschlag für das Gewinnspiel machen." Cedric überlegte kurz und meinte: „Wir können ja das Gewinnspiel aus dem Vorjahr nehmen." Hinzkunz schüttelte heftig den Kopf: „Das ist ganz und gar unmöglich. Jedes Jahr muss es ein neues Gewinnspiel geben. Das ist immer eine besondere Überraschung für die Gäste. Alle freuen sich darauf!"
Die Kinder dachten nach. Da meldete sich Philipp: „Ich habe einen Vorschlag", sagte er und betrachtete seinen neuen Bogen, „heuer gibt es das große Tausenderschießen!"

„Klingt interessant", sagte Cedric, „wie sind die Regeln?" Philipp erklärte: „Auf einem Baum hängt eine große Zielscheibe mit roten und weißen Feldern. In jedem Feld steht eine Zahl. Jeder Spieler bekommt zwei Pfeile und soll gut zielen. Die getroffenen Zahlen müssen genau 1000 ergeben. Wenn man nicht 1000 erreicht oder danebenschießt, scheidet man aus. Das Spiel geht so lange, bis nur noch eine Person übrig bleibt und gewinnt."

➔ BILD Kapitel 3 zeigen
Die Kinder werfen mit Büroklammern auf die Zielscheibe.
Bei jedem Wurf zählt die Zahl im Feld, in dem die Spitze der Büroklammer liegt.
Alternativen zum Durchspielen: Jedes Kind darf einmal probieren.

Alle waren begeistert. „Tolles Spiel", sagte Aron, „ich beginne sofort mit dem Üben." Philipp lächelte: „Ich glaube, ich weiß schon, wer gewinnen wird …"
„Um welchen Preis geht es denn?", wollte Cedric wissen. Hinzkunz antwortete: „Der Sieger oder die Siegerin darf ein Jahr lang alle Busse und Eisenbahnen im Königreich gratis benutzen. Diesen Gewinn wollen viele haben."
„Wir werden ja sehen", murmelte Philipp und streichelte seinen Bogen.

KV 8: Begriffe für das Protokoll zum Knobelplakat 3

Geld

bezahlen

gutes Geschäft

Summe

eintragen

Feld

Liste

bekommen

das Doppelte

Tabelle

verdoppeln

mal 2 rechnen

Euro

addieren

Ziele und Kompetenzen

- **Unterschiedliche Rechenstrategien zum halbschriftlichen Rechnen und deren Notation kennen lernen, Notation am Rechenstrich, verkürzte Darstellung des halbschriftlichen Rechnens sowie unterschiedliche Zerlegungen der beiden Summanden**
- **Begriffe Addition, Subtraktion, ... kennen lernen**
- **Rechenrätsel zur Festigung der Fachsprache lösen**
- **Balkenmodelle zur Veranschaulichung der Rechenoperationen nutzen können**
- **Vorteilhaftes Rechnen: Ergänzungsaufgaben, Nachbaraufgaben**
- **Sachaufgaben mit Hilfe von Balkenmodellen darstellen können**

Didaktische Hinweise

Bevor die schriftlichen Rechenverfahren im 2. Halbjahr eingeführt werden, lernen die Kinder in diesem Kapitel, wie sie Additionen und Subtraktionen mit großen Zahlen halbschriftlich, d.h. mit der Notation der einzelnen Zwischenschritte, lösen können. Alle Zwischenschritte sind den Kindern bekannt, neu ist die Bündelung dieser Zwischenschritte in einer Aufgabe. In der Literatur werden verschiedene Notationsformen gezeigt (z.B. Padberg, u.a. Didaktik der Arithmetik, Spektrum, 2011; Radatz u.a. Handbuch für den Mathematikunterricht 3. Schuljahr, Schroedel 2002). Wir beschränken uns auf die Darstellung der Rechenschritte am Rechenstrich, weil die Kinder hier sehr überschaubar die möglichen Rechenschritte nachvollziehen können. Daneben führen wir eine Form der verkürzten Darstellung des halbschriftlichen Rechnens ein, damit der Schreibaufwand für die Kinder überschaubar und das Beschreiten der einzelnen Zwischenschritte im Vordergrund bleibt.
Im Mittelpunkt steht jeweils das Zahl- und Operationsverständnis. Es ist nicht nötig, dass alle Kinder die gleiche Strategie bzw. alle Notationsformen anwenden.
Den zweiten Schwerpunkt des Kapitels bildet die Einführung des Balkenmodells als eine Möglichkeit in Text- oder Bildform dargestellte Sachverhalte in eine ikonische Darstellung zu übertragen. Der Vorteil dieses Balkenmodells besteht darin, dass alle Aufgaben zu den vier Grundrechenarten an diesem Modell dargestellt werden können. Die Kinder erfahren das Balkenmodell als ein verlässliches Darstellungsmittel für alle Sachaufgaben auf dieser Ebene. Gleichzeitig führt die Anpassung des Balkenmodells an die gestellte Sachsituation zu einem vertieften Verständnis der einzelnen Rechenoperationen. Eine Einführung zu den Balkenmodellen finden Sie auf Seite 30 dieses Handbuches.

Materialien

- **Schülerbuch S 25–30**
- **Arbeitsheft S 21–24**
- **Abenteuergeschichte „Pfeffersäcke"**
- **Lernwerkstatt**
- **CD-ROM Übung „Sachaufgaben mit Balkenmodellen"**

Einstieg mit der Abenteuergeschichte

Wenn Sie mit der Abenteuergeschichte einsteigen wollen, lesen Sie die Geschichte selbst vor oder erzählen sie mit eigenen Worten.
Die Ladung des Schiffes muss in die königlichen Lagerhallen gebracht. Cedric muss ausrechnen, wie der neue Lagerstand ist.

Klassenaktivität (Vorschlag für den Einstieg)

Lösen Sie gemeinsam mit der Klasse die Aufgaben aus der Abenteuergeschichte.
Weiterführung: Erfinden Sie eine Großbestellung für ihre Schule. Was könnte die Schule bereits haben, was wurde nachbestellt (Stühle, Gymnastikbälle, Dachziegel, ...)?
Besprechen Sie mit den Kindern, wie sie die einzelnen Rechenschritte in einer Aufgabe darstellen können. Lassen Sie die einzelnen Rechenschritte und deren Notation durch die Kinder verbalisieren. Führen Sie die Kinder in dieser Unterrichtsphase an die fachsprachlichen Begriffe heran.

Tipps zur Erarbeitung im Buch

S 25/1 Möglicher Einstieg mit Abenteuergeschichte, siehe oben.
Hinweis zu den verschiedenen Rechenmodellen:
Stellen Sie den Kindern den Rechenweg frei. Bei den halbschriftlichen Verfahren müssen keine normierten Wege gelernt werden. Greifen Sie erst ein, wenn ein Kind keine korrekten Lösungen zustande bringt. Stel-

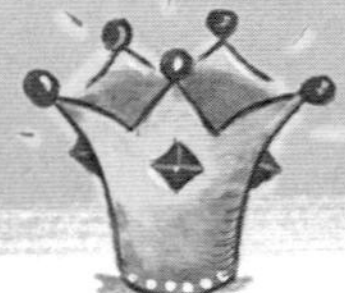

len Sie dann einen Weg vor, den das Kind auch nachvollziehen kann.

S 25/4 Mögliche Weiterführung: Die Kinder gestalten Fragekärtchen mit ähnlichen Rechenrätseln.

S 27/1, 2, 3, 4 Hier wird Schritt für Schritt die Balkenmodelldarstellung entwickelt: Beginnend bei konkreten Bildern (Eier), zur ersten Abstraktion (ein Kästchen für ein Ei) und weiter zum fertigen Modell (ein Balken für mehrere Kästchen).
Die Länge der Balken ist nicht maßstabsgetreu. Achten Sie jedoch darauf, dass größere Zahlen auch längere Balken haben als kleinere Zahlen. Gleich große Zahlen müssen gleich lange Balken haben.
Eine Einführung zu den Balkenmodellen finden Sie auf Seite 30 dieses Handbuchs.
Erarbeiten Sie am jeweiligen Balkenmodell die fachsprachlichen Begriffe. Ersetzen Sie dabei die Fachbegriffe durch kindgemäße Erklärungen. Beispiele: Ein Balken ist 318 der andere 150. Wie lang sind beide zusammen? Oder: Zusammen sind es 1000. Ein Teil davon ist 581. Wie groß ist der Rest? Oder: Wie viel bleiben übrig? Diese sog. Signalwörter tauchen in Sachaufgaben auf und führen die Kinder zu der entsprechenden Rechenoperation. Die Versprachlichung der Balkendarstellung ist ein vorzügliches Mittel zum Verständnis der Rechenoperationen und unabdingbar für das Heranführen an das Textverständnis.

S 28/1, 2 Das Zeichnen der Balkenmodelle erscheint zu Beginn als Umweg oder Zusatzaufgabe. Es handelt sich jedoch um einen sehr produktiven Umweg:
- Die Kinder müssen sich die Zahlen vorstellen um ihnen eine Balkenlänge zuweisen zu können.
- Die Relation der Zahlen wird dargestellt.
- Eine grafische Abschätzung der Lösung ist möglich und kann als Kontrolle der rechnerischen Lösung verwendet werden.
- Das Verständnis für die Sachaufgabe wird vertieft. Am Balkenmodell wird rückwirkend wieder auf Übereinstimmung mit der Ausgangssituation (Text) geschlossen. So wird das Modell zu einer effektiven Überprüfung des Rechenwegs.

S 30/2 Hier dürfen die Kinder entweder freie Skizzen erstellen (wie Aufgaben S. 9/4), oder aber Balkenmodelle zeichnen. Dabei würde man drei Balken untereinander anordnen und links mit A, B und C beschriften.

Lernwerkstatt – Lernstation

CD-ROM Übung
Sachaufgaben mit Balkenmodellen

Der Haushofmeister stellt den Kindern mathematische Aufgaben, die sie lösen müssen, bevor sie im Schloss Quartier beziehen dürfen. Die Kinder lösen die Sachaufgaben mit Hilfe von Balkenmodellen.

Abenteuergeschichte – Pfeffersäcke S 25/1

Was bisher geschah:

Im Schloss wurde ein Herbstfest gefeiert. Wie jedes Jahr gab es für die Gäste ein Gewinnspiel. Philipp schlug das Tausenderschießen vor. Da er einen neuen Bogen bekommen hatte, hoffte er der Sieger zu sein.

Mathematischer Inhalt:
Addition im Zahlenraum 1000
➔ Stuhlkreis, Bild liegt in der Mitte

„Königlicher Ruf, dringende Geschäfte!" Hinzkunz war schon wieder mit seiner Trompete unterwegs und rief die Kinder zusammen: „Der königliche Einkauf muss dringend ins Lager geschafft werden."
Cedric und die Freundeschar eilten in den Schlosshof. Alle 125 Kisten standen noch genau dort, wo man sie abgeladen hatte. „Wir müssen mit den Lebensmitteln beginnen", sagte Cedric und ging zu den Säcken mit den Gewürzen. „Die hier werden im ganzen Land schon dringend erwartet. Darin ist Pfeffer. Unsere Köche brauchen viel davon für eine ganz besondere Suppe."
Nach und nach schleppten die Kinder die Säcke in den kühlen Keller. Das war viel Arbeit. Zum Glück hatten sie Helfer aus dem Schloss. Cedric lief wie alle anderen oft hin und her. Außerdem schrieb er genau mit, wie viele Säcke schon verstaut waren. „Wir haben im Lagerraum 257 Säcke, jetzt kommen 134 dazu. Wie viele Säcke haben wir dann?", fragte er die Kinder und ließ sich auf den Boden fallen. „Ich bin schon so müde, bitte helft mir beim Rechnen."

Helft Cedric beim Rechnen. Wie könnte man zwei so große Zahlen addieren?
Die Schülerinnen und Schülern sollen eigene Ideen entwickeln.
Fragen dazu:
Kannst du ungefähr sagen, wie viel das ist?
Wie viele Hunderter/Zehner/Einer sind in der ersten/in der zweiten Zahl?
Darf man mit den Hunderten/Zehnern/Einern allein rechnen?

Nora kicherte und setzte sich neben Cedric. „Ich habe meinen Flugrucksack und muss nicht so viel laufen. Ich zeige dir, wie du das rechnen kannst. Nimm die erste Zahl, 257, rechne zuerst 100 dazu. Rechne dann 30 und schließlich 4 dazu. Kannst du das im Kopf lösen?"

Die Schülerinnen und Schülern versuchen Noras Rechenweg nachzuvollziehen.
Ggf. Material bereitstellen

Aron beobachtete die beiden. „Liebe Leute", sagte er, „ich weiß noch einen anderen Weg. Ich lasse zuerst die Hunderter weg und rechne 57 plus 34. Dazu kommt dann noch 200 plus 100. Das ist ganz leicht."

Die Schülerinnen und Schülern versuchen Arons Rechenweg nachzuvollziehen.

„Und nun mag ich euch auch noch meinen Rechenweg vorstellen", meinte Philipp und schnappte sich Zettel und Bleistift. Schau, ich beginne mit 257, dann rechne ich 100 dazu. Das Ergebnis schreibe ich auf. Dann rechne ich 30 dazu. Ich schreibe wieder das Ergebnis auf. Schließlich kommt noch 4 dazu und nun steht die richtige Lösung da."

Die Schülerinnen und Schülern versuchen Philipps Rechenweg nachzuvollziehen.
Welcher Rechenweg gefällt dir am besten?
Hast du noch einen besseren Vorschlag?

Plötzlich kam Hinzkunz in den Schlosshof und sah, dass alle Kinder Pause machten. „Was ist denn hier los?", fragte er erstaunt, „seid ihr schon fertig?"
„Ja", sagte Cedric erschöpft, „mit dem Rechnen schon. Und die paar Säcke können wohl ein bisschen warten."

5 Zeig, was du kannst!

Ziele und Kompetenzen

Wiederholung und Festigung der Kapitel 1 bis 4:

- **Rechnen im ZR 100**
- **Strukturierte Zahlerfassung im Zahlenraum bis 1000**
- **Vertiefen der Stellenwertsystematik im Zahlenraum bis 1000**
- **Kopfrechnen bis 1000**
- **Runden von Zahlen**
- **Halbschriftliches Rechnen im Zahlenraum bis 1000**
- **Sachaufgaben mithilfe von Skizzen und Balkenmodellen lösen**

Didaktische Hinweise

Die regelmäßige Wiederholung und Absicherung des Gelernten soll sicherstellen, dass die Erarbeitung des kommenden Lernstoffes auf gefestigtem Wissen aufbaut und Lernlücken frühzeitig erkannt und geschlossen werden können.
Im Schulbuch finden Sie zu jedem Thema eine Seite mit Wiederholungsaufgaben. Im Arbeitsheft findet sich eine Wiederholung in Form eines Selbsttests („Hole dir deinen Stern!").
Arbeiten Sie darauf hin, dass die Kinder sich bei diesen Selbsttests nicht selbst betrügen, sondern möglichst unvoreingenommen und ohne Druck an diese Aufgaben herangehen. Die Absicht ist, dass die Kinder zunehmend für ihren eigenen Wissenserwerb Verantwortung übernehmen.

Beim Selbsttest stehen Empfehlungen, was die Kinder bei einer bestimmten Punkteanzahl tun sollen. Unter anderem gibt es die Aufforderung: „Hole dir Hilfe!" Das ist deswegen sinnvoll, weil simples Training nicht hilft, wenn Grundlagen fehlen. Regen Sie die Kinder an, sich wirklich Hilfe zu holen. Sie können diese Aufgabe selbst übernehmen oder gemeinsam mit den Kindern ein Tutorensystem aufbauen. Kinder, die gut erklären können, lernen viel dabei, wenn sie ihr Wissen an andere weitergeben.
Im Abschnitt „Lernwerkstatt" finden Sie eine gute Vorbereitung für die Arbeit mit Selbsttests: „Bist du bereit für eine Katze als Haustier?" Wenn die Kinder diese Aktivität durchgeführt haben, ist das Prinzip der Selbsttests bekannt und die Schüler/innen können eigenständig weiterarbeiten.
Ebenso wie in EINS PLUS Band 1 und Band 2 gibt es auch in Band 3 Lernstandserhebungen. Sie dienen als Grundlage für die Beurteilung, sind sehr gut in Elterngesprächen einsetzbar und unterstützen vor allem die differenzierte Planung für die Angebote in den Wiederholungs- und Festigungsphasen. Zum Aufbau der Lernstandserhebungen lesen Sie bitte den entsprechenden Abschnitt in der Einleitung.

Materialien

- **Schülerbuch S 31–36**
- **Arbeitsheft S 25–29**
- **Kopiervorlage 9 Bist du bereit für eine Katze als Haustier?**
  Kopiervorlage 10 Wärst du ein guter Schneemann?
- **Lernwerkstatt**
  LS 7 Bist du bereit für eine Katze als Haustier?
- **CD-ROM Übung „Zeig, was du kannst!"**

Klassenaktivität (Vorschlag für den Einstieg)

Führen Sie mit der ganzen Klasse die Lernstandserhebung I durch. Planen Sie anschließend gezielt die individuellen Förderangebote für einzelne Kinder, Kleingruppen, bzw. für die ganze Klasse.

Tipps zur Erarbeitung im Buch

S 31/1, 2, 3, 4 Der Rückgriff auf das Lösen von Aufgaben im Zahlenraum bis 100 zeigt Ihnen, ob einige Kinder bereits hier Verständnisprobleme haben. Gehen Sie mit diesen Kindern soweit im Lehrgang zurück, bis Sie wieder auf Aufgaben stoßen, die für diese Kinder lösbar sind. Möglicherweise bestehen unklare Vorstellungen zur Zehnerüberschreitung bzw. bezüglich des Aufbaus des Stellenwertsystems (hier: Einer und Zehner).

S 31/5 In diesen Aufgaben wird das Übertragen von Textinformationen in das Balkenmodell wiederholt. Auch andere Formen an Skizzen sind zum Textverstehen und dem Übertragen in die entsprechende Rechenoperation sinnvoll.

S 33/1, 2, 3, 4 Die Aufgaben verstehen sich als Fortführung der Aufgaben von Seite 31, nun im Zahlenraum bis 1000. Die Aufgaben sind wiederum als diagnostisches Instrument zum Erkennen von Förderbedarf bei Kindern zu sehen.

S 33/5, 6 Auch hier können Sie Skizzen oder Balkenmodelle als Lösungshilfe anfertigen lassen.

S 34/1 Lassen Sie die Lösungswege und die Notation im halbschriftlichen Rechnen durch die Kinder verbalisieren, um möglichem fehlerhaften Vorgehen auf die Spur zu kommen.

S 34/4, 5, 6 Diese Aufgaben werden durch die Darstellung in Balkenmodellen erheblich vereinfacht.

S 35/2 Lassen Sie die Kinder begründen, warum ihre gefundenen Aufgaben „einfach" oder „schwierig" sind. Besprechen Sie die verschiedenen Parameter, die den Schwierigkeitsgrad einer Aufgabe bestimmen:
- Zahlen
- Operationen
- Text (Länge, Fragestellung, …)

S 36 Knobelaufgabe
Der Inhalt dieser Aufgabe ist der Aufbau des Zahlenraums 1000. Die Kinder befassen sich bei der Lösung der Aufgabe intensiv mit dem Stellenwertsystem. Widmen Sie solchen Aufgaben genügend Zeit. Sie sind für die mathematische Entwicklung der Kinder wichtiger als noch 10 weitere Rechenzettel.

Es ist günstig, wenn die Kinder in Kleingruppen arbeiten. Besprechen Sie die „goldenen Regeln für das Rätsellösen". Besonders bei solchen Aufgaben ist es wichtig, dass die Kinder auch Annahmen treffen dürfen, die in der Überprüfung dann nicht zum Ziel führen. Diese „Fehler" sollten nicht als Versagen erlebt werden, sondern als Wegweiser auf dem Weg zum mathematischen Verständnis erlebt werden.

Die Aufgabe kann durch systematisches Probieren gelöst werden, indem die Kinder mit Ziffernkarten KV 3 alle Zahlen von 0 bis 1000 legen, die sich mit einem Satz Ziffernkarten legen lassen.

Eine andere Herangehensweise wäre das systematische Ausschließen von Zahlen, z.B. werden in der Aufgabe a) alle Zahlen ausscheiden, bei denen Zehner- und Einerstelle gleich sind (11, 22, 33, …).

So viele Zahlen können nicht gelegt werden:
a) 9, b) 28, c) 28, d) 262

Zeig, was du kannst!

Lernwerkstatt – Lernstation

LS 7 Bist du bereit für eine Katze als Haustier?

Mathematischer Inhalt: Daten sammeln und auswerten, Ergebnisse darstellen und interpretieren
Gruppengröße: Kleingruppe
Material: KV 9 Selbsttest: Bist du bereit für eine Katze als Haustier?

1) Die Kinder füllen individuell den Fragebogen „Bist du bereit für eine Katze als Haustier?" aus, errechnen ihre Punkteanzahl und malen den Stern mit der entsprechenden Farbe an.
2) In der Folge können die Kinder auch noch den lustigen Selbsttest „Wärst du ein guter Schneemann?" durchführen.
3) Jede Kleingruppe erstellt einen eigenen Fragebogen und präsentiert ihn den Mitschüler/innen. Alle Kinder der Klasse bearbeiten nach und nach die einzelnen Fragebögen. Gemeinsam oder in den Kleingruppen werden dann die gesammelten Antworten dargestellt. Die Präsentationen erfolgen wieder im Klassenverband. Mögliche Themen für Selbsttests: „Wärst du ein guter Polarforscher/eine gute Polarforscherin?" oder „Wärst du ein guter Musiker/eine gute Musikerin?" … Die Fragen müssen so gestellt sein, dass mehrere Eigenschaften zur Wahl stehen, deren Beantwortung ein Profil ergibt, aus dem sich die Eignung ablesen lässt.

Die Arbeit in der Lernwerkstatt könnte mit einer statistischen Auswertung fortgeführt werden.

Einerseits könnten die Ergebnisse jeder Teilfrage in einem Diagramm dargestellt werden, andererseits könnten die Gesamtergebnisse in einem Übersichtsdiagramm zusammengefasst werden.

Auswertungsbeispiel zu „Bist du bereit für eine Katze als Haustier?" in Tabellenform. In die Tabelle wird eingetragen, wie viele Kinder der Klasse bei den einzelnen Fragen a) bis i) mit JA geantwortet haben.

a	b	c	d	e	f	g	h	i
17	11	7	9	13	10	8	14	15

Beispiel zur Gesamtauswertung in Diagrammform: „Bist du bereit für eine Katze als Haustier?"

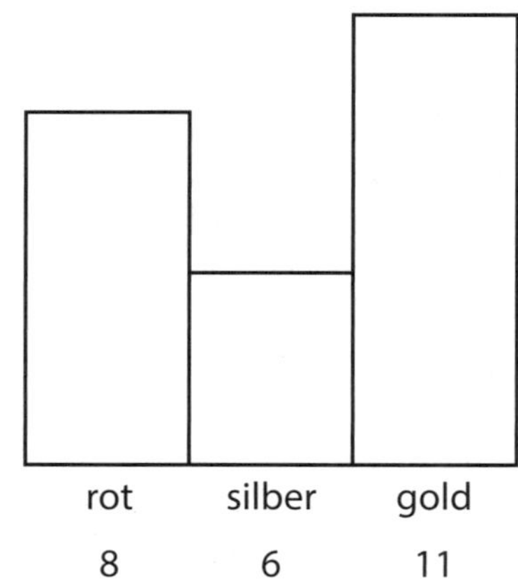

Eine ähnliche Übung mit dem Titel „Wärst du ein guter Schneemann?" liegt als KV 10 vor.

CD-ROM Übung Zeig, was du kannst!

Die letzten Stationen schließen jeweils eine Lernphase ab. Um in die nächste Lernphase zu kommen, muss das Kind an diesen Stationen einen Test erfolgreich absolvieren. Dann erst kann es in der nächsten Lernphase weiterarbeiten.

Bei der ersten Teststation müssen die Kinder einfache Kopfrechenaufgaben zu allen vier Grundrechnungsarten und Aufgaben mit Balkenmodellen lösen. Nur wenn alle Aufgaben richtig gelöst sind, öffnet sich der Schranken zur zweiten Lernphase.

KV 9: Bist du bereit für eine Katze als Haustier?

Lies die Fragen und beantworte sie mit JA oder NEIN.

	JA	NEIN
a) Streichelst du gerne Katzen?	☐	☐
b) Weißt du, was Katzen brauchen?	☐	☐
c) Kannst du dir vorstellen, das Katzenkistchen regelmäßig zu säubern?	☐	☐
d) Hältst du Ordnung bei deinen Sachen?	☐	☐
e) Hast du genug Zeit, um mit einer Katze zu spielen?	☐	☐
f) Mögen deine Eltern Katzen?	☐	☐
g) Ist bei euch meistens jemand zu Hause?	☐	☐
h) Verzeihst du der Katze, wenn sie etwas kaputt macht?	☐	☐
i) Hat eine Katze genug Platz bei dir zu Hause?	☐	☐

AUSWERTUNG

Für jede Frage, die du mit JA beantwortet hast, bekommst du einen Punkt.

Erreichte Punkte: ☐

Male den Stern an.

➜ **0 bis 3 Punkte → rot**
Eine Katze wäre für dich nicht das richtige Haustier.

➜ **4 bis 7 Punkte → silber**
Überlege dir gut, ob eine Katze wirklich das richtige Haustier für dich wäre.

➜ **8 bis 9 Punkte → gold**
Eine Katze hätte bei dir ein gutes Zuhause.

Dieses Blatt gehört: ______________________

Zeig, was du kannst!

KV 10: Wärst du ein guter Schneemann?

Stell dir vor, du bist ein Schneemann.

1) Was machst du den ganzen Tag? ☐
   a) Ich schaue vorübergehende Leute böse an.
   b) Ich zähle Schneeflocken, schaue Menschen und Tieren zu, ...
   c) Ich warte sehnsüchtig auf den Frühling.

2) Wie gefallen dir deine Karottennase und dein Hut? ☐
   a) Wunderbar. Die Vögel können sogar an der Nase picken!
   b) Ich will nicht darüber reden – heul.
   c) Karotten gehören in die Suppe und Töpfe auf den Herd.

3) Wo machst du gerne Urlaub? ☐
   a) Irgendwo am Meer, wo es schön heiß ist!
   b) Ein paar Tage mit dem Fahrrad unterwegs sein, wäre gut.
   c) Am Südpol. Ich würde gerne Pinguine sehen.

4) Hast du Freunde? ☐
   a) Ja natürlich! Vögel, Eichhörnchen, Kinder, ...
   b) Hier ist es so kalt, da kommt sowieso niemand vorbei.
   c) Eine Decke wäre mir noch lieber.

AUSWERTUNG

Wähle eine Antwort aus.
Kreuze a, b oder c an. Lies in der Tabelle nach, wie viele Punkte du für deine Antworten bekommst. Trage bei jeder Frage die erreichten Punkte in das Kästchen ein. Zähle die Punkte zusammen.

	Frage 1	Frage 2	Frage 3	Frage 4
Antwort a	0	2	0	2
Antwort b	2	0	1	1
Antwort c	1	1	2	0

Erreichte Punkte: ☐

Punkte	Name:
0 bis 3	Wie gut, dass du kein Schneemann bist!
4 bis 6	Der Winter gefällt dir, aber als Schneemann würdest du dich nicht wohl fühlen.
7 bis 8	Du wärst ein prima Schneemann!

Ziele und Kompetenzen

- Wiederholung und Festigung der fachsprachlichen Begriffe Symmetrie, Symmetrieachse sowie der ebenen Figuren Quadrat, Rechteck, Dreieck und Kreis
- Symmetrien in ebenen Figuren erkennen bzw. symmetrische Figuren herstellen
- Geometrische Figuren beschreiben, Lagebeziehungen in symmetrischen Figuren (auch Mustern) beschreiben
- Vergrößern und Verkleinern ebener Figuren
- Den Fachbegriff Strecke als Linie mit einem Anfang und einem Ende verstehen
- Die Längeneinheiten cm, mm kennen und verstehen
- Zeichnen und Messen mit dem Lineal

Didaktische Hinweise

In diesem Kapitel wird das Thema Achsensymmetrie weiter vertieft. Mithilfe eines Spiegels oder durch Zeichnen können achsensymmetrische Figuren erstellt bzw. Spiegelachsen in Figuren aufgespürt werden. Die weiteren Schwerpunkte liegen einerseits bei der Wiederholung und Festigung der Eigenschaften der bereits bekannten ebenen Figuren, andererseits im Vergrößern und Verkleinern von Figuren. Am Ende wird die Maßeinheit Millimeter eingeführt. Hier wird der Begriff der Strecke behandelt. Der Umgang mit dem Lineal zieht sich durch das gesamte Kapitel.
Das Kapitel eignet sich besonders für eine kreative und lustvolle Auseinandersetzung mit Mathematik. Beim Vergrößern und Verkleinern sollen die Kinder ein Gespür für die Größenverhältnisse entwickeln. Der Platzbedarf beim Verdoppeln kann mitunter sehr groß sein, diese Dimensionen gilt es spielerisch zu erschließen.

Materialien

- Knobelplakat 4: „Stühle für das Konzert"
- Schülerbuch S 37–41
- Arbeitsheft S 30–33
- Kopiervorlage 11 Begriffe für das Protokoll zum Knobelplakat 4
- Abenteuergeschichte „Ziegen im Schlosspark"
- Lernwerkstatt
  LS 8 Miniprojekt: Landart
- CD-ROM Übung „Figuren und Formen"

Knobelplakat 4
Stühle für das Konzert

Aufgabenstellung

Ronni Ratz soll Stühle für ein Konzertpublikum aufstellen. Es gibt mehrere Möglichkeiten, dies zu tun. In wie vielen Varianten können 12 Stühle in gleich langen Reihen aufgestellt werden?

Auflösung

Folgende Lösungen sind möglich: 3 mal 4, 4 mal 3, 2 mal 6, 6 mal 2. Wenn der Raum breit bzw. lang genug ist, kann man auch alle Stühle in die erste Reihe (1 mal 12) oder aber alle hintereinander (12 mal 1) stellen.

Was tun, wenn …

… die Schüler/innen keine Lösungsansätze finden können?
Geben Sie den Kindern, wie schon mehrmals auch bei anderen Knobelaufgaben vorgeschlagen, den wertvollen Tipp, eine Skizze zu erstellen.
Sie können auch Kleingruppen bilden, die mit Zetteln oder Kärtchen, welche die Stühle symbolisieren, Varianten der Aufstellung durchprobieren.
Betonen Sie immer wieder, dass es mehrere richtige Lösungen gibt. Besprechen Sie bei der Auflösung gemeinsam die unterschiedlichen Varianten.

Mögliche Weiterführung

Die Kinder sollen weitere Möglichkeiten finden und aufzeichnen, wie man 12 Stühle aufstellen kann, wenn nicht alle Reihen gleich lang sein müssen.
Beispiellösung:
Reihe 1: 5 Stühle, Reihe 2: 4 Stühle, Reihe 3: 3 Stühle

Begriffe für das Protokoll

Skizze, Plättchen, Reihe, Stühle, hintereinander, nebeneinander, gleich lang, umstellen, breit, schmal, probieren, umstellen, lang, kurz, malrechnen, zusammen, gleich viele

Leonardos Protokoll

Ich habe 12 Legeplättchen genommen und sie als Stühle verwendet. Zuerst habe ich sie so aufgestellt, wie es auf dem Plakat zu sehen ist: 4 Reihen, jede mit 3 Stühlen.

Das habe ich in meine Liste geschrieben. Dann habe ich die Plättchen immer wieder so umgelegt, dass gleich lange Reihen entstanden sind.

Figuren und Formen

Liste:
1. 4 Reihen mit 3 Stühlen
2. 3 Reihen mit 4 Stühlen
3. 2 Reihen mit 6 Stühlen
4. 6 Reihen mit 2 Stühlen
5. 1 Reihe mit 12 Stühlen
6. 12 Reihen mit 1 Stuhl

Einstieg mit der Abenteuergeschichte

Wenn Sie mit der Abenteuergeschichte einsteigen wollen, lesen Sie die Geschichte selbst vor oder erzählen Sie sie in ihren eigenen Worten:
Die Ziegen sind entwischt und haben den Schlossgarten verwüstet. Prinz Cedric und seine Freunde müssen dem Gärtner aufzeichnen, wie die Beete wieder hergestellt werden sollen. Die Kinder wissen, dass der Garten symmetrisch war, und nehmen das als Ausgangspunkt für ihren Plan …

Klassenaktivität (Vorschlag für den Einstieg)

Steigen Sie mit der Abenteuergeschichte in das Kapitel ein. Führen Sie die Aktivität danach weiter: „Wie würdet ihr einen Park mit Blumen gestalten?". Wenn vor ihrer Schule eine passende Wiese ist, können Sie auch diese als Projektfläche verwenden. Die Kinder sollen, wie das bei Schlossparks üblich ist, eine symmetrische Anordnung erfinden und gestalten.

Tipps zur Erarbeitung im Buch

S 37/1 Möglicher Einstieg mit Abenteuergeschichte, siehe oben.
Mögliche Weiterführung siehe Klassenaktivität.

S 37/2 Mögliche Weiterführung: Die Kinder sammeln symmetrische Bilder in Illustrierten.

S 38/1 Faltübungen sind eine besonders gut geeignete Tätigkeit zum Heranführen an das Thema. Leistungsschwächere Kinder könnten mit einfacheren Faltübungen (nur eine Faltung) beginnen, um zu verstehen, dass der Falz die Symmetrieachse darstellt. Das mehrmalige Falten führt zu entsprechend komplexeren und interessanteren Figuren.

S 38/2 Die gezeichneten symmetrischen Figuren können mit einem Spiegel auf ihre Richtigkeit überprüft werden. Das Arbeiten/Korrigieren mithilfe des Spiegels erleichtert auch das Lösen der Teilaufgabe h).

S 39 Diese Aufgaben sind Kopfgeometrie-Aufgaben. Lagebeziehung, geometrische Form und ihre Größe werden kombiniert.
Innerhalb der Aufgaben-Werkstatt lösen die Kinder Aufgaben entsprechend ihres Leistungsvermögens. Leistungsstärkere Schüler können schwächere als Helfer bei der Lösung und beim Stellen von Aufgaben unterstützen.

S 40/3 Diese Aufgabe ist besonders komplex und muss deshalb nicht von allen Schülern bearbeitet werden.

S 41 Bevor das Zeichnen von Strecken durchgeführt wird, sollte sichergestellt sein, dass allen Schüler die Länge eines Zentimeters bzw. eines Millimeters klar ist. Das Nennen von Gegenständen, die einen Zentimeter, einen Millimeter groß/ dick sind oder das Zeigen vorgegebener Strecken mittels der Finger oder am Lineal können das Bewusstsein zu diesen Längeneinheiten unterstützen.

Lernwerkstatt – Lernstation

LS 8 Miniprojekt: Landart

Mathematischer Inhalt: Symmetrie, Ordnen, Relationen herstellen, Muster gestalten, eine Spirale erstellen, …
Gruppengröße: alle Kinder der Klasse
Material: verschiedene Naturmaterialien, Steine, Wurzeln, Blätter, … zusätzlich Schnur, Spagat

Landart, Landschaftskunst, ist eine in den 1960iger Jahren entstandene Kunstform, bei der Werke entstehen, die Teil der Landschaft sind. Das verwendete Material stammt aus der unmittelbaren Natur rund um den Schauplatz. Bekannte Künstler sind z.B. Andy Goldsworthy und Michael Heizer. Da die Kunstwerke nicht mitgenommen und ausgestellt werden können und meist auch vergänglich sind, sollten interessierte Besucher/innen solcher Ausstellungen einen Fotoapparat mitnehmen.

Wenn es rund um Ihre Schule Grünflächen, Pausenhöfe, … gibt, dann können Sie die eine oder andere Idee, vielleicht auch in Kooperation mit anderen Klassen oder als Schulprojekt umsetzen. Sie können manche Ideen auch bei einem Lehrausgang oder Wandertag verwirklichen. Die meisten Anregungen lassen sich mit Steinen verwirklichen, Sie können aber auch Zapfen, Blätter, Zweige oder zweifarbige Stöcke (eine Seite angekohlt vom Lagerfeuer) verwenden.

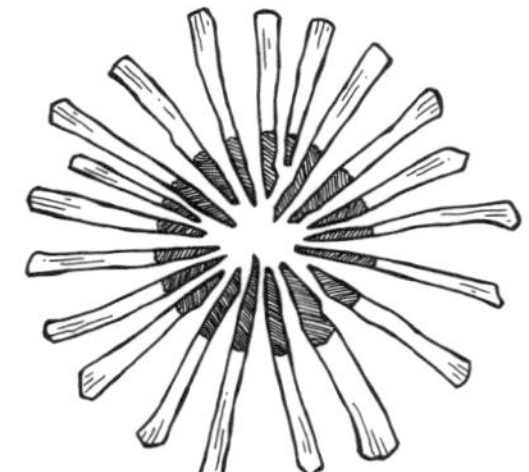

Kreis: links aus Steinen, rechts aus zweifarbigen Holzstöcken

Idee 1: Steineweg
Jedes Kind sucht fünf Steine und ordnet sie der Größe nach. Dann werden alle Steine in einer geraden Linie aufgelegt. Lassen Sie die Kinder zuerst selbst beraten, wie man eine perfekte gerade Linie legen kann. Präsentieren Sie die Lösung mit der Schnur erst, wenn der Steineweg fertig ist. Stecken Sie dazu ein Stöckchen am Anfang und eines am Ende des Weges in die Erde und spannen Sie dann die Schnur. Die Schnur übernimmt die Funktion der Symmetrieachse. Diese Methode wird auch von Maurern angewandt. Machen Sie abschließend ein Foto vom fertigen Steineweg und den Kindern.

Idee 2: Steinkreis
Jedes Kind sucht einen großen Stein. Die Kinder versuchen, sich ganz exakt in Kreisform aufzustellen, der Stein wird unmittelbar vor ihnen auf den Boden gelegt. Wenn der Kreis fertig ist, zeigen Sie den Kindern, wie man mit Hilfe eines Stockes und einer Schnur einen perfekten Kreis ziehen kann. Stecken Sie einen Stock in die Mitte des Kreises und befestigen Sie den Spagat daran. Ziehen Sie den Spagat bis zum ersten Kind. Damit legen Sie den Radius des Kreises fest. Gehen Sie nun mit der Schnur reihum von Kind zu Kind, jedes Kind stellt sich exakt an den Kreisumfang. Für das Abschlussfoto können sich alle Kinder z.B. in den Steinkreis setzen.

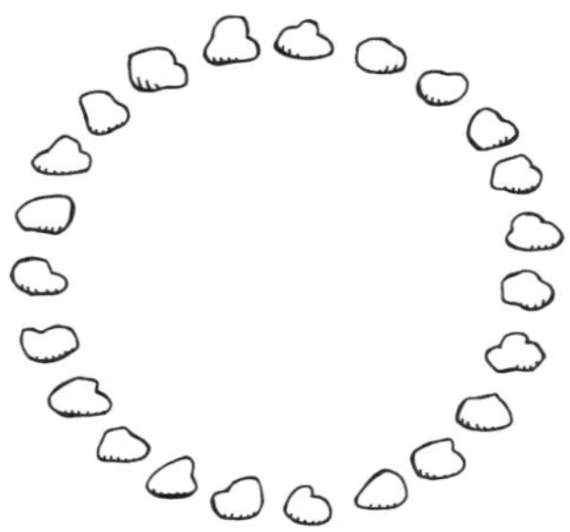

Idee 3: Steinspirale
Klären Sie mit den Kindern den Begriff „Spirale". Jedes Kind sucht einen Stein. Stellen Sie nun eine Steinspirale her. Binden Sie ein Stück Spagat an einem Baumstamm an, knapp über dem Boden. Schneiden Sie den Spagat nach etwa 5 Metern ab (Abb. 1). Wickeln Sie die Schnur um den Baum (Abb. 2).

Legen Sie den ersten Stein ans Ende der Schnur auf den Boden, direkt beim Baum. Ab jetzt wickeln Sie die Schnur kreisförmig vom Baum weg ab. Etwa alle 30 bis 50 cm legen die Kinder einen Stein auf. So entsteht

im Laufe der Zeit eine Spirale, da die Länge der Schnur vom Baum weg immer größer wird (Abb. 3). Machen Sie ein Foto von der fertigen Spirale und den Kindern.

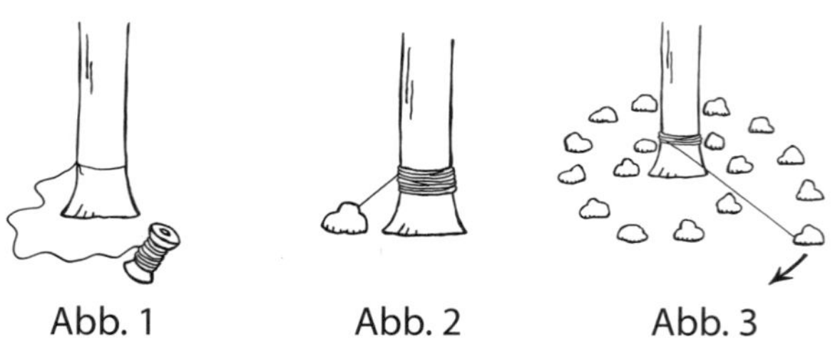

Abb. 1 Abb. 2 Abb. 3

Varianten: Naturbilder, Sandbilder, Mandalas, …

Literaturtipps:

Frommherz, Andrea: Naturwerkstatt Steine.
Kreatives Spielen und Gestalten mit Steinen.
AT-Verlag, 2008.

Güthler, Andreas: Naturwerkstatt.
Ideen für kleine und große Naturkünstler.
AT-Verlag, 2005.

Häfele, Alexander: Landart für Kinder.
Mit Natur-Kunst durch die Jahreszeiten.
Verlag an der Ruhr, 2011.

Pouvet, Marc: Ideenbuch Landart.
500 Inspirationen für Naturgestaltung rund ums Jahr.
AT-Verlag, 2008.

CD-ROM Übung
Figuren und Formen

An den Wänden der Schlossmauer wachsen wunderschöne Kletterpflanzen. Sie brauchen Holzgitter, an denen sie sich emporranken können, sonst verlieren sie den Halt und verdorren. Jedes Holzgitter hat ein bestimmtes Muster. Die Kinder müssen in der Schlosstischlerei passende Gitter herstellen. Sie müssen flink sein, denn während sie arbeiten wächst die Pflanze weiter. Das Gitter muss rechtzeitig fertig sein. Die Herausforderung dabei ist, die geometrische Struktur des Musters zu erkennen und nachzubauen.

Abenteuergeschichte – Ziegen im Schlosspark S 37/1

Was bisher geschah:
Der ganze Schlosshof war voll mit Kisten und Säcken, sie mussten in den Keller gebracht werden. Die Kinder halfen fleißig mit. Cedric sollte berechnen, wie viele Säcke schon im Lagerraum waren, wie viele dazukamen und wie viele es insgesamt waren. Die Kinder zeigten ihm verschiedene Rechenwege.

Mathematischer Inhalt:
Geometrische Muster, Symmetrie
➔ Stuhlkreis, ohne Bild beginnen

Die Kinder saßen im großen Salon und lasen. Plötzlich hörten sie Lärm. „Was ist denn da draußen los?", fragte Linn. Cedric öffnete das Fenster zum Schlosspark. Lautes Gemecker war zu hören.
„Oje", rief er, „die Ziegen sind im Park und fressen alles auf! Kommt schnell, wir müssen sie vertreiben!" Die Freundeschar ließ die Bücher liegen und lief zum Park.
„Das Tor ist zugesperrt!", rief Aron und rüttelte heftig am Gitter, „wir kommen nicht hinein."
„Ich probiere meinen goldenen Schlüssel", sagte Cedric und steckte ihn ins Schlüsselloch. Aber der Schlüssel ließ sich nicht drehen.
„Wir rufen Hinzkunz", sagte Philipp, „vielleicht kann er uns helfen." Er pfiff laut durch die Finger und rief: „Königlicher Ruf, dringende Geschäfte!" Aber niemand antwortete.
„Seht doch", rief Nora verzweifelt, „während wir hier herumstehen, fressen die Ziegen im Schlosspark alle Blumen auf. Los, wir laufen zum Haupttor und dann rund um das Schloss. Dort gibt es einen zweiten Eingang zum Park."
Die Kinder liefen, so schnell sie konnten. Aber der Weg rund um das Schloss war weit. Als sie endlich im Schlosspark ankamen, schnappte sich jedes Kind sofort eine Ziege und brachte sie in den Ziegenstall. In wenigen Minuten war der Schlosspark geräumt. Die Ziegen waren weg, die Blumen leider auch.
Philipp wollte den Ziegenstall zusperren. „Schaut euch das Vorhängeschloss an!", rief er, „da stimmt etwas nicht." Aron betrachtete das Schloss ganz genau. „Da wurde gesägt", sagte er und schüttelte den Kopf, „jemand hat die Ziegen absichtlich in den Park gelassen." Geschickt sicherte er die Tür mit einem Stück Draht.
„Merkwürdig", sagte Cedric, „warum tut jemand so etwas? Wir werden Wachen aufstellen müssen. Aber zuerst schauen wir uns den Schaden im Schlosspark an."
Linn war verzweifelt: „Schaut nur, was die Ziegen angerichtet haben. Mehr als die Hälfte des Parks ist verwüstet." Die Kinder stimmten ihr traurig zu. Da meldete sich Nora: „Wir müssen wissen, wie groß der Schaden ist. Ich fliege eine Runde über den Park. Dann berichte ich euch und wir entscheiden, was zu tun ist."
Bald schon kam Nora zurück und zeichnete eine Skizze vom Schlosspark. „Seht her", sagte sie zu den Kindern, „hier habe ich alle Blumenbeete angemalt, welche die Ziegen übriggelassen haben. Das sind leider nicht sehr viele. Weiß jemand, wie der Park vorher ausgesehen hat?"

➔ BILD Kapitel 6 zeigen
Was siehst du? Was fällt dir auf?
Wie viele gelbe/blaue/dunkelrote/rosa Beete gibt es noch?
Kannst du erraten, wo die abgefressenen Beete waren?

Cedric nickte: „Ich erinnere mich, dass der Park symmetrisch war." „Richtig", stimmte Aron zu. „Zu jedem Beet auf der linken Seite gab es eines auf der rechten Seite, das ganz genau so aussah." Linn ergänzte: „Und für jedes Beet im oberen Gartenteil gab es ein gleiches im unteren Teil."
Die Freundinnen und Freunde zeichneten die fehlenden Beete auf der Karte ein. Das sah sehr hübsch aus.

Ggf: Die Kinder legen die Beete mit Legematerial nach.

„Jetzt wissen wir wieder, wo die Beete waren", sagte Linn erleichtert. Cedric schlug vor: „Wir besorgen gelbe, rote, blaue und rosa Blumen und pflanzen sie ein. Es wird zwar eine Weile dauern, bis alles wieder so aussieht wie vorher, doch der Garten ist gerettet."
Philipp brummte: „Und ich möchte gerne wissen, wer den Ziegenstall aufgebrochen hat …"

KV 11: Begriffe für das Protokoll zum Knobelplakat 4

Knobelplakat 4

Hilf Ronni Rotz die 12 Stühle für sein Publikum aufzustellen. Alle Reihen sollen gleich lang sein. Es gibt mehrere Möglichkeiten. Finde sie!

schmal

lang

Reihe

gleich lang

nebeneinander

Skizze

hintereinander

malrechnen

Plättchen

gleich viele

breit

umstellen

zusammen

kurz

Stühle

probieren

Ziele und Kompetenzen

- Multiplikationen und Divisionen halbschriftlich lösen
- Rechenvorteile kennen und nutzen
- Multiplikative Zusammenhänge mit Balkenmodellen darstellen können
- Anwendung in Sachsituationen

Didaktische Hinweise

Ziel des halbschriftlichen Rechnens ist nicht eine einheitliche Darstellungsweise (Notation), die alle Kinder gleich anwenden, sondern das strategische Nutzen von Werkzeugen zum Zahlenrechnen, um zur Lösung zu gelangen. Im halbschriftlichen Rechnen fließen alle bisher bekannten Rechenstrategien wie das Zerlegen und Zusammensetzen (u.a. Verdoppeln und Halbieren), das Nutzen von Analogien, das Ableiten der Aufgabe durch Hilfsaufgaben, das geschickte Verändern von Aufgaben (z.B. 9 x 36 als 10 x 36 – 1 x 36 = 324) oder das Bilden der Tauschaufgabe zusammen. Ein tiefgehendes Verständnis für den Zahlenraum bis 1000 sowie für die Operationen selbst ist dafür nötig bzw. wird dadurch vertieft. Geben Sie den Kindern hierzu hinreichend geeignetes Aufgabenmaterial, damit das strategische Vorgehen als Rechenerleichterung verinnerlicht wird. Auch das Nachvollziehen und Reflektieren über das eigene Vorgehen und das der Mitschüler bezüglich der Rechenwege ist wichtig.

Materialien

- Knobelplakat 5: „Achterbäume im Achterwald"
- Schülerbuch S 42–47
- Arbeitsheft S 34–37
- Kopiervorlage 12 Begriffe für das Protokoll zum Knobelplakat 5
Kopiervorlage 13 Raster mit 100 Feldern
- Abenteuergeschichte „Königliche Kleider"
- Lernwerkstatt
LS 9 Malreihen-Bingo II
LS 10 Malreihentafel

Knobelplakat 5
Achterbäume im Achterwald

Aufgabenstellung

Im Achterwald hat jeder Baum 8 Äste, jeder dieser Äste hat 8 Zweige, und auf jedem Zweig sind 8 Blätter. Ein Vogel hat ein Blatt abgezupft. Gefragt ist, wie viele Blätter der Baum dann noch hat.

Auflösung

Die mathematische Lösung lautet 511.
Begründung: 8 mal 8 mal 8 ist 512, minus 1 ist 511.

Was tun, wenn …

… falsche Lösungen auftauchen?
Fragen Sie nach, worin das Problem genau besteht. Lassen Sie die Kinder den Baum zeichnen und dazu sprechen, z.B.: „Acht Äste. Jeder Ast hat acht Zweige. Also achtmal acht. Das Ergebnis sagt mir, wie viele Äste es insgesamt sind. Auf jedem Ast sind dann wieder 8 Blätter. Also nochmals mal acht … Möglicherweise liegt auch nur ein simpler Rechenfehler vor. Die Kinder sollen ihre Rechnungen nochmals überprüfen.

… ein Kind sehr rasch die richtige Lösung gefunden hat?
Das Kind soll in jedem Fall erklären, wie es zur Lösung gekommen ist. Weisen Sie immer wieder auf die Vereinbarungen hin, die für das Lösen von Knobelaufgaben gelten und welche für alle Kinder gelten. Lösungen werden also nicht vorschnell verraten. Bieten Sie diesen flotten Rechner/innen weiterführende Aufgaben an.

Mögliche Weiterführung

Die Kinder können selbst Phantasiebäume erfinden, die eine bestimmte Anzahl von Ästen und Zweigen haben. Ein Vogel oder mehrere Tiere können Blätter, Früchte, … abzupfen.

Begriffe für das Protokoll

Baum, Ast, Zweig, Blatt, Vogel, malrechnen, multiplizieren, achtmal, wegnehmen, subtrahieren

Leonardos Protokoll

Jeder Baum hat 8 Äste und jeder Ast hat 8 Zweige. Ich habe also achtmal 8 gerechnet. Das sind 64 Zweige. Jeder Zweig hat acht Blätter, also achtmal 64, das sind 512 Blätter. Der Vogel zupft ein Blatt weg, also bleiben 511 Blätter am Baum.

Malnehmen und Teilen

Einstieg mit der Abenteuergeschichte

Wenn Sie mit der Abenteuergeschichte einsteigen wollen, lesen Sie die Geschichte selbst vor oder erzählen Sie sie in ihren eigenen Worten:
Cedric stattet seine vier Freunde mit Hofkleidern aus. Sie sollen gleich aussehen. In der königlichen Hofschneiderei stehen verschiedene Modelle zur Auswahl. Am Ende muss ausgerechnet werden, wie viel die neuen Hofkleider kosten …

Klassenaktivität (Vorschlag für den Einstieg)

Rollenspiel Kaufmannsladen
Beginnen Sie mit der Abenteuergeschichte. Sie können Aufgabe **S 42/1** als Rollenspiel (Kaufmannsladen) gestalten. Die Kinder arbeiten in Kleingruppen und zahlen mit Spielgeld. Ermuntern Sie die Kinder, jeweils den Gesamtpreis auszurechnen. Zum Finden der Lösung kann ebenfalls wieder das Spielgeld dienen. Es müssen dabei nicht immer genau 4 Hofgewänder gekauft werden. Sie können den Preis eines Gewandes mit höchstens 100 € begrenzen, damit auch bei Multiplikationen mit 8 oder 9 der Zahlenraum 1000 nicht überschritten wird.

Tipps zur Erarbeitung im Buch

S 42/1 Möglicher Einstieg mit Abenteuergeschichte, siehe oben.
Mögliche Weiterführung siehe Klassenaktivität.

S 42/2 Die Aufgabe wird auf verschiedene Weise bearbeitet und dargestellt, zunächst als Tabelle, dann in einer klassischen halbschriftlichen Darstellung, die als Muster für die halbschriftliche Notation weiterverwendet werden kann und als letztes in einer ikonischen Weise. Lassen Sie die Schüler die verschiedenen Ansätze miteinander vergleichen. Besonders die Lösungswege von Max und Sigrid hängen unmittelbar miteinander zusammen. Das Verstehen der Tabelle (mit der fortgesetzten Addition bzw. der zugrunde liegenden Proportionaltät) kann einigen Schülern durchaus Probleme bereiten.

S 43/2, 3 Hier werden weitere Strategien zum geschickten Rechnen vorgestellt und illustriert. In Aufgabe 3 wird eine verkürzte Darstellung zum halbschriftlichen Rechnen vorgestellt. Stellen Sie sicher, welche Darstellung bei welchem Kind am sichersten angewendet wird und verfolgen Sie diese Darstellung bei diesem Kind weiter. Es geht hier nicht um die Kompetenz der Verwendung verschiedener Darstellungen zum halbschriftlichen Rechnen. Im Vordergrund stehen ökonomisches Vorgehen und strategiegeleitetes Rechnen.

S 44/1 Eine allgemeine Einführung zu den Balkenmodellen finden Sie im Lehrerhandbuch, Abschnitt Balkenmodelle ab Seite 30 ff.

S 44/2 Hier sind verschiedene Lösungswege möglich. Beispiel, Aufgabe a): Wenn Kinder hier lieber erst das Geld von Beate berechnen und dann zusammenzählen, ist das in Ordnung. Sollten in Ihrer Klasse verschiedene Lösungswege auftreten, können Sie diese miteinander vergleichen und darüber diskutieren. Mögliche Fragen könnten lauten: Wo muss man mehr Rechnungen lösen? Welche Rechnungen fallen dir leichter? Welchen Rechenweg findest du einfacher?

S 45 Die einzelnen Sachaufgaben haben das Lesen einer Tabelle und das Arbeiten mit einer Tabelle zum Ziel. Die Aufgaben steigern sich in ihrem Schwierigkeitsgrad. Die erste Aufgabe (Übertragen der Tabelle ins Heft und Eintragen der fehlenden Werte) festigt das Verstehen der Zusammenhänge. In einer folgenden Aufgabe wird eine solche Tabelle nochmals erstellt. Erst in den weiteren Aufgaben wird das Interpretieren und Verknüpfen der Einzelwerte miteinander thematisiert. Solche Sachaufgabenseiten sind jeweils in dieser Weise aufgebaut (vgl. z. B. Seite 52)

S 45/8 Mögliche Weiterführung: Sie (oder die Kinder) können konkrete Angebote eines Hotels in Ihrer Nähe ermitteln und mit diesen Preisen arbeiten.

S 46/1 Divisionsaufgaben dieses Typs bereiten den Schülern grundsätzlich Probleme. Die Schüler neigen dazu den Dividenden in die einzelnen Stufenzahlen (Stellenwerte) zu zerlegen, also 123 : 3 in 100 : 3 und 23 : 3, ähnlich wie sie bei der halbschriftlichen Multiplikation vorgegangen sind. Hier ist das Nutzen der einzelnen Zehnervielfachen von Aufgaben des kleinen 1x1 Voraussetzung zum Verstehen solcher Aufgaben. Bei leistungsschwächeren Schülern sind Aufgaben wie das Bilden dieser Vielfachen und das Erkennen der Analogien zum kleinen 1x1 eine sinnvolle Vorbereitung.

S 47/1, 2, 3 Auf dieser Seite wird das Thema halbschriftliche Division mittels Balkenmodell illustriert. Die Aufteilung in gleiche Teile entsprechend der Angabe des Divisors wird leicht ersichtlich. Der Zusammenhang zur Multiplikation als Umkehroperation zur Division wird deutlich und kann zur Überprüfung der Lösung genutzt werden.

S 47/4 Die mit Stern genkennzeichnete Aufgabennummer stellt Aufgaben mit einem erhöhten Schwierigkeitsgrad dar. Aufgaben wie „A hat dreimal so viel wie B. Zusammen haben sie 116. Wie viel hat A?" bieten den Schülern mehrere Schwierigkeiten. Als erstes ist die richtige Rechenoperation nicht so leicht zu erkennen. Durch die Nennung „dreimal so viel wie…" werden sie eher sogar in Richtung Multiplikation geleitet. Eine weitere Schwierigkeit ist das Erkennen des Divisors. Die Anteile von A (drei) und die von B (eins) werden zunächst addiert und ergeben den Divisor. Das Balkenmodell stellt diesen Zusammenhang sehr schön dar. Das Ergebnis der Divisionsaufgabe ergibt den Teil für B und davon das Dreifache den Anteil von A. Eine ausführliche Beschreibung der Einsatzmöglichkeiten des Balkenmodells finden Sie in diesem Lehrerband.

Malnehmen und Teilen

Lernwerkstatt – Lernstation

LS 9 Malreihen-Bingo II

Mathematischer Inhalt: Malreihen
Gruppengröße: Kleingruppen
Material: Bingo-Spielpläne

Greifen Sie an dieser Stelle wieder die Ideen zur Lernstation 1 aus Kapitel 1 auf und spielen Sie das Malreihen-Bingo mit allen Malreihen. Unterschiedliche Kombinationen von mehreren Malreihen und Spielvarianten mit größeren Rasterfeldern erhöhen die Komplexität.

LS 10 Malreihentafel

Mathematischer Inhalt: Malreihen
Gruppengröße: Einzelarbeit
Material: KV 13 Raster mit 100 Feldern

Die Kinder sollen nach und nach alle Zahlen der Malreihen von 2 bis 10 in das Hunderterfeld eintragen. Für die einzelnen Malreihen können verschiedene Farben verwendet werden. Manche Kästchen werden bunt sein, weil die Zielzahlen in mehreren Malreihen enthalten sind, z.B. 12, 24, 36, … Durch das entstehende Muster werden die Zusammenhänge zwischen den Malreihen sehr anschaulich dargestellt.

CD-ROM Rechentrainer

An dieser Stelle bietet sich an, die zweite Aufgabenseite des Rechentrainers zu bearbeiten. Vor allem die ersten sechs Sticker erlauben ein systematisches Wiederholen der Malreihen.

Abenteuergeschichte – Königliche Kleider S 42/1

Was bisher geschah:
Die Ziegen haben fast alle Blumen im Schlosspark aufgefressen, die Beete wurden zerstört. Nora flog über den Park und berichtete den Kindern. Dann zeichnete sie eine Skizze, wie der Garten aussehen soll. Die Kinder entdeckten, dass alle Beete symmetrisch waren.

Mathematischer Inhalt:
Malnehmen, Rechnen mit Geld
→ Stuhlkreis, ohne Bild beginnen

„Überraschung", flüsterte Nora. Alle Kinder waren sofort bei ihr. „Ich habe gehört, dass wir bald Besuch bekommen … eine echte …"
Plötzlich ertönte der Trompetenruf von Hinzkunz und die Kinder verstanden kein Wort mehr. Schon stand der Haushofmeister vor der Tür und verkündete wie immer: „Königlicher Ruf, dringende Geschäfte!"
Dann zeigte er ihnen ein großes Foto und meldet stolz: „Das ist Prinzessin Junipera aus Wacholdrien. Sie kommt zu Besuch und wir müssen viel vorbereiten."
„Die sieht ja wunderschön aus", strahlte Aron entzückt. „Aber ein bisschen fad", meinte Philipp.
Hinzkunz fuhr fort: „Prinzessin Junipera kommt nächste Woche zu uns ins Schloss und wird einige Zeit bleiben. Für den königlichen Empfang müssen alle ganz besonders festlich gekleidet sein, ihr selbstverständlich auch. Der königliche Hofschneider wartet schon mit ein paar Vorschlägen auf euch."
Die Kinder sahen einander verblüfft an. Philipp schüttelte den Kopf: „Glaubt ihr wirklich, dass ich für diese Prinzessin so einen altmodischen Samtanzug anziehe?" „Und ich soll mein T-Shirt und meine Mütze ablegen?", meldete sich Aron, „niemals!"
„Moment, Moment!", rief Hinzkunz, „es gibt da etwas, was ihr wissen müsst. Wenn ihr keine königlichen Gewänder tragt, gilt der Besuch nicht und die Prinzessin muss wieder und wieder kommen." „Nun gut", sagte Cedric, „wenn es unbedingt sein muss. Einen Tag Verkleidung halten wir schon aus. Kommt, wir gehen in die Schneiderei."
Der Hofschneider begrüßte sie herzlich: „Ihr habt Glück! Ich habe soeben die neuesten Modelle fertiggestellt. Hier stehen sie." Er zeigte stolz auf vier Kleiderpuppen. Hinzkunz erklärte: „Prinz Cedric trägt natürlich seine Prinzenkleider. Alle anderen Kinder müssen völlig gleich angezogen sein. So verlangt es das Hofprotokoll!" „Wir brauchen also vier gleiche Kleider für Linn, Nora, Philipp und Aron", sagte der Hofschneider und streichelte die Kleiderpuppen.

→ BILD Kapitel 7 zeigen
Welche Kleider würdet ihr wählen?
Welche gefallen euch?
Schaut auch auf die Preisschilder.
Welches ist das teuerste, welches das billigste Kleid?

Die vier Kinder durften abstimmen, welche Kleider sie haben wollten. Das teuerste Kleid erhielt drei Stimmen. „Na gut", brummte Aron, „dann ziehe ich halt auch dieses Kleid an. Mir hat ein anderes viel besser gefallen, und das war auch das billigste."

Rechnet aus, wieviel das teuerste Kleid für vier Kinder kostet.
Wie rechnet ihr? Vergleicht eure Vorgangsweise.

Der Hofschneider nahm bei jedem Kind die Maße auf und erklärte: „Die Kleider müssen völlig gleich sein, doch jedes kann eine andere Farbe haben, das ist erlaubt." Die Kinder freuten sich und wählten ihre Lieblingsfarben aus. Linn bekam natürlich ein gelbes Kleid.
„Anfang nächster Woche sind die Kleider fertig", versprach der Hofschneider, „nun aber zur Rechnung!"
Hinzkunz legte 1 000 € auf den Tisch.

Rechnet aus, wie viel Geld Hinzkunz zurück bekommt.

„Das war aber ziemlich teuer!", stöhnte Hinzkunz. Cedric erwiderte: „Lieber Haushofmeister, du selbst hast angeordnet, dass meine Freunde und ich in dieser komischen Verkleidung herumlaufen müssen. Wir dürfen nicht jammern, du aber auch nicht." Nun sagte Hinzkunz nichts mehr.

KV 12: Begriffe für das Protokoll zum Knobelplakat 5

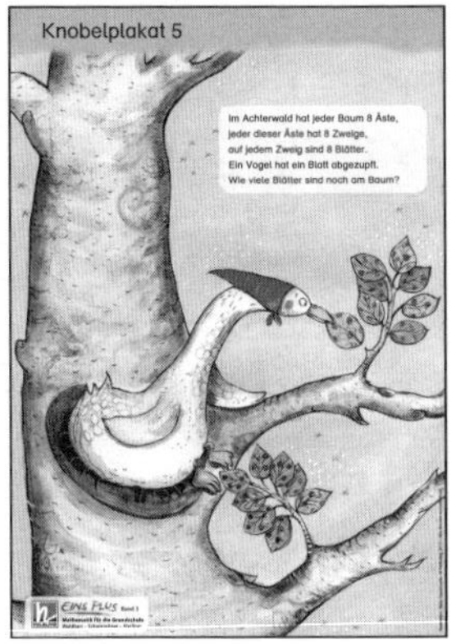

Knobelplakat 5

achtmal

Blatt

subtrahieren

multiplizieren

wegnehmen

Baum

malrechnen

Zweig

Vogel

Ast

KV 13: Raster mit 100 Feldern

1	2	3	4	5	6	7	8	9	10
11	12	13	14	15	16	17	18	19	20
21	22	23	24	25	26	27	28	29	30
31	32	33	34	35	36	37	38	39	40
41	42	43	44	45	46	47	48	49	50
51	52	53	54	55	56	57	58	59	60
61	62	63	64	65	66	67	68	69	70
71	72	73	74	75	76	77	78	79	80
81	82	83	84	85	86	87	88	89	90
91	92	93	94	95	96	97	98	99	100

1	2	3	4	5	6	7	8	9	10
11	12	13	14	15	16	17	18	19	20
21	22	23	24	25	26	27	28	29	30
31	32	33	34	35	36	37	38	39	40
41	42	43	44	45	46	47	48	49	50
51	52	53	54	55	56	57	58	59	60
61	62	63	64	65	66	67	68	69	70
71	72	73	74	75	76	77	78	79	80
81	82	83	84	85	86	87	88	89	90
91	92	93	94	95	96	97	98	99	100

Längenmaße

Ziele und Kompetenzen

- **Größenvorstellungen zu den Längeneinheiten km, m, cm,**
- **Orientierung auf Plänen (Landkarten)**
- **Umwandlung in benachbarte Größeneinheiten**
- **Kommaschreibweise von Längenangaben**
- **Anwendung in Sachsituationen**

Didaktische Hinweise

Die Vorstellungen zum Größenbereich Längen werden in dieser Klassenstufe vertieft. Die Vorstellung zur Länge eines Kilometers bereitet den Schüler Schwierigkeiten. Lassen Sie die Schüler die Länge eines Kilometers schätzen, lassen Sie geeignete Repräsentanten für diese Länge finden (Entfernungen im Wohnort von etwa 1 km usw. Ein geeigneter Repräsentant ist die Länge eines Fußballfeldes von etwa 100 m (10mal diese Strecke) oder 2,5 Runden um den Sportplatz ergeben 1 km. Lassen Sie bei einer Wanderung die Schüler abschätzen, wann sie 1 km weit gegangen sind.

Das Umrechnen in benachbarte Einheiten bildet einen weiteren Schwerpunkt in diesem Kapitel. Die Kommaschreibweise wird eingeführt.

Zur Kommaschreibweise: Wir empfehlen, in der 3. Klasse bezüglich der Größe Länge nur Kommaschreibweisen mit zwei Dezimalstellen zu verwenden. Also 1 m 20 cm als 1,20 m und nicht als 1,2 m zu schreiben. Gleiches geschieht auch bei Euro und Cent.

Materialien

- **Knobelplakat 6: „Von LIks nach Ypsilon"**
- **Schülerbuch S 48–51**
- **Arbeitsheft S 38–39**
- **Kopiervorlage 14 Begriffe für das Protokoll zum Knobelplakat 6**
- **Abenteuergeschichte „Mit der Eisenbahn durch's Königreich"**
- **Lernwerkstatt**
- **CD-ROM Übung „Orientierung auf Landkarten"**

Knobelplakat 6
Von Iks nach Ypsilon

Aufgabenstellung

Auf der Anzeigetafel ist ein Streckennetz zu sehen. Es gilt herauszufinden, wie viele verschiedene Möglichkeiten es gibt, von Iks nach Ypsilon zu fahren, ohne dass eine Teilstrecke zweimal befahren wird.

Auflösung

Die mathematische Lösung lautet: Es gibt 8 Möglichkeiten.

Begründung: Kurz nach dem Start in Iks gibt es zwei Möglichkeiten, wie die Strecke gewählt werden kann. Beim ersten Knotenpunkt, nach Aufenthalt in Aah oder Bee, gibt es wieder zwei Möglichkeiten für die Weiterfahrt, also bereits zweimal zwei, das sind vier Möglichkeiten. Beim zweiten Knotenpunkt, nach Cee und Deh, kann ebenfalls zwischen zwei Strecken gewählt werden. Die bereits vorhandenen vier Möglichkeiten verdoppeln sich nochmals. Die Rechnung lautet: 2·2=4, 4·2=8

Was tun, wenn …

… kein Kind eine richtige Lösung gefunden hat?

Die Kinder sollen die einzelnen Strecken auf dem Plakat zunächst mit den Fingern mitfahren. Sie werden feststellen, dass sie an den Knotenpunkten wählen können. Brauchen die Kinder noch mehr Unterstützung, dann sollen sie das Streckennetz auf einem Blatt Papier mit Bleistift nachzeichnen. Die einzelnen Strecken werden dann mit unterschiedlichen Farben nachgezogen. Es bietet sich auch an, eine schematische Darstellung der einzelnen Strecken aufzuzeichnen.

Variante 1: ⌒ ⌒ ⌒
Variante 2: ◡ ◡ ◡
Variante 3: ⌒ ◡ ◡
Variante 4: ◡ ⌒ ⌒
Variante 5: ⌒ ⌒ ◡
Variante 6: ◡ ◡ ⌒
Variante 7: ⌒ ◡ ⌒
Variante 8: ◡ ⌒ ◡

Die Kinder können für die Beschreibung der einzelnen Strecken auch die Namen der Haltestellen verwenden, z.B.:
Strecke 1: Iks – Aah – Cee – Eeh – Ypsilon
Strecke 2: Iks – Bee – Deh – Eeh – Ypsilon
usw.

… ein Kind sehr rasch die richtige Lösung gefunden hat?
Das Kind soll seinen Lösungsweg beschreiben. Sie können dem Kind auch eine der unten genannten Weiterführungen anbieten.

Mögliche Weiterführung
Vielleicht greifen Sie die Anregungen aus der Lernwerkstatt auf und lassen die Kinder in der Klasse eine kleine Eisenbahn aufbauen. Am konkreten Beispiel können dann noch verschiedene Streckenführungen gebaut, ausprobiert und berechnet werden.
Wie viele Möglichkeiten gibt es, wenn die Strecke länger wird, wenn es also nach Eeh und Eff noch die Verzweigung Geh und Hah gibt? Kannst du in einer Tabelle festhalten, wie viele Möglichkeiten es gibt, wenn man noch weitere Haltestellen auf die gleiche Weise hinzufügt?

Wie viele Möglichkeiten gibt es, wenn von jedem Knotenpunkt 3 Schienen weggehen? (4, 5, …)

Begriffe für das Protokoll
Strecke, Teilstrecke, Abzweigung, Kreuzung, Knotenpunkt, Städte, Haltestellen, Stationen, starten, fahren, nachfahren, weiterfahren, wechseln, Weg, Linie, nach oben, nach unten

Leonardos Protokoll
Ich bin zuerst mit dem Finger die Strecke von Iks nach Ypsilon immer nach oben nachgefahren, dann immer nach unten. Das sind schon 2 Wege. Dann bin ich zuerst nach oben gefahren, bei der ersten Kreuzung nach unten und bei der zweiten auch. Dann bin ich nach unten gestartet und bei den Knotenpunkten immer nach oben gefahren. Das sind dann schon 4 Wege. Nachher bin ich beim Start nach oben gefahren, bei der ersten Kreuzung auch und dann nach unten. Dann bin ich nach unten gestartet, bei der ersten Kreuzung unten weitergefahren und bei der zweiten Kreuzung nach oben. Dann habe ich noch die Strecke nach oben, nach unten, nach oben gefunden und die Strecke nach unten, nach oben, nach unten. Das sind zusammen 8 verschiedene Strecken.

Einstieg mit der Abenteuergeschichte

Wenn Sie mit der Abenteuergeschichte einsteigen wollen, lesen Sie die Geschichte selbst vor oder erzählen Sie sie in ihren eigenen Worten:

Einmal pro Jahr muss der König alle Städte seines Reiches besuchen. Dieses Jahr muss Cedric diese Aufgabe übernehmen. Gemeinsam mit seinen Freunden plant er die Reise …

Klassenaktivität (Vorschlag für den Einstieg)

1 km-Reise
Begeben Sie sich mit den Schüler/innen vom Schulhaus weg auf eine 1km-Reise. Folgende Vorbereitungen müssen Sie in der Klasse treffen:

- Tafeln mit folgenden Beschriftungen erstellen: Start, 1 m, 10 m, 50 m, 100 m, 200 m, 300 m, …1000 m=1 km, Ziel
- Spagat mit 100 m Länge
- Markierungselemente, z.B. Straßenkegel, Steine, …
- geeignete Kleidung, die Reise kann dauern
- Meldung des Lehrausgangs
- Fotoapparat mitnehmen

Durchführung:
Entscheiden Sie gemeinsam mit den Kindern, welchen Weg sie ab der Schule nehmen möchten. Es empfiehlt sich, dass Sie die möglichen Strecken zuvor besichtigen. Sie können die Schätzungen der Kinder, wie weit 1 km von der Schule weg ist, d.h. wo das Ziel ihrer Reise vermutlich sein wird, auch schriftlich festhalten. Die Diskussionen im Anschluss an die Reise werden spannend sein. Dokumentieren Sie die einzelnen Stationen mit einem Foto, sie können dann in der Klasse eine Ausstellung machen und die Bilder für weitere, auch mathematische, Übungen einsetzen.

Die Tafeln werden an einzelne Kinder, bzw. Kleingruppen verteilt. Das Kind mit der Tafel „Start" legt seine Tafel vor das Schultor und fixiert sie mit einem Markierungselement, es legt z.B. einen kleinen Stein auf die Tafel. Ein Kind stellt sich mit dem Anfangsstück des Spagats zur Tafel und hält es gut fest. Ein anderes Kind nimmt den Knäuel in die Hand, alle marschieren los und der Spagat wickelt sich nach und nach ab. Sie können mit kürzeren Maßbändern eventuell auch bei 10 m bzw. 50 m Markierungen setzen. Wenn das erste Teilziel, 100 m, erreicht ist, wird die nächste Tafel abgelegt. Das Kind beim Start schließt zur Gruppe auf und wickelt dabei den Spagat auf. Dann beginnt die Reise und Messung für die zweite Teilstrecke. Sind 1000 m erreicht, kann eine kleine 1 km-Reise-Feier starten, Bilder dokumentieren den Höhepunkt des Ausflugs, ein Zielfoto wird geschossen. Beim Rückweg werden die Markierungen wieder eingesammelt.

Längenmaße

Zurück in der Klasse werden die Erfahrungen diskutiert und die zuvor abgegebenen Schätzungen, wie weit die Reise wohl gehen mag, besprochen.

Tipps zur Erarbeitung im Buch

S 48/1 Möglicher Einstieg mit Abenteuergeschichte, siehe oben.

S 48/2 Sie können sowohl Straßenentfernungen als auch Luftlinien im Internet abrufen, z.B. auf der Seite www.luftlinie.org. So sind Flensburg (Schleswig-Holstein) und Berchtesgaden (Bayern) zum Beispiel Luftlinie 830 km entfernt, als Route über Straßen rund 1000 km.
Zum Vergleich: Die Internationale Raumstation ISS umrundet die Erde nur 400 km über der Erdoberfläche.

S 49/1 Ein Fußballfeld mit den Maßen 100m x 50m wird zum Begreifen der Länge von 1 km näher betrachtet. Gleichzeitig wird auf diese Weise der Zahlenraum bis 1000 nochmals mittels multiplikativer Zerlegung strukturiert. Proportionale Zuordnungen werden dargestellt und durch die Schüler verbalisiert. Das Darstellen proportionaler Zuordnungen in Tabellenform wird geübt.

S 49/2 – 5 Das Übertragen des Sachverhalts in eine Skizze führt zu einem tieferen Verständnis der Zusammenhänge und zur richtigen Rechenoperation. Geeignet sind das bekannte Balkenmodell oder andere durch die Schüler gefundene bildliche Darstellungen. Lassen Sie die Skizzen jeweils durch die Schüler erklären.

S 49/6 Das Arbeiten mit Tabellen wird intensiviert.

S 51/1, 3 Zum Überprüfen der Lösungen ist ein Vergleich größer oder kleiner als 1 m möglich.

S 51/4 – 8 Zum besseren Verständnis des zugrunde liegenden Sachverhalts sollen die Schüler Skizzen erstellen. Geeignet sind auch hier das Balkenmodell oder andere durch die Schüler gefundene bildliche Darstellungen.

Lernwerkstatt – Lernstation

CD-ROM Übung
Orientierung auf Landkarten

Ein Roboter fährt durch ein Straßennetz. Die Kinder lesen die Beschreibung der Fahrstrecke und programmieren danach den Roboter.

Abenteuergeschichte – Mit der Eisenbahn durch's Königreich S 48/1

Was bisher geschah:
Prinzessin Junipera aus Wacholdrien kam zu Besuch ins königliche Schloss. Für den festlichen Empfang brauchten Prinz Cedric und die Kinder königliche Gewänder. Der Hofschneider zeigte ihnen seine neuesten Modelle. Die Kinder bekamen Kleider in ihrer Lieblingsfarbe.

Mathematischer Inhalt:
Längenmaße, Wege und Entfernungen auf Landkarten
➔ Stuhlkreis, ohne Bild beginnen

Der Besuch der Prinzessin aus Wacholdrien war gut vorübergegangen und die Kinder freuten sich, wieder in ihren eigenen Kleidern zu stecken. Cedric schlug vor: „Machen wir doch gemeinsam eine Reise durch das Königreich." „Wunderbar!", rief Linn, „wir kennen hier eigentlich nur das Schloss. Es wird Zeit, sich ein wenig umzusehen." Auch die anderen Freundinnen und Freunde freuten sich. Im Schloss wurde es ihnen schon ein bisschen langweilig.
„Ihr wollt verreisen?", fragte Hinzkunz, „gute Idee. Ihr könnt dabei dringende königliche Geschäfte erledigen." Die Kinder wunderten sich, dass er dabei gar nicht in seine Trompete geblasen hatte. „Am besten, ihr nehmt die Eisenbahn. Da könnt ihr gleich prüfen, ob die Züge pünktlich sind, ob die Angestellten freundlich zu den Reisenden sind und ob die Bahnhöfe sauber sind."
„Nicht schon wieder königliche Geschäfte", sagte Cedric, „ich möchte einfach nur verreisen und mit meinen Freundinnen und Freunden eigene Abenteuer erleben." Hinzkunz überlegte. „Gut", sagte er, „dann soll es so sein. Ich gebe euch eine Woche königlichen Urlaub. Ihr könnt reisen, wohin ihr wollt." „Bravo, super, toll!", riefen die Kinder begeistert.
Linn meinte: „Wir können ja trotzdem die Eisenbahn nehmen. Ich bin schon mit dem Luftschiff gereist und durch die Wüste gewandert, aber ich bin noch nie mit der Eisenbahn gefahren." Alle stimmten zu. Aron brachte eine große Landkarte. Darauf waren alle Eisenbahnverbindungen im Königreich eingezeichnet. Cedric zeigte auf die Karte: „Was meint ihr, schaffen wir es, alle Städte im Königreich zu besuchen?"

➔ BILD Kapitel 8 zeigen
Die Kinder befinden sich in der Hauptstadt.
Welchen Weg nimmst du, wenn du alle Städte besuchen willst?
Zeigen Sie die Wege der Kinder auf der Landkarte mit.

Die Kinder überlegten lange, in welcher Reihenfolge sie die Städte besuchen wollten. Philipp schlug vor: „Ich finde diesen Weg am besten: Nordhall, Nost, Berg, Sostheim, Südstadt, Suwen, Westend, Hauptstadt, Osthof."
Linn meinte: „Ich würde gern zuerst nach Osthof reisen, dann Nost, Berg, Sostheim, Südstadt, Suwen, Westend besuchen, dann wieder nach Hauptstadt und schließlich nach Nordhall."
Aron warf ein: „Aber dann endet unsere Fahrt nicht in der Hauptstadt. Wir müssen auf jeden Fall wieder hierher zurück."

Hast du einen Weg gefunden, der wieder zurück in die Hauptstadt führt?

Aron meldete sich mit einem neuen Vorschlag: „Wir fahren nach Nordhall, Nost, Berg, Sostheim, Osthof, Hauptstadt, Südstadt, Suwen, Westend und wieder zurück in die Hauptstadt."
Cedric sagte: „Jetzt möchte ich aber wissen, wie viele Kilometer das sind, und ob die Reise in einer Woche überhaupt stattfinden kann."

Versucht auszurechnen, wie viele Kilometer Arons Weg lang ist. (835 km)
Ist der Weg, den du gefunden hast, länger oder kürzer?
Philipps Weg ist (mit Rückreise) ebenfalls 835 km lang, Linns Weg 818 km.

„Wenn wir nicht in jeder Stadt übernachten, schaffen wir das bestimmt", sagte Linn beruhigend. „Das wird toll", rief Cedric und strahlte über das ganze Gesicht. „Eine Woche königlicher Urlaub. Los, kommt, wir packen unsere Reisetaschen!"

KV 14: Begriffe für das Protokoll zum Knobelplakat 6

Knobelplakat 6

Ein Zug fährt von Iks nach Ypsilon. Wie viele verschiedene Wege gibt es, ohne dass eine Strecke doppelt befahren wird?

nach oben

starten

Abzweigung

Haltestellen

nach unten

Linie

wechseln

Kreuzung

Strecke

Städte

weiterfahren

Knotenpunkt

Weg

Teilstrecke

nachfahren

Stationen

fahren

Rechnen mit Geld

Ziele und Kompetenzen

- Sachaufgaben lösen (Thema Geld)
- Preislisten lesen, Tabellen verwenden
- Aufgaben selbst erfinden
- Kommaschreibweise bei Geld
- Umwandeln von Geldbeträgen von Euro in Cent und umgekehrt

Didaktische Hinweise

In diesem Kapitel steht das Sachrechnen im Mittelpunkt. Als Datenbasis werden Preisangaben in Form von Preisschildern und Tabellen verwendet. Das sinnentnehmende „Lesen" dieser Darstellungen wird intensiviert. Zur Lösung der Aufgaben werden alle vier Grundrechenarten benötigt. Weiterhin wird die Kommaschreibweise auch bei der Größe Geld eingeführt. Die Aufgaben geben realistische Situationen wieder. Der Umgang mit Geld und Preisen stellt einen wichtigen Inhalt zur Auseinandersetzung der Schüler mit unserer wirklichen Umgebung dar.

Materialien

- Schülerbuch S 52–56
- Arbeitsheft S 40–42
- Abenteuergeschichte „Übernachtung in Südstadt"
- Lernwerkstatt
  LS 11 Aufgabenkarten
- CD-ROM Übung „Linns Online-Blumenladen"

Einstieg mit der Abenteuergeschichte

Wenn Sie mit der Abenteuergeschichte einsteigen wollen, lesen Sie die Geschichte selbst vor oder erzählen Sie sie in ihren eigenen Worten:
Cedric und seine 4 Freunde übernachten in Südstadt. Gemeinsam überlegen sie, welche Jugendherberge sie wählen sollen. Sie wollen die Preise vergleichen, aber das ist gar nicht so einfach …

Klassenaktivität (Vorschlag für den Einstieg)

Jugendherberge
Beginnen Sie mit der Abenteuergeschichte und lösen Sie Aufgabe **S** 52/1 .
Als Weiterführung können Kinder alleine oder in Kleingruppen ihre eigene Jugendherberge erfinden. Sie sollen sich einen Namen und Zimmerpreise ausdenken, nach dem Muster der Jugendherbergen im Buch. Sie können auch eine Werbung dafür gestalten, auf der ein Werbespruch steht wie z.B: „Jugendherberge Sonnenschein – wo die Betten am größten sind!"

Tipps zur Erarbeitung im Buch

S 52/1 Möglicher Einstieg mit Abenteuergeschichte, siehe oben.
Mögliche Weiterführung siehe Klassenaktivität.

S 52/3 Lassen Sie die Schüler zu eigenen Erfahrungen mit Preisen berichten. Im Klassengespräch werden die Angaben auf ihre mögliche Richtigkeit diskutiert.

S 53/1 – 6 Der Aufbau der Seite erfolgt nach den gleichen Prinzipien wie die Seiten 45 und 52. Zunächst stehen Aufgaben zum „Lesen" und Verstehen der Informationen. Werte aus den Darstellungen sollen abgelesen werden. Erst anschließend werden Werte rechnerisch miteinander verknüpft. Die Progression in der Aufgabenfolge wird mit den im Schwierigkeitsgrad anspruchsvolleren Aufgaben 4 und 5 fortgesetzt.

S 54/4 Falls sie einen Kiosk in der Schule haben, können Sie Aufgaben zu dessen Preisen finden lassen.

S 55/1 Zum Überprüfen der Lösungen ist ein Vergleich größer oder kleiner als 1 € möglich. Ein Vergleich zur Kommaschreibweise bei Längen ist möglich.

S 56/1 Hier verfolgen wir die gleiche Progression wie auf den bereits erwähnten Sachrechenseiten (Seite 45, 52, 53): zunächst das Entnehmen von Daten aus einer Übersicht/Tabelle, dann das rechnerische Verknüpfen von mehreren Angaben.
Als letzte Teilaufgabe wird eine Aufgabe zum Bereich Kombinatorik gestellt.
Lassen Sie die Schüler die Fragestellung erklären. Einen Schwerpunkt bildet die Darstellung eines möglichen Lösungsweges. Lassen Sie die Schüler solche Lösungswege erarbeiten. Eine mögliche Darstellungsform wäre die eines Baumdiagramms.

S 56/2
In einer weiteren Aufgabe (Miniprojekt) werden die Aufgabenstellungen aus **S** 56/1 wiederholt und vertieft.

Lernwerkstatt – Lernstation

LS 11 Aufgabenkarten

Mathematischer Inhalt: Sachaufgaben
Gruppengröße: Partnerarbeit
Material: Karten zum Beschreiben, Stifte

Die Kinder schreiben Sachaufgaben-Kärtchen, wie in Aufgabe S 56/2e beschrieben oder lösen welche von ihren Mitschülern. Die Kärtchen können auch verziert werden.

CD-ROM Übung Linns Online-Blumenladen

In Linns Online-Blumenladen gehen viele Bestellungen von Kundinnen und Kunden ein. Die Kinder müssen den Text der Bestellung genau lesen und dann die gewünschten Blumen und das bestellte Zubehör auswählen. Viele Aufträge sind so formuliert, dass die Kinder einen großen Gestaltungsspielraum haben, z.B. „Bitte schicken Sie mir einen großen, bunten Blumenstrauß und eine schöne Vase. Alles zusammen soll genau 50 € kosten." Wenn die Lieferung zusammengestellt ist, geht der Auftrag in die Gärtnerei und die Blumen werden ausgeliefert.

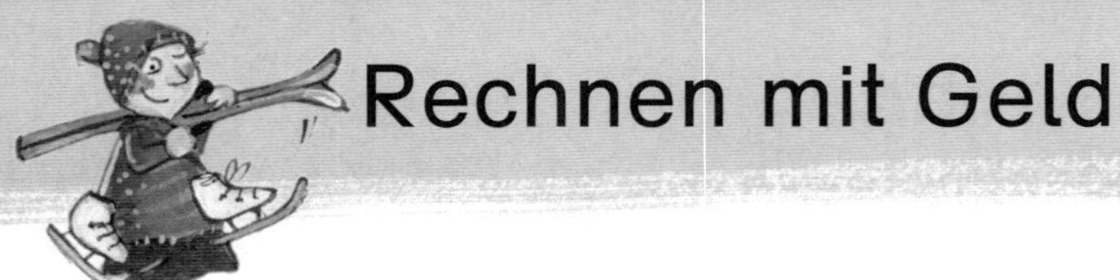

Rechnen mit Geld

Abenteuergeschichte – Übernachtung in Südstadt S 52/1

Was bisher geschah:
Die Freundeschar plante eine Reise durch das Königreich. Sie wollten mit der Eisenbahn fahren und alle Städte des Königreichs besuchen. Gemeinsam bestimmten sie den Reiseplan und rechneten aus, wie viele Kilometer sie fahren mussten.

Mathematischer Inhalt:
Rechnen mit Geld, Preisvergleich
➔ Stuhlkreis, ohne Bild beginnen

Die Kinder fuhren mit der Eisenbahn durch das Königreich. Plötzlich hielt der Zug auf offener Strecke. „Es riecht seltsam", meinte Philipp und schnüffelte. „Das kann heißes Öl sein", vermutete Aron. Die fünf Freundinnen und Freunde waren beunruhigt. In einer halben Stunde sollten sie in Südstadt ankommen. Doch der Zug fuhr nicht weiter.
Nora meinte: „Gehen wir vor bis zur Lokomotive. Vielleicht kann uns der Zugführer sagen, was los ist." Sie öffneten alte Schiebetüren und kletterten auf rostigen Brücken von Waggon zu Waggon. „Seltsam, hier gibt es keine anderen Reisenden", stellte Linn fest.
„Kein Wunder, dass niemand mit der Eisenbahn fahren mag", meinte Cedric, „die Züge im Königreich müssen dringend erneuert werden." Der Geruch nach heißem Öl wurde immer stärker. Nun standen die Kinder vor der Tür zur Lokomotive. Sie war versperrt. „Wir müssen aussteigen und nach vorne gehen", meinte Nora. „Und was ist, wenn der Zug inzwischen weiterfährt?", fragte Aron besorgt. „Der rührt sich sicher nicht mehr", meinte Philipp. Die Kinder stiegen aus und gingen auf dem Bahndamm vor zur Lokomotive.
Ein kleiner Mann rief aus dem Fenster: „Da sind ja unsere einzigen Reisenden. Herzlich willkommen!" Cedric grüßte ihn und fragte: „Was ist passiert, warum fahren wir nicht weiter?" Der Zugführer kratzte sich verlegen am Kopf. „Ja, das ist so eine Sache … bei der Fahrt auf den Berg ist der Motor heiß gelaufen. Er muss abkühlen. Dann erst können wir weiterfahren." Philipp fragte: „Wie lang wird das dauern? Wir wollten eigentlich heute noch nach Südstadt." „Daraus wird sicher nichts", sagte der Zugführer und schüttelte heftig seinen Kopf. „Das Abkühlen dauert viele Stunden. Wir können froh sein, wenn wir morgen nach Südstadt kommen. Ihr könnt inzwischen im Waggon schlafen."
Die Kinder überlegten. „Wenn wir Südstadt heute nicht erreichen, funktioniert unser Reiseplan nie", sagte Linn. Philipp fragte den Zugführer: „Wie kommen wir jetzt nach Südstadt?" „Wenn ihr es so eilig habt, dann nehmt die Schienenfahrräder da hinten." Er zeigte auf ein Nebengleis, wo einige Fahrräder mit vier Rädern standen, die genau auf die Schienen passten. „Hervorragende Idee", sagte Philipp, „aber was ist, wenn uns ein Zug entgegenkommt?" Der Zugführer lachte laut. „Das ist leider nicht möglich. Der einzige Zug steht hier und der kann nicht weiterfahren."
Die Kinder überlegten nicht lang. Rasch holten sie ihr Gepäck und stellten die Fahrräder auf die Schienen. In weniger als zwei Stunden kamen sie am Bahnhof in Südstadt an. „Jetzt bin ich aber hundemüde", sagte Linn. Die Kinder nickten. Die Fahrt war zwar sehr lustig gewesen aber auch sehr anstrengend.
Die Kinder entdeckten eine Tafel mit Angeboten der Jugendherbergen in Südstadt. Cedric erklärte: „Diese Übernachtung war eigentlich nicht geplant. Wir haben nicht mehr besonders viel Geld, wir müssen gut überlegen, was wir uns leisten können."

➔ BILD Kapitel 9 zeigen
Die Kinder brauchen fünf Betten.
Wie viel kostet es, wenn sie in Rudis Herberge zwei 2-Bett-Zimmer und ein 1-Bett-Zimmer nehmen? (137 €)
Vergleiche die Preise. Welche Jugendherberge würdest du auswählen?

Die fünf Freunde einigten sich auf Lisas Schlafhaus. Sie schleppten ihr Gepäck dorthin und bezogen ihre Zimmer. Beim Einschlafen hörten sie Cedric murmeln: „Die Eisenbahn im Königreich muss dringend erneuert werden … die Eisenbahn … die Eisenbahn …".

Ziele und Kompetenzen

Wiederholung und Festigung:

- Flächenformen und Achsensymmetrie
- Größenbereich Längen (Meter, Zentimeter, Millimeter)
- Kommaschreibweise bei Längenangaben
- Darstellen von Sachaufgaben mittels des Balkenmodells
- Multiplikations- und Divisionsaufgaben zum halbschriftlichen Rechnen
- Kommaschreibweise bei Geldbeträgen

Didaktische Hinweise

Die regelmäßige Wiederholung und Absicherung des Gelernten soll sicherstellen, dass die Erarbeitung des kommenden Lernstoffes auf gesichertem Wissen aufbaut und Lernlücken frühzeitig erkannt und geschlossen werden können.

Materialien

- Schülerbuch S 57–61
- Arbeitsheft S 43–46
- Kopiervorlage 15 Hölzchenmuster
- Lernwerkstatt
  LS 12 Hölzchenmuster
  LS 13 Im Reisebüro
- CD-ROM Übung „Zeig, was du kannst!

Klassenaktivität (Vorschlag für den Einstieg)

Führen Sie mit der ganzen Klasse die Lernstandserhebung II durch. Planen Sie anschließend gezielt die individuellen Förderangebote für einzelne Kinder, Kleingruppen, bzw. für die ganze Klasse.

Tipps zur Erarbeitung im Buch

S 58/3 Gleich große Balken bedeuten gleich große Zahlen. Bei Aufgabe a) ist daher 4 mal 95 zu berechnen.

S 58/4 Die Aufgabe stellt eine umgekehrte Aufgabenstellung zur vorherigen Aufgabe dar. Die Teilaufgaben a) in Aufgabe 3 und 4 entsprechen sich strukturell. Die Lösungen können miteinander verglichen werden. So wird durch das Wechseln zwischen Text und Darstellung im Modell das Verstehen vertieft. Die Schüler gelangen zu einer höheren Kompetenz im Sachrechnen.

S 61/1 Knobelaufgabe
Aus Streichhölzern werden Muster gelegt. Für jeden Teil des Musters wird eine bestimmte Anzahl von Streichhölzern benötigt. Die Kinder sollen die Tabellen fortsetzen und eintragen, wie viele Streichhölzer benötigt werden. Ein Lösungsweg ist immer das konkrete Legen der Muster, so lange, bis die Gesetzmäßigkeiten erkannt sind. Mit fortlaufendem Erstellen der Muster erscheinen in der Tabelle immer größere Zahlen, z.B. 78 Quadrate. Hier erscheint es nicht mehr sinnvoll, das Muster zu legen. Es geht also darum, die jeweilige Gesetzmäßigkeit zu erkennen und hochzurechnen. Manche Kinder werden die Zusammenhänge, die durch das Bauprinzip gegeben sind, bestimmt auch ohne Legen der Hölzchen unmittelbar entdecken. Für leistungsschwächere Schüler ist das Erkennen der Gesetzmäßigkeit schwierig. Hier sollte mit einfachen Mustern und kleinen Zahlen der Zusammenhang erarbeitet werden. Zur Erleichterung können in Aufgabe 1 auch Dreiecke gelegt werden und die zugrunde liegende Proportionalität in der Tabelle berücksichtigt werden. Beispielsweise: Ein Dreieck hat drei Streichhölzer, zwei Dreiecke haben 6 Streichhölzer, 10 Dreiecke haben 30 Streichhölzer. Mit den Werten in der Tabelle kann rechnerisch auf weitere geschlossen werden. Wenn 10 Dreiecke 30 Streichhölzer haben, dann haben 5 Dreiecke die Hälfte davon, wenn 5 Dreiecke 15 Streichhölzer haben, dann haben 6 Dreiecke 18 Streichhölzer. So werden das Verstehen einer solchen Zuordnung und das „Lesen" einer solchen Tabelle verständlich gemacht. Das Rückschließen auf die Strategien zum Lernen des 1x1 liegt auf der Hand.

Zeig, was du kannst!

Lernwerkstatt – Lernstation

LS 12 Hölzchenmuster

Mathematischer Inhalt: Muster erkennen und fortsetzen
Gruppengröße: Einzelarbeit
Material: KV 15, kleine Hölzchen

Verschiedene Muster sollen nachgelegt, bzw. gezeichnet werden. Gefragt ist, wie viele Hölzchen für die einzelnen Muster gebraucht werden.

LS 13 Im Reisebüro

Mathematischer Inhalt: Preisvergleich, Rechnen mit Euro, Grundrechnungsarten, Informationen aus Tabellen entnehmen
Gruppengröße: Kleingruppen
Material: Reiseprospekte

Fordern Sie die Kinder auf, Prospekte von verschiedenen Reiseanbietern mitzubringen. Auch diverse Lebensmittelhändler bieten inzwischen Reisen an. In Kleingruppen können dann verschiedene Aktivitäten durchgeführt werden, die im Klassenverband präsentiert und besprochen werden. Es geht hauptsächlich darum, dass sich die Kinder altersgemäß und dennoch kritisch mit Preisgestaltung, Sonderangeboten, „Verlockungen" der Werbung, ... auseinandersetzen. Diese Entwicklung hin zu mündigen Konsument/innen, die wirtschaftliche Themen kritisch hinterfragen, ist durchaus auch Teil des mathematischen Grundverständnisses. Begleiten Sie die Schüler/innen auch auf diesem Weg.

- Angebotsvergleich: Ein Paar/eine Familie/eine Einzelperson möchte ein paar Tage/eine Woche/zwei Wochen auf Schiurlaub fahren, gewünscht wird eine Pension/ein ***Hotel/ein ****Hotel, dazu Frühstück/Halbpension/Vollpension und Schipass/Thermenpass, ... Welche Angebote können bei den einzelnen Reiseveranstaltern gefunden werden?

- Preisvergleich: Ein Urlaubswunsch wird formuliert, was kostet die Reise bei den einzelnen Anbietern?

- Eine bestimmte Summe steht zur Verfügung, welche Angebote haben die verschiedenen Reisebüros zu diesem Preis?

CD-ROM Übung
Zeig, was du kannst!

In dieser Teststation wird die Addition von Zehner- und Hunderterzahlen sowie das Multiplizieren und Dividieren im Kopf überprüft.

KV 15: Hölzchenmuster

Die Muster wiederholen sich. Finde heraus, wie viele Hölzchen du für 2, 3, 4, 5, 20 und 80 Musterwiederholungen brauchst.

1	2	3	4	5	20	80
3	6	9				

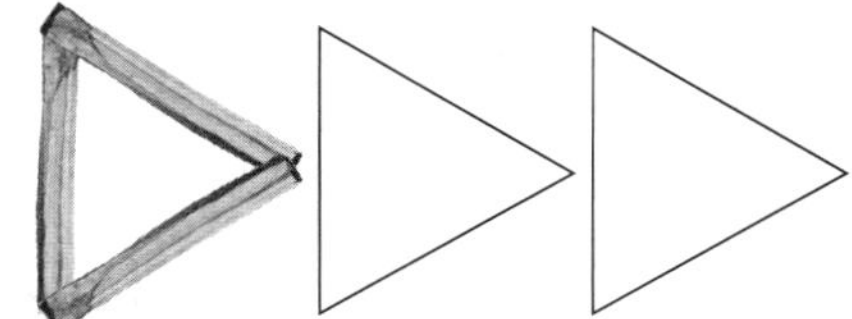

1	2	3	4	5	20	80
4	8					

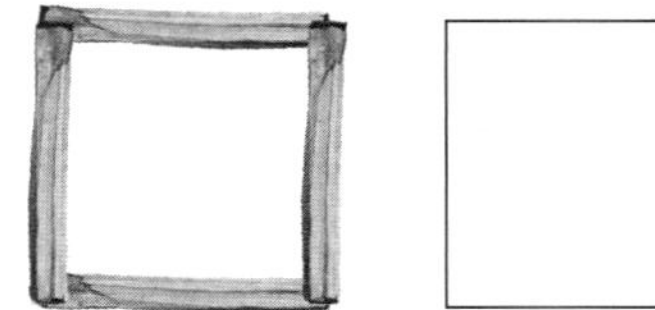

1	2	3	4	5	20	80
4	8					

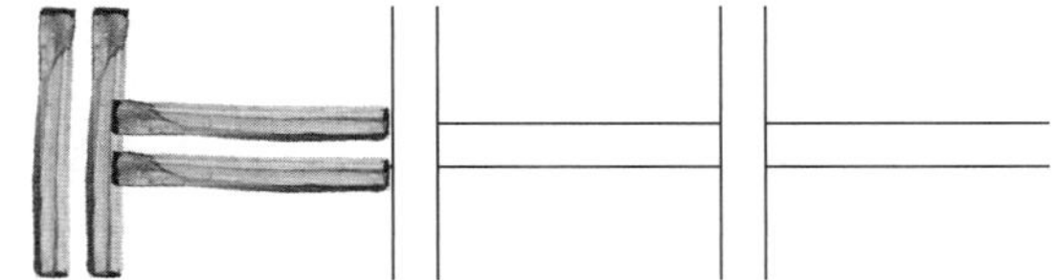

1	2	3	4	5	20	80
6	11					

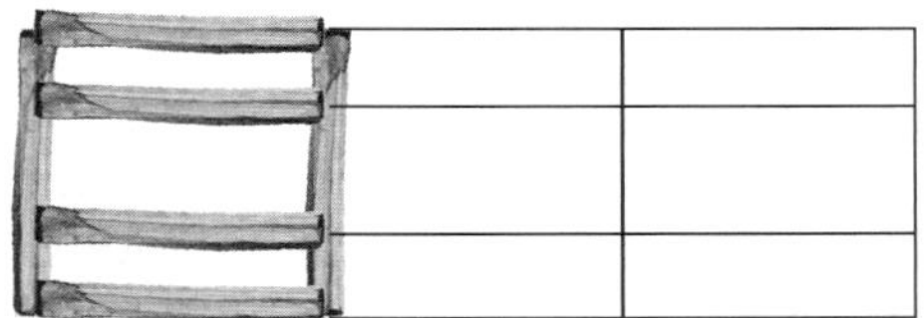

1	2	3	4	5	20	80
3	5					

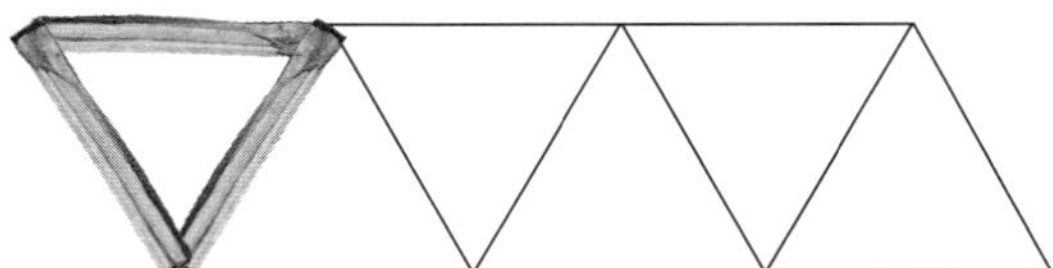

1	2	3	4	5	20	80
4						

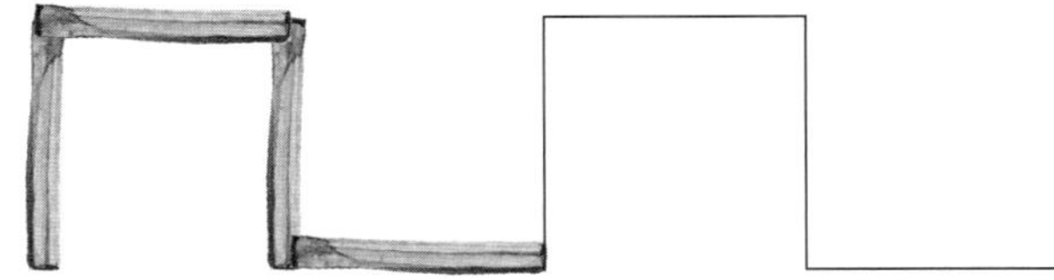

11 Schriftliche Addition

Ziele und Kompetenzen

- Die schriftliche Addition auf der Basis von Handlungen verstehen
- Aufgaben zur schriftlichen Addition (mit und ohne Übertrag) lösen können
- Aufgrund des vorgegebenen Zahlenmaterials entscheiden, ob eine Aufgabe leichter im Kopf, halbschriftlich oder schriftlich gerechnet werden kann
- Überschlagsrechnungen zur Abschätzung von Ergebnissen bzw. als Ergebniskontrolle nutzen können
- Begriffe „Addition", „addieren", „plus" und „Summe" sachgerecht anwenden können
- die schriftliche Addition durch produktive Übungen und Lösen von Sachaufgaben festigen
- Dezimale Geldbeträge addieren können

Didaktische Hinweise

In diesem Kapitel wird die schriftliche Addition eingeführt. Das Nachbauen der im Buch dargestellten „Rechenmaschine" hilft den Kindern handlungsorientiert das Addieren nach Stellenwerten zu verstehen. Innerhalb des Lehrgangs zur schriftlichen Addition gehen wir in drei Schritten vor:

– richtiges Untereinanderschreiben der Summanden
– spaltenweises Rechnen
– Umgang mit Überträgen

EINS PLUS beginnt mit Aufgaben ohne Übertrag.
Gleichzeitig zum Rechnen und Notieren der einzelnen Rechenschritte ist uns wichtig, dass die Kinder das Rechenverfahren verbal begleiten können. Damit die Schülerinnen und Schüler nach Kennenlernen des Algorithmus die schriftlichen Rechenverfahren nicht als alleiniges Lösungsverfahren nutzen, werden ab Beginn der schriftlichen Addition immer wieder Aufgaben eingestreut, bei denen entschieden werden soll, ob sie leichter schriftlich, halbschriftlich oder im Kopf zu lösen sind. Dies schult die Flexibilität im Umgang mit Zahlen.

Materialien

- Schülerbuch S 62–68
- Arbeitsheft S 47–50
- Abenteuergeschichte „Die fast perfekte Rechenmaschine"
- Lernwerkstatt
- CD-ROM Übung „Schriftliche Addition"

Einstieg mit der Abenteuergeschichte

Wenn Sie mit der Abenteuergeschichte einsteigen wollen, lesen Sie die Geschichte selbst vor oder erzählen Sie sie in ihren eigenen Worten:
Meister Arnold, ein Erfinder, präsentierte den Kindern sein Super-Additions-Fass. Die Maschine soll angeblich alle Rechnungen bis 1000 lösen können. Doch leider machte sie viele Fehler. Meister Arnold bekam den königlichen Auftrag, die Maschine zu verbessern.

Klassenaktivität (Vorschlag für den Einstieg)

Bau einer Rechenmaschine
Bauen Sie gemeinsam mit den Kindern die Rechenmaschine Schülerbuch S. 62 nach.
Spielen Sie die Addition einiger Beispiele mit Zahlenkarten durch. Finden sie gemeinsam Beispiele, bei denen die Maschine funktioniert (Aufgaben ohne Übertrag). Fragen Sie die Kinder, was passiert, wenn an der Einerstelle zum Beispiel die Zahlen 8 und 4 addiert werden. Sie können schon hier den Begriff Übertrag besprechen und auch Lösungen dafür finden (weitergeben an die nächsthöhere Stelle).
Am Ende sollte allen Kindern klar sein,

- dass bei der schriftlichen Addition die Zahlen in einzelne Stellenwerte aufgelöst und die jeweiligen Stellenwerte miteinander addiert werden.
- dass diese Methode ganz einfach funktioniert, solange die Summe der jeweiligen Stellenwerte kleiner als 10 ist.

Danach empfehlen wir, diese einfachen Additionen und das neue Rechenformat zu üben.
Erst dann werden Rechnungen mit Übertrag behandelt, bei denen Sie diese Maschine für Demonstrationszwecke wieder einsetzen können.

Tipps zur Erarbeitung im Buch

S 62/1 Möglicher Einstieg mit Abenteuergeschichte, siehe oben. Weiterführung siehe Klassenaktivität.

S 63/1 – 5 Die Einführung der Rechenoperation passiert bewusst ohne Übertrag, damit die Kinder anhand einfacher Aufgaben das stellengerechte Notieren der Summanden untereinander und die spaltenweise Vorgehensweise üben können.

S 63/4 In EINS PLUS Band 3 wird mehrmals der Übungstyp: „Kopfrechnen oder schriftliche Addition?" angeboten. Ziel ist es, dass die Schüler/innen ein gutes Gefühl dafür bekommen, wann es Sinn macht, die Summanden aufzuschreiben, also eine schriftliche Addition durchzuführen, und wann die Rechenoperation schneller im Kopf gelöst werden kann. Dieses Übungsformat sollten Sie im Unterricht durch solches Aufgabenmaterial wie im Buch gezeigt weiter ausbauen. Strategische Werkzeuge können sein:
das geschickte Zerlegen von Zahlen (z.B. … + 198 als … + 200 und dann minus 2), Analogien bilden (z. B. wenn 38 + 15 = 53, dann ist 638 + 15 = 653), die Tauschaufgabe nutzen (83 + 407 =? durch 407 + 83 = 490), Hilfsaufgaben nutzen (500 + 250 = ? durch 50 + 25 = 75) oder Aufgaben geschickt verändern (605 + 176 = ? als 600 + 181=781) usw.
Auf diese Weise ist dieses Aufgabenformat besonders zur inneren Differenzierung geeignet.

S 64/1 Die schriftliche Addition mit Übertrag wird ebenfalls handelnd eingeführt. Zum Addieren nach Stellenwerten kommt an dieser Stelle noch das anschließende Bündeln nach Zehnern. Beide Aktivitäten sind den Schülerinnen und Schülern als Einzelaktivitäten bekannt. Nun werden sie miteinander verknüpft. Dies geschieht bildlich in der Einstiegsaufgabe **S 64**. Für leistungsschwächere Schüler ist das Arbeiten in der Stellentafel und mit Plättchen geeignet. Die Aufgabe wird gelegt, entsprechend der Stellenwerte wird addiert und als letztes werden die einzelnen Stellenwerte „bereinigt", d.h. die Plättchen in den einzelnen Stellenwerten werden in Zehner gebündelt und „der Übertrag" durchgeführt.
Parallel zum Legen mit Plättchen wird die Aufgabe auf der symbolischen Ebene bearbeitet. Dabei ist wichtig, dass alle Rechenschritte von den Kindern in mündlicher Form begleitet und dargestellt werden.

S 65/1 Hier erfolgt der Übertrag am nächst höheren Stellenwert. Methodisch gilt all das, was zum Einstieg zur **S 64** gesagt wurde.

S 67/2 Ein Überschlag als einfache Rechenaufgabe hat die Funktion das Ergebnis einer schwierigen Aufgabe in etwa abzuschätzen oder umgekehrt als Lösungskontrolle einer schriftlich durchgeführten Aufgabe zu dienen. Eine Überschlagsrechnung sollte für einen Schüler so gestaltet sein, dass sie stets im Kopf zu lösen ist. Allen Schülerinnen und Schülern sollte bewusst sein, dass es zu einer schriftlich zu rechnenden Aufgabe nicht nur eine Überschlagsrechnung gibt.
Leistungsstärkeren Schülerinnen und Schülern kann bewusst gemacht werden, dass man durch gegensinniges Verändern der Summanden zu einem genaueren Ergebnis gelangt.
Beispiel: 657 + 265 = ?
Ü1: 700 + 300 = 1000 (ungenauer Überschlag, beide Summanden wurden aufgerundet)
Ü2: 650 + 250 = 900 (genauerer Überschlag, aber schwieriger zu rechnen)
Ü3: 600 + 300 = 900 (genauerer Überschlag durch gegensinniges Verändern der Summanden)

Lernwerkstatt – Lernstation

CD-ROM Übung Schriftliche Addition

Besucherinnen und Besucher strömen ins Kino. Die Anzahl der Gäste in den einzelnen Sälen wird angezeigt. Die Kinder addieren die Zahlen schriftlich.

Schriftliche Addition

Abenteuergeschichte – Die fast perfekte Rechenmaschine S 62/1

Was bisher geschah:

Auf der Reise mit der Eisenbahn stellten die Kinder fest, dass es nur einen einzigen, schon sehr alten Zug gab. Kurz vor Südstadt streikte der Motor und die Freundeschar fuhr mit Schienenfahrrädern weiter. Sie mussten in Südstadt übernachten und suchten dafür günstige Zimmer.

Mathematischer Inhalt:
Schriftliche Addition
➔ Stuhlkreis, ohne Bild beginnen

Die Kinder saßen im Rittersaal und betrachteten die vielen Fotos von der Eisenbahnreise durch das Königreich. Plötzlich hörten sie einen lauten Trompetenruf. „Ihr wisst, was das bedeutet", seufzte Aron. „Dringende Geschäfte, dringende Geschäfte", ... knurrte Philipp. Schon stand Hinzkunz vor ihnen. „Was muss denn nun schon wieder unbedingt ganz dringend und sofort erledigt werden?", fragte Cedric. Hinzkunz berichtete aufgeregt: „Meister Arnold, der Erfinder, möchte eine neue Maschine vorstellen. Er ist schon sehr ungeduldig, wir dürfen ihn nicht länger warten lassen."
Er hatte noch nicht ausgeredet, da erschien ein schwarzer Strubbelkopf in der Tür. „Hallo, hallo, Prinz Cedric und seine Freundinnen und Freunde! Ich habe für euch meine neueste Erfindung mitgebracht, das Super-Additions-Fass." Er schleppte eine große Blechbüchse mit Lampen, Drähten und Kurbeln in den Saal.

➔ BILD Kapitel 11 zeigen
Was siehst du auf dem Bild?
Schau die Zahlen an.
Findest du Rechnungen auf der Maschine?
Sind die Rechnungen richtig?

Meister Arnold verkündete stolz: „Die Maschine kann alle Additionen bis 1 000 rechnen!" Linn meinte: „Ich sehe nur die Zahlen 236 und 712. Und das Ergebnis 948 steht auch schon da." „Das ist natürlich nicht alles", rief Arnold aufgeregt. „Schaut, man kann jede Ziffer einzeln einstellen. Alle Zahlen von 0 bis 999 sind möglich."
Philipp sagte: „Ok, probieren wir einmal eine andere Rechnung, zum Beispiel 224 plus 313." Meister Arnold stellte die Zahlen ein und drehte an der Kurbel. Die Ziffern in der untersten Reihe wurden durcheinandergewirbelt. Schließlich stand ein Ergebnis da.

Welches Ergebnis müsste denn herauskommen? (537)
Rechne die Einer, die Zehner und die Hunderter einzeln.
Schreibe die drei Summen auf.

„Das ist ja ein toller Trick", sagte Philipp, „die Maschine teilt die große, schwierige Rechnung in drei kleine auf. Die sind dann leicht zu berechnen."
Arnold schnaufte aufgeregt: „Leicht zu berechnen sagst du? Man braucht Unmengen Kabel und viele, viele Lampen und Rädchen und man muss ganz fest kurbeln. Das ist nicht leicht, gar nicht leicht!"
„Und die Maschine verrechnet sich nie?", wollte Cedric wissen. Meister Arnold fuhr sich mit seinen Händen in den Strubbelkopf und meinte verzweifelt: „Leider habe ich eine Rechnung gefunden, bei der das Ergebnis nicht stimmt. Sie heißt 500 plus 500. Das Ergebnis müsste 1 000 sein, aber die Maschine zeigt Null Null Null. Das kann nicht stimmen."
„Ich glaube, ich kann helfen", sagte Nora. „Stelle die Rechnung 5 plus 7 ein." Meister Arnold programmierte die Maschine. Nach einiger Zeit leuchtete ein Ergebnis auf: 2.

Warum zeigt die Maschine 2 an und nicht 12?
Versuche zu erklären, wie die Maschine wirklich rechnet.

Arnold seufzte: „Seht ihr? Das stimmt doch nicht. Eigentlich kommen zwei Stellen heraus, aber die Maschine zeigt nur eine Stelle an." Cedric sagte: „Lieber Meister Arnold, bitte nicht traurig sein. Leider macht Ihre Maschine noch ein paar Fehler. Sie müssen noch weiterarbeiten und Ihre Erfindung verbessern."
Doch der Erfinder war gar nicht traurig. Er konnte noch ein paar Tage im Schloss bleiben und an seiner Maschine arbeiten. Meister Arnold schleppte also sein Additions-Fass aus dem Zimmer und murmelte lächelnd: „Ich habe wieder einen Auftrag! Einen königlichen Auftrag!"

Ziele und Kompetenzen

- räumliche Beziehungen erkennen (Anordnungen, Perspektiven)
- Erfahrungen mit Würfelbauten und -netzen
- Namen und Eigenschaften geometrischer Körper kennen
- Erfahrungen mit Quadern und Quadernetze

Didaktische Hinweise

Auch dieses Thema ist besonders für handelnde Erarbeitung geeignet. Stellen Sie in der Klasse einfache „Gebäude", eine Gruppe von Dingen oder ein Gebäude aus Würfeln zusammen. Stellen Sie Kinder um das „Gebäude" herum auf und lassen Sie die Kinder beschreiben wie sie das „Gebäude" sehen. Anschließend kann ein Schüler „aus dem Publikum" beschreiben, wie die Kinder rechts, links, vor oder hinter dem Gebäude (auch die Draufsicht ist möglich) das „Gebäude" sehen müssten. Die Korrektur erfolgt durch die Schülerinnen und Schüler, die direkt um das „Gebäude" herum positioniert sind.
Anschließend folgt das Zeichnen in der perspektivischen Ansicht.
Das handelnde Erarbeiten von Lerninhalten ist für Kinder mit schwachen Deutschkenntnissen besonders geeignet, um ihre Denkweisen und ihr Lernen zeigen zu können.

Bei der Einführung der Würfelnetze sollten Sie auf eine möglichst praktische Herangehensweise achten. Die Übungen bei S 71 eignen sich sehr gut zum Nachbauen. Auf dieser Entwicklungsstufe ist eine rein vorstellungsmäßige Zuordnung von ebenen Figuren und Raumkörpern kaum zu leisten. Auch die Übungen zum Bauen von räumlichen Gebilden aus Würfeln, S 70 , sollen praktisch durchgeführt werden.

Materialien

- Knobelplakat 7: „Trara, die Post ist da!"
- Schülerbuch S 69–74
- Arbeitsheft S 51–54
- Kopiervorlage 16 Begriffe für das Protokoll zum Knobelplakat 7
  Kopiervorlage 17 Würfel
  Kopiervorlage 18 Würfelskulpturen
- Abenteuergeschichte „Ausstellung im Schlossgarten"
- Lernwerkstatt
  LS 14 Ausstellung: Würfel und Co
  LS 15 Würfelskulpturen
- CD-ROM Übung „Geometrische Körper"

Knobelplakat 7
Trara, die Post ist da!

Aufgabenstellung

Ein Paket mit der Aufschrift „VORSICHT GLAS" steht neben dem Briefträger. Er soll ein weiteres Paket falten. Welche Vorlage muss er verwenden?

Auflösung

Die Vorlage in der Mitte passt.

Was tun, wenn …

… kein Kind eine richtige Lösung gefunden hat?
Schlagen Sie vor, dass die Kinder die einzelnen Faltvorlagen abzeichnen, ausschneiden und falten. Die richtige Lösung zeigt sich dann ganz von selbst. Mögliche Hinweise: „Schau die Pfeile an!", „Wie müssen das Schild und die Schrift angeordnet sein?"

Mögliche Weiterführung

Lassen Sie die Kinder Verpackungsschachteln, z.B. von Parfums, Cremeproben, Klebstoffschachteln, … zerschneiden, sodass ein Netz entsteht. Netze und Objekte laden zu weiteren Experimenten ein.

Begriffe für das Protokoll

Fläche, Ebene, Rechteck, Körper, Quader, Netz, Würfelnetz, Quadernetz, Vorlage, Schachtel, Paket, schmale Seite, breite Seite, falten, drehen, nachzeichnen, ausschneiden, Aufschrift, Pfeil, Schild, rechts, links, in der Mitte, oben, unten, gegenüber, nebeneinander, untereinander

Geometrische Körper

Leonardos Protokoll
Ich habe die linke Vorlage abgezeichnet und ausgeschnitten. Beim Zusammenbauen habe ich gemerkt, dass sie nicht passt. Dann habe ich die anderen beiden Vorlagen angeschaut und entdeckt, dass die ganz rechts nicht passt, weil die Pfeile nicht stimmen. Darum muss die Vorlage in der Mitte die richtige sein.

Einstieg mit der Abenteuergeschichte

Wenn Sie mit der Abenteuergeschichte einsteigen wollen, lesen Sie die Geschichte selbst vor oder erzählen Sie sie in ihren eigenen Worten:
Der berühmte Bildhauer Fritz Würfel stellte seine Kunstwerke im Schlossgarten aus. Alle Bauwerke waren aus Stein. Sie sahen von vorne, von hinten, von rechts und links und auch von oben völlig anders aus. Die Kinder zeichneten ein besonderes Kunstwerk von allen Seiten.

Klassenaktivität (Vorschlag für den Einstieg)

Würfel bauen
Sie können die Kopiervorlage KV 17 verwenden, um Würfel mit 4 cm Kantenlänge zu bauen. Diese Würfel können in weitere Folge für die Übungen im Buch S 69/2–4 aber auch zum größeren Nachbauen der Bauten auf S 70 verwendet werden.

Tipps zur Erarbeitung im Buch

S 69/1 Möglicher Einstieg mit Abenteuergeschichte, siehe oben.

S 69/2 – 4 Nachbauen der Figuren mit echten Würfeln (siehe auch Klassenaktivität) empfohlen.

S 70/1 – 2 Weitere Baupläne finden sie auf der Kopiervorlage KV 18.

S 71/1 Die Art einen Würfel zu bauen macht die einfache Struktur des Würfelnetzes sehr gut verständlich, da hier keine Klebelaschen auftreten.

S 71/2 Die Kinder können mit den Quadraten aus S 71/1 auch diese Netze nachbauen und probieren, ob sie sich zu einem Würfel falten lassen.
Das Würfelnetz in Aufgabe f) stellt eine höhere Niveaustufe dar.

S 74/1 Eine gute Weiterführung ist es, Verpackungen in die Schule mitzubringen, die vorsichtig aufgetrennt werden können.

S 74/3 Die Aufgabe stellt eine Aufgabe mit erhöhtem Schwierigkeitsgrad zur Kopfgeometrie dar. Die Übung kann auch an einem realen Quadernetz und in Partnerarbeit durchgeführt werden.

Lernwerkstatt – Lernstation

LS 14 Ausstellung: Würfel und Co

Mathematischer Inhalt: geometrische Körper
Gruppengröße: alle Kinder der Klasse
Material: Alltagsgegenstände

Bringen Sie verschiedene Alltagsgegenstände mit, bzw. lassen Sie die Kinder im Laufe der Arbeit an diesem Kapitel möglichst originelle Gegenstände sammeln, die eine spezielle Form (Quader, Würfel, Kugel, Zylinder, Kegel, Pyramide) haben. Diese werden dann in einer Ausstellung „Würfel und Co" präsentiert. In Kleingruppen oder im Klassenverband können mit diesen Gegenständen dann verschiedene Aktivitäten durchgeführt werden. Achten Sie darauf, dass immer wieder die korrekten Bezeichnungen für die geometrischen Körper verwendet und somit geübt werden.

- Alle Dinge werden den entsprechenden Namen bzw. Körpersymbolen zugeordnet, z.B. alle würfelförmigen Objekte kommen zum Würfelsymbol.

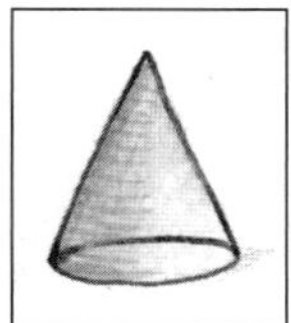

Kegel

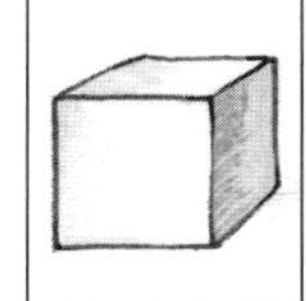

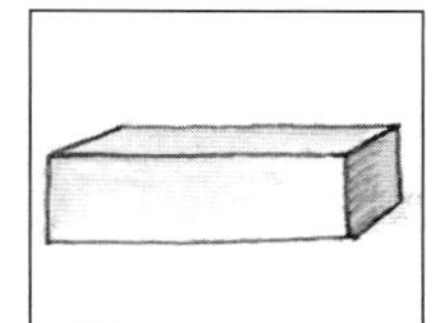

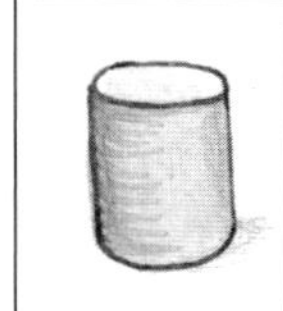

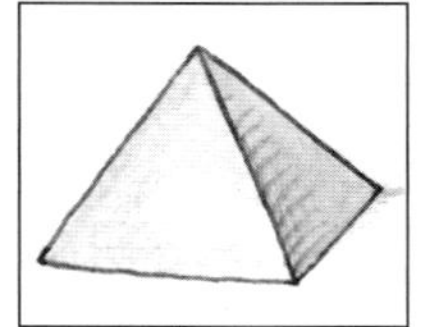

- Eine Auswahl der Objekte wird präsentiert, die Kinder prägen sich die Gegenstände ein, dann schließen die Kinder die Augen. Ein Ding wird weggenommen, die Kinder öffnen die Augen und versuchen herauszufinden, welcher Gegenstand fehlt. Antwort z.B. „Der kleine, blaue Quader."
- Rätselspiel: Ein Gegenstand wird mit mathematischen Begriffen beschrieben und soll gefunden werden, z.B. „Ich kann rollen, ich kann auf einem Kreis stehen, ich habe eine Spitze, ich bin rot." Mögliche Antwort: „Räucherkegel".
- Ein Blankowürfel wird mit Symbolen für geometrische Körper beschriftet oder beklebt. Reihum wird gewürfelt und die einzelnen Kinder müssen einen Gegenstand finden, der dem gewürfelten Symbol entspricht.
- Die Gegenstände werden nach folgenden Merkmalen gruppiert:

ich kann rollen | ich kann kippen

ich kann rollen und kippen

ich habe acht Ecken | ich habe eine Spitze

ich habe keine Ecken | ich habe eine Kante

ich habe zwei Kanten | ich habe zwölf Kanten

LS 15 Würfelskulpturen

Mathematischer Inhalt: Objekte aus Würfel
Gruppengröße: Einzelarbeit
Material: KV 18, ev. kleine Würfel

Auf der Kopiervorlage 18 finden Sie weitere Objekte, die aus gleich großen Würfeln gebaut worden sind. Wenn in der Klasse eine größere Anzahl Würfel zur Verfügung steht, dann sollen die Kinder die Skulpturen auch nachbauen. Umgekehrt können auch für einzelne Bauwerke Baupläne erstellt werden. In jedem Fall ist bei den einzelnen Objekten die Anzahl der benötigten Würfel festzustellen.

Weiterführung: Der Bauplan wird studiert. Dann soll herausgefunden werden, wie viele Würfel ergänzt, d.h. dazugelegt werden müssen, damit das ganze Objekt zu einem Würfel oder Quader wird. Auch hier empfiehlt sich das konkrete Handeln mit realen Würfeln.

CD-ROM Übung Geometrische Körper

Ein Block muss so gekippt werden, dass er genau auf den Holzplatten liegt. Nur dann hebt ihn der Lift in den nächsten Stock. Wenn der Block zur Gänze auf morschen Brettern liegt, fällt er wieder ein Stockwerk tiefer.

Geometrische Körper

Abenteuergeschichte – Ausstellung im Schlossgarten **S 69/1**

Was bisher geschah:
Meister Arnold, ein Erfinder, präsentierte den Kindern sein Super-Additions-Fass. Die Maschine soll angeblich alle Rechnungen bis 1000 lösen können. Doch leider machte sie viele Fehler. Meister Arnold bekam den königlichen Auftrag, die Maschine zu verbessern.

Mathematischer Inhalt:
Geometrische Körper, Ansichten
→ Stuhlkreis, ohne Bild beginnen

„Endlich ist was los im Schloss", verkündete Linn und zeigte den Kindern ein Plakat. „Das ist eine Einladung zur Ausstellungseröffnung. Der berühmte Bildhauer Fritz Würfel stellt seine Werke im Schlossgarten aus." Cedric und die Freundeschar waren sofort interessiert. „Da müssen wir unbedingt hin", sagte Cedric begeistert. „Doch seltsam, dass Hinzkunz noch kein Wort davon gesagt hat …"
Also nahm Cedric die Trompete und blies kräftig hinein. „Königlicher Ruf, driiiii …" Blitzschnell stand Hinzkunz vor ihnen und schimpfte verärgert: „Das ist meine Trompete und meine Aufgabe." Er schnappte sich die Trompete und wollte gleich wieder weg.
„Moment, Moment", sagte Cedric, „wir haben erfahren, dass es im Schlossgarten eine Ausstellung gibt, sie wird schon heute eröffnet. Warum wissen wir nichts davon?" Hinzkunz blieb stehen und erwiderte kleinlaut: „Hm, … ja, … also … ich dachte, dass die Werke von Fritz Würfel nicht so wichtig sind. Steinplatten, Steinwürfel, Steinquader, Steinpyramiden, Steinkegel. Das kann doch jeder zusammenstellen."
Linn war ganz aufgeregt: „Fritz Würfel ist doch der berühmteste Bildhauer des ganzen Landes. Es ist eine große Ehre, dass er bei uns im Schlossgarten ausstellt. Da kommen bestimmt viele Besucherinnen und Besucher, auch aus dem Ausland." Cedric stimmte ihr zu. „Wir gehen auf jeden Fall zur Eröffnung. Diese Kunstwerke müssen wir sehen."
Im Schlossgarten waren schon viele Bauwerke aufgebaut. Wie Hinzkunz gesagt hatte, bestanden sie aus einfachen Formen. Alle waren aus Stein. „Ich finde, die schauen großartig aus", sagte Philipp. Aron meinte: „Besonders schön ist, dass man sie von allen Seiten betrachten kann. Manche schauen von vorn ganz anders aus als von hinten." Nora schlug vor: „Zeichnen wir das Kunstwerk hier von allen vier Seiten. Sie stellte sich vor das Bauwerk, Linn, Aron und Philipp gingen zu den anderen Seiten, Cedric schaute ihnen zu.

→ BILD Kapitel 12 zeigen
Wer hat welches Bild gezeichnet?
Nora sieht ungefähr das, was auch du siehst.
Philipp steht hinter dem Kunstwerk. Stell dir vor, was Philipp sieht.
Was sieht Linn, was sieht Aron?

Bald schon waren die Zeichnungen fertig und die Kinder verglichen ihre Bilder. Cedric meinte: „Die Zeichnungen sind ja ganz verschieden. Man könnte meinen, sie zeigen alle ein anderes Kunstwerk." Aron lachte: „Ja, stimmt, doch wenn man alle vier Zeichnungen hat, kann man das Kunstwerk ganz genau nachbauen."

Hat Aron recht?
Könntest du das Kunstwerk mit diesen vier Zeichnungen nachbauen?

Nora startete ihren Flugrucksack: „Ich fliege über das Bauwerk und mache auch noch eine Zeichnung von oben."

Wie sieht Noras Zeichnung aus?
Kannst du sie beschreiben oder selbst zeichnen?

Nora war schnell wieder zurück. Alle Kinder zeigten ihre Zeichnungen und verglichen die Ergebnisse.
Nach einer Weile ertönte Musik, die Tore wurden geöffnet und viele, viele Menschen kamen in den Schlosspark. Die Ausstellung wurde feierlich eröffnet und die Gäste bestaunten die Kunstwerke.

KV 16: Begriffe für das Protokoll zum Knobelplakat 7

Pfeil
Würfelnetz
gegenüber
drehen
unten
ausschneiden
Paket
Netz
Vorlage
Fläche
falten
Quader
oben
untereinander
links
Ebene
schmale Seite
Schild
Körper
Rechteck
Schachtel
breite Seite
Quadernetz
nachzeichnen
rechts
Aufschrift
in der Mitte
nebeneinander

KV 17: Würfel

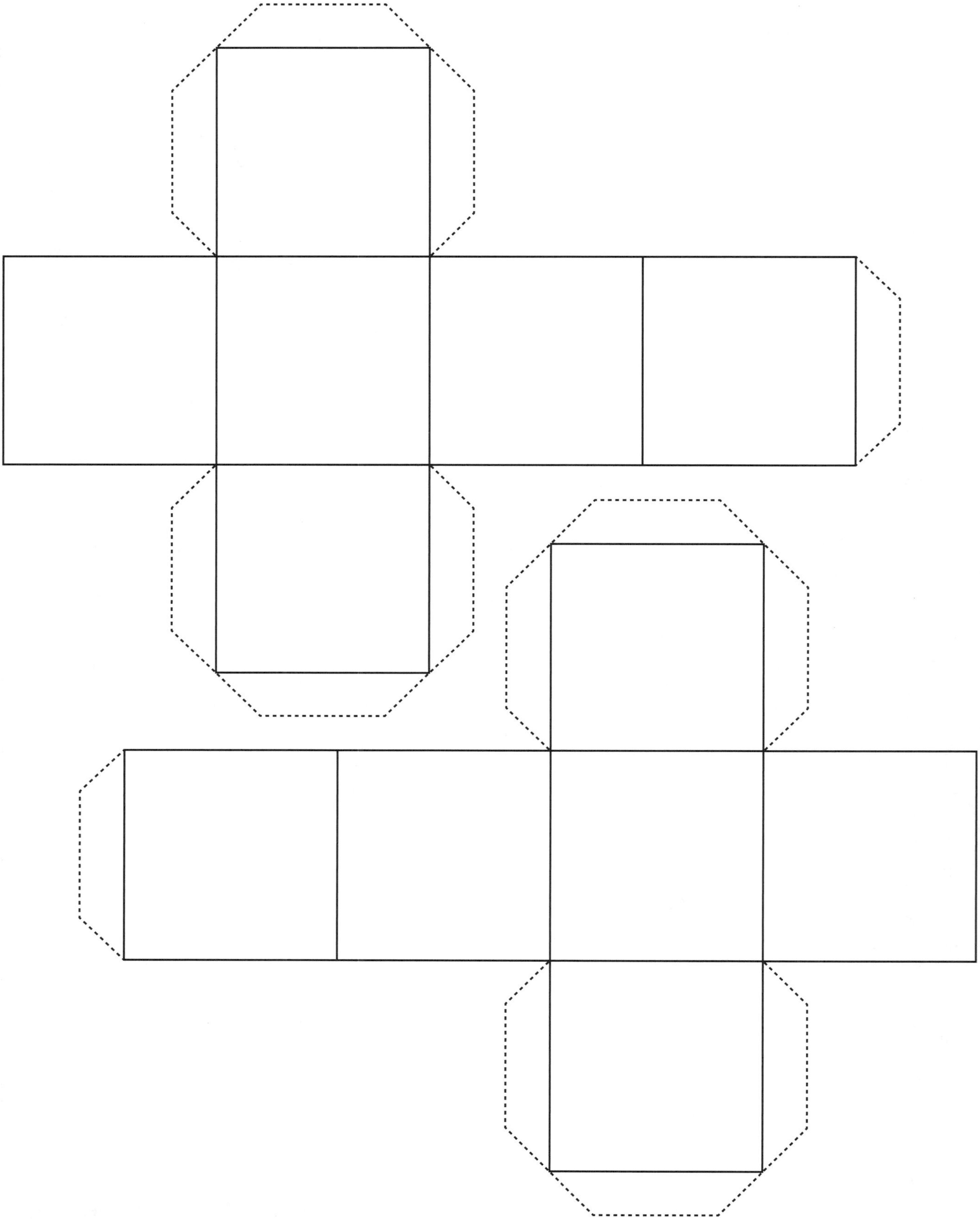

KV 18: Würfelskulpturen

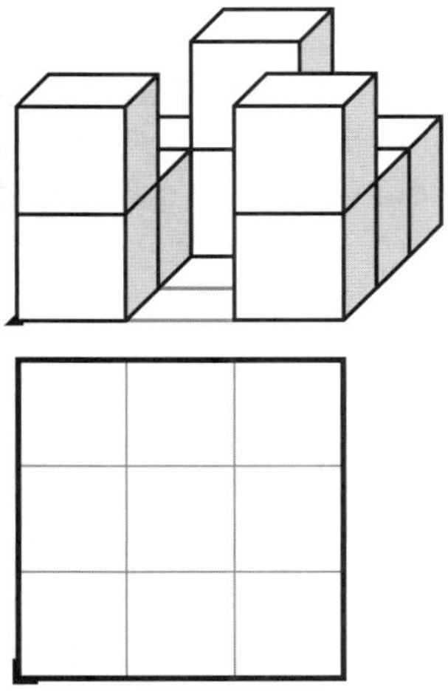

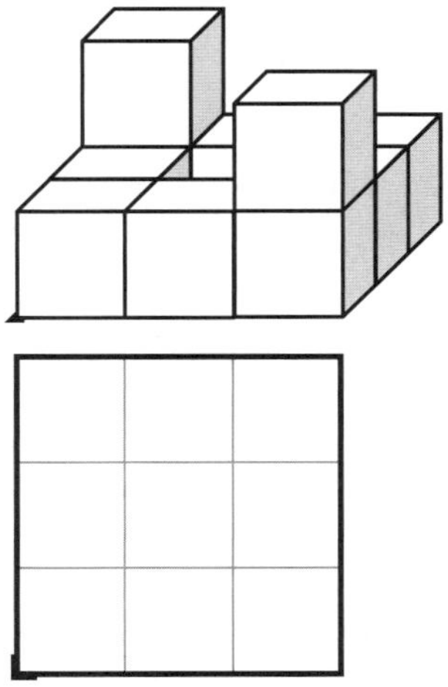

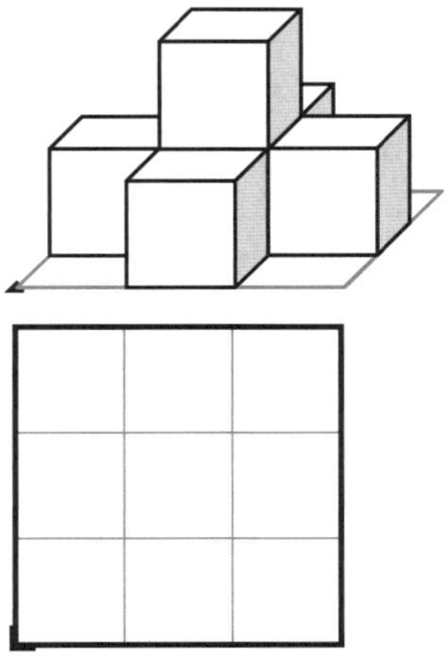

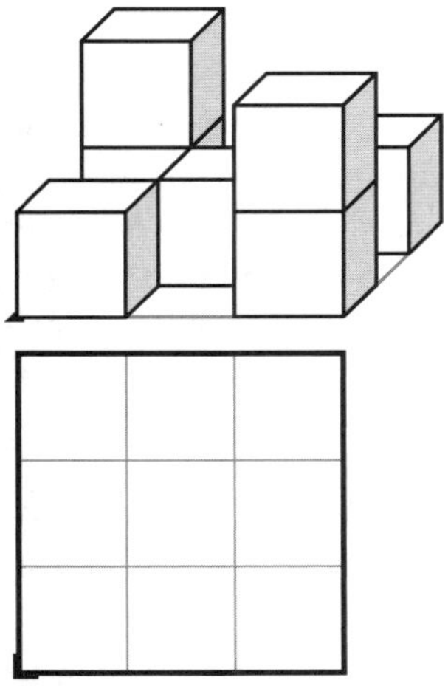

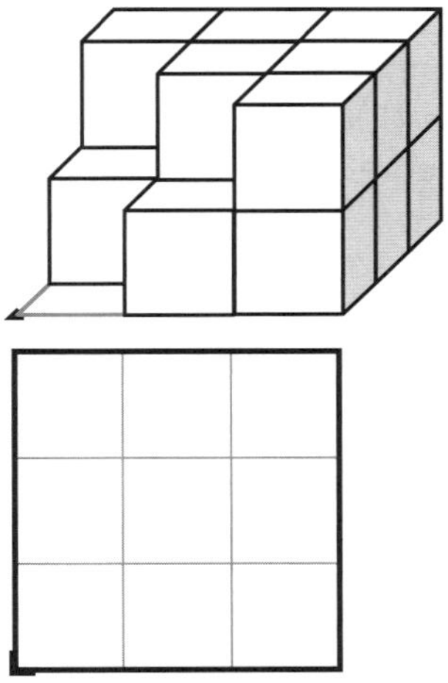

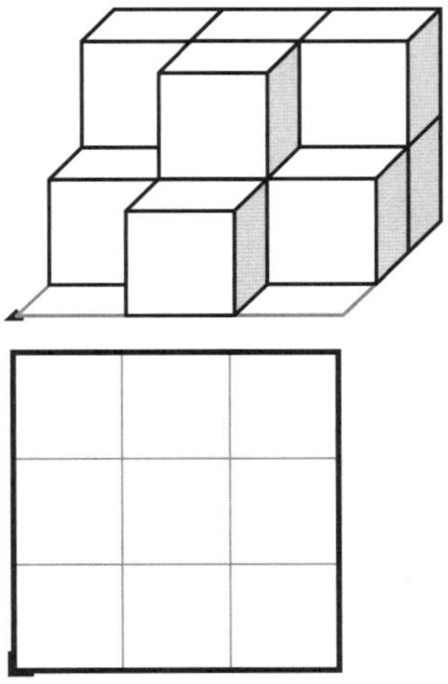

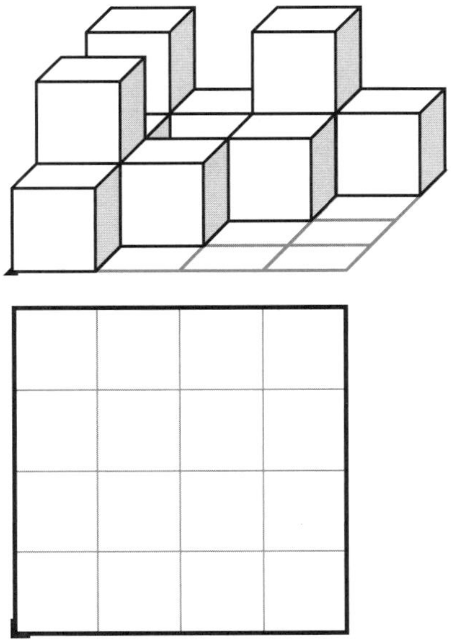

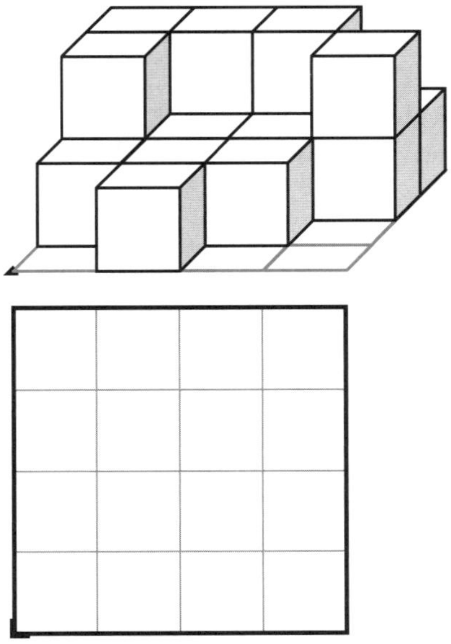

Ziele und Kompetenzen

- Vorstellungen zu Größen entwickeln und vertiefen, genormte Einheiten, hier Gewichte, kennenlernen
- Grundvorgang des Messens beherrschen
- mit Größen rechnen
- aus Sachsituationen Informationen entnehmen und Lösungswege finden

Didaktische Hinweise

Gewichtsmaße kommen in der Erlebniswelt der Kinder eher selten vor. Manche Kinder kennen das eigene Körpergewicht in Kilogramm, die Einheit Gramm ist ihnen möglicherweise vom Einkaufen her bekannt. Die Aktivität „Kleiderbügelwaage" ist sehr gut geeignet, um Vorstellungen zu Gewichten über die Relationen „schwerer als", „leichter als", „gleich schwer" durch konkretes Vergleichen von Gegenständen zu entwickeln. Auch das Herstellen von Gleichgewicht mit Gewichtsstücken auf der Balkenwaage ist eine Übung, die das Wägeprinzip für Kinder schnell begreifbar macht.

Materialien

- Knobelplakat 8: „Ho ruck! – Gewichtheber"
- Schülerbuch S 75–78
- Arbeitsheft S 55–56
- Kopiervorlage 19 Begriffe für das Protokoll zum Knobelplakat 8
- Abenteuergeschichte „Ich habe sicher den schwersten Rucksack!"
- Lernwerkstatt
  LS 16 Die Murmelwaage
  LS 17 Gewichte schätzen
- CD-ROM Übung „Gewicht"

Knobelplakat 8
Ho ruck! – Gewichtheber

Aufgabenstellung

Die Trolle üben für den Wettkampf im Gewichtheben. Sie präsentieren ihre Hanteln. Die Stange alleine wiegt 5 kg. Wie schwer sind die blaue, die grüne und die gelbe Scheibe?

Auflösung

Die mathematische Lösung lautet:
blaue Scheibe 20 kg, grüne Scheibe 30 kg, gelbe Scheibe 60 kg
Begründung: Von jeder Hantel müssen 5 kg abgezogen werden, um das Gewicht der Scheiben zu erhalten. Die blaue Scheibe wiegt somit 20 kg (45 kg–5 kg = 40 kg, 40 kg:2=20 kg). Von dieser Scheibe ausgehend kann das Gewicht der anderen errechnet werden.

Was tun, wenn …

… kein Kind eine richtige Lösung gefunden hat?
Fragen Sie die Kinder, mit welchem Troll sie am besten anfangen können. Vielleicht finden sie heraus, dass ein Troll nur zwei gleiche Scheiben auf der Stange hat. „Findest du heraus, wie schwer diese Scheiben sind?" Geben Sie den Kindern den Tipp, auch an das Gewicht der Stange zu denken. Erst dann skizzieren Sie einen möglichen Lösungsweg.

Die einfachste Form ist, Zahlen zu raten und auszurechnen, wie schwer die Hantel dann sein müsste, z.B. Annahme: blaue Scheibe 15 kg, zwei Scheiben wiegen dann 30 kg, Stange 5 kg. Erkenntnis: das ist zu wenig. Leiten Sie die Kinder zu systematischem Probieren an. Sie können für die übersichtliche Darstellung der Annahmen z.B. eine Tabelle anlegen.

blaue Scheibe	Hantel
15 kg	35 kg
16 kg	37 kg
…	

… falsche Lösungen auftauchen?
Bitten Sie die Kinder, ihren Vorschlag durchzurechnen. Kommen für alle Hanteln die richtigen Ergebnisse heraus?

Mögliche Weiterführung
Die Kinder können sich selbst Gewichte für Scheiben ausdenken, die Gesamtgewichte für die Hanteln ausrechnen und anderen Kindern die Aufgaben zum Lösen geben.

Begriffe für das Protokoll
Troll, Bart, Elefant, Stirnband, Hantel, blaue Scheibe, gelbe Scheibe, grüne Scheibe, Stange, Gewicht, kg, schwer, wiegen, heben, stemmen, wegnehmen, abziehen, ausprobieren, Tabelle schreiben, ausrechnen, halbieren, durch zwei teilen

Leonardos Protokoll
Der Troll mit dem Bart hat nur zwei Scheiben auf der Stange.
Er hebt 45 kg. 5 kg wiegt die Stange. 40 kg sind für die zwei blauen Scheiben. Eine Scheibe hat dann 20 kg.
Der Troll mit der Nummer 1 stemmt 165 kg. 5 kg für die Stange und 40 kg für die zwei blauen Scheiben kommen weg. Es bleiben 120 kg. Eine gelbe Scheibe hat dann 60 kg.
Der Troll mit dem Stern stemmt 105 kg. 5 kg für die Stange und 40 kg für die zwei blauen Scheiben kommen weg. Es bleiben 60 kg. Eine grüne Scheibe hat 30 kg.

Einstieg mit der Abenteuergeschichte

Wenn Sie mit der Abenteuergeschichte einsteigen wollen, lesen Sie die Geschichte selbst vor oder erzählen Sie sie in ihren eigenen Worten:
Die Kinder wollten den höchsten Berg des Landes besteigen. Für die Wanderung mussten sie viel Gepäck mitnehmen. Jedes Kind war der Meinung, dass es selbst den schwersten Rucksack hatte. Sie stellten eine einfache Waage her und bestimmten so den schwersten Rucksack, er gehörte Aron.

Klassenaktivität (Vorschlag für den Einstieg)

Kleiderbügelwaage

Eine einfache Variante einer Balkenwaage kann aus einem Kleiderbügel hergestellt werden. Der Bügel wird entweder in der Hand gehalten oder an einen Nagel gehängt. An den Enden des Kleiderbügels sind zwei Wäscheklammern befestigt, um daran Dinge oder Säckchen für kleine Gegenstände festzumachen. Bild: Schülerbuch Seite 75/3.

Problemstellung: Wer hat den schwersten Hausschuh?
Variante 1:
Befestigen Sie auf jeder Seite der Kleiderbügelwaage jeweils einen Hausschuh. Der schwerere bleibt, der leichtere „scheidet aus". Auf diese Weise kommen alle Kinder zur Waage und der schwerste Hausschuh wird ermittelt. Diese Übung kann auch in Kleingruppen durchgeführt werden. Die Kinder sortieren alle Hausschuhe ihrer Mitschüler/innen nach dem Gewicht. Die Balkenwaage dient zur Unterstützung.

Variante 2: Balkendiagramm
Alle Hausschuhe können „abgewogen" werden, indem man ihr Gewicht mit Murmeln aufwiegt. Dazu braucht man eine Schalenwaage. Die Ergebnisse können in einem Säulendiagramm festgehalten werden. Jenes zeigt dann die „Gewichtsverteilung unserer Patschen".

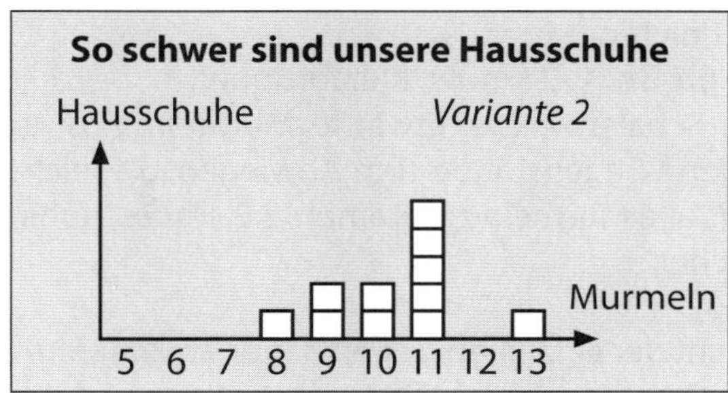

Variante 3: Wippschaukel im Freien oder im Turnsaal
Wenn es in der Nähe Ihrer Schule in einem Park, auf dem Schulhof,... eine Wippschaukel gibt, dann können Sie damit auch schwerere Dinge vergleichend abwiegen: Schultaschen, einzelne Kinder,... Sie können auch im Turnsaal mit Langbänken eine Art Schaukel herstellen und diese als Waage verwenden.

Tipps zur Erarbeitung im Buch

S 75/1 Möglicher Einstieg mit Abenteuergeschichte, siehe oben.

S 75/3 siehe Klassenaktivität, oben.

S 76/1 Bestes lebenspraktisches Beispiel für die Anwendung des Wägens ist das Backen. Wenn Sie in Ihrer Schule die Möglichkeit dazu haben, dann stellen Sie mit den Kindern einfache Kuchen, Kekse, ... her. Das Ausstechen und Verzieren macht bestimmt großen Spaß. Bitten Sie backfreudige Eltern um Unterstützung und genießen Sie gemeinsam die Köstlichkeiten.

S 77/1 Das Gewinnen von Repräsentanten zu vorgegebenen Gewichtsabgaben bis 1 kg ist eine wichtige Übung, um die Vorstellung zu Gewichten zu vertiefen.

S 78/2 Die Aufgabe stellt den gleichen Aspekt wie **S 77/1** in den Fokus, jetzt zu Gewichtsangaben zwischen 1 kg und 1000 kg (1 t).

Lernwerkstatt – Lernstation

LS 16 Die Murmelwaage

Mathematischer Inhalt: Wägeversuche, Gewichtsangaben definieren
Gruppengröße: 1–2 Kinder, Kleingruppen
Material: Schalenwaage, etwa 30 Murmeln, Post-it, verschiedene Gegenstände zum Abwiegen, die leichter sind als alle Murmeln zusammen, z.B. Hausschuhe, Hefte, Bücher,...

Das Gewicht der einzelnen Gegenstände soll mit Murmeln angegeben werden. Die Dinge werden auf der Schalenwaage gewogen. Die Anzahl der Murmeln, die gleich schwer wie der Gegenstand sind, wird auf ein Post-it geschrieben und auf dem Ding befestigt. Die Kinder können auch Schätzungen abgeben, bzw. eine Reihung vom schwersten bis zum leichtesten Gegenstand vornehmen.

Variante: „Finde Dinge, die genauso schwer sind wie 7,... 11,... 20 Murmeln."

LS 17 Gewichte schätzen

Mathematischer Inhalt: Arbeit mit Größen, kg und dag
Gruppengröße: 2 bis 6 Kinder
Material: Waage, blickdichter Sack, Murmeln

Der Sack wird mit Murmeln gefüllt. Die Kinder nehmen ihn in die Hand und dürfen schätzen, wie schwer er ist. Dann wird der Sack abgewogen. Das Kind, das am besten geschätzt hat, darf den Sack neu füllen.

CD-ROM Übung Gewicht

Auf der linken Waagschale einer Balkenwaage liegt ein Sack, sein Gesamtgewicht ist bekannt. Verschiedene Gewichtsstücke sollen geschickt kombiniert und auf die rechte Waagschale gelegt werden, bis die Waage im Gleichgewicht ist.

Abenteuergeschichte – Ich habe sicher den schwersten Rucksack! S 75/1

Was bisher geschah:
Der berühmte Bildhauer Fritz Würfel stellte seine Kunstwerke im Schlossgarten aus. Alle Bauwerke waren aus Stein. Sie sahen von vorne, von hinten, von rechts und links und auch von oben völlig anders aus. Die Kinder zeichneten ein besonderes Kunstwerk von allen Seiten.

Mathematischer Inhalt:
Gewicht, Balkenwaage
➔ Stuhlkreis, ohne Bild beginnen

Eines Tages verkündete Aron: „Ich möchte den höchsten Berg des Landes besteigen!" Rasch holte Cedric eine Landkarte des Königreichs: „Der höchste Berg ist ein Vulkan. Ich weiß nicht, ob man den besteigen kann." Hinzkunz meldete sich zu Wort: „Der Vulkan ist schon lange nicht mehr ausgebrochen. Es gibt dort nur noch warme Quellen und Springbrunnen. Der Aufstieg ist nicht gefährlich, aber sehr lang und sehr anstrengend." Aron freute sich: „Packen wir unsere Rucksäcke und machen wir uns auf den Weg!"
Nora machte die Kinder auf etwas Wichtiges aufmerksam: „Es gibt dort nur Schwefelquellen. Das Trinkwasser müssen wir mitnehmen." Cedric nickte: „Ja, und außerdem sind wir mehrere Tage unterwegs. Wir brauchen auch Zelte und Schlafsäcke." Aron sorgte sich um das Essen: „Wir brauchen auf jeden Fall genügend Proviant für zwei Tage. Besser für drei oder vier. Was ist, wenn wir uns verirren?"
Die Rucksäcke der Kinder wurden immer voller und schwerer. Nachdem alles gepackt war, gingen sie zum Bahnhof und fuhren bis zur Station Berg. Dort begann der Aufstieg. Der Weg führte zunächst über Straßen, dann über immer steilere Wege und Wiesen. Nach zwei Stunden machten sie die erste Rast. Alle waren verschwitzt und müde.
„Ich wette, ich habe den schwersten Rucksack von uns allen", sagte Philipp. „Nein", entgegnete Aron, „den schwersten habe ich." Alle Kinder waren sicher, dass sie selber den schwersten Rucksack hätten. Aron sagte: „Nun gut, dann will ich es genau wissen." Er legte ein Brett über einen Stein. „Hier haben wir eine Waage. Damit können wir das Gewicht unserer Rucksäcke vergleichen."

➔ BILD Kapitel 13 zeigen
Die Kinder haben fünf Rucksäcke.
Wie können sie mit der Balkenwaage herausfinden, welcher Rucksack am schwersten ist?
Wie oft müssen sie dabei wiegen?
Beschreibe deine Vorgangsweise.

Philipp hatte eine Idee. „Am schnellsten geht es, wenn immer der schwerste Rucksack auf der Waage bleibt. Dann müssen wir nur viermal wiegen", schlug er vor. Rasch fanden die Kinder heraus, dass Aron tatsächlich den schwersten Rucksack hatte.
„Das macht mir nichts", sagte Aron. „Ich esse dafür am meisten Brotzeit. So wird mein Rucksack immer leichter!" Linn lachte: „Dein Rucksack wird wohl leichter, aber du trägst das Gewicht dann im Bauch mit. Ob das besser ist?" Liebevoll klopfte sie Aron auf sein Bäuchlein.
„Die Pause ist aus", verkündete Cedric, „wir gehen weiter." Vor dem Aufbruch sagte Nora: „Das größte Gewicht trage ich. Ich habe ja auch noch meinen Flugrucksack dabei!" Cedric lachte: „Ja, aber dafür kannst du uns allen vorausfliegen!" „Stimmt", lächelte Nora, schaltete den Flugrucksack ein und hopste in großen Sprüngen den Hang hinauf.

KV 19: Begriffe für das Protokoll zum Knobelplakat 8

halbieren stemmen Gewicht

blaue Scheibe schreiben

heben abziehen Troll

Stange Stirnband Bart

ausrechnen Hantel Elefant

kg

wegnehmen Tabelle

durch zwei teilen

schwer wiegen

grüne Scheibe ausprobieren gelbe Scheibe

Ziele und Kompetenzen

- schriftliche Subtraktion ohne und mit Unterschreitung durchführen
- Lösungen bei der Subtraktion und Addition mit Hilfe einer Probe überprüfen
- Begriffe „Subtraktion", „subtrahieren", „minus" und „Differenz" sachgerecht anwenden

Didaktische Hinweise

Schwerpunkt des Kapitels ist die schriftliche Subtraktion. EINS PLUS arbeitet in diesem Kapitel mit dem Ergänzungsverfahren, bei dem „oben und unten" dazugegeben wird. Wenn Sie lieber das Abziehverfahren (Entbündelungsverfahren) einsetzen möchten („Ich tausche einen Zehner …"), finden Sie im Anhang die entsprechenden Erklärungen und Aufgaben dazu auf den Seiten 115 – 117. Wichtig ist – ebenso wie bei der schriftlichen Addition auch - dass Sie die Kinder die einzelnen Rechenschritte mitsprechen lassen. Dies unterstützt den Prozess der Automatisierung und zeigt Ihnen inwieweit die Kinder das Rechnen nach Stellenwerten verstanden haben. Vertiefende Informationen zu den Vor- und Nachteilen der verschiedenen Subtraktionsverfahren finden Sie in der Literatur. U.a. bei Friedhelm Padberg/Christiane Benz in Didaktik der Arithmetik, 4. Auflage 2011, Spektrum.

Aus der Praxis kann gesagt werden, dass bei der schriftlichen Subtraktion die Präzision bei der Durchführung im Vordergrund steht und nicht der mathematische Beweis für die Richtigkeit des Verfahrens. Achten Sie also darauf, dass die Kinder die Schritte des Rechenverfahrens sprachlich begleiten und durch wiederholte Übung Sicherheit bei der Anwendung gewinnen. Die Vorübungen zum stellenwertgerechten Rechnen auf S 79 sind hilfreicher als ein zu langes Verweilen bei der Begründung des Verfahrens mit Unterschreitung. Wir weisen an dieser Stelle darauf hin, dass die schriftlichen Rechenverfahren das Kopfrechnen und die damit verbundenen flexiblen Operationen im Zahlenraum nicht verdrängen sollen. Die Übungen, z.B. S 81/3, bei denen die Kinder selbst entscheiden sollen, ob eine Rechnung im Kopf oder schriftlich gerechnet wird, bekräftigen die Erkenntnis, dass das Kopfrechnen, trotz der neu erlernten Technik, manchmal schneller geht als das schriftliche Rechenverfahren, und auch besser funktioniert.

Materialien

- Knobelplakat 9: „Rechenfehlermaschine"
- Schülerbuch S 79–85
- Arbeitsheft S 57–61
- Kopiervorlage 20 Begriffe für das Protokoll zum Knobelplakat 9
- Abenteuergeschichte „Ausverkauf in Pantolinis Erfinderladen"
- Lernwerkstatt
  LS 18 Miniprojekt: Preisvergleich
  LS 19 Frisch und munter von 301 herunter

Knobelplakat 9 Rechenfehlermaschine

Aufgabenstellung

Die Rechenmaschine rechnet manche Rechnungen richtig und manche falsch. Es gilt herauszufinden, welchen Fehler sie macht.

Auflösung

Rechnet man die Aufgaben der Reihe nach durch, fällt auf, dass alle Rechnungen, bei denen eine Unterschreitung notwendig wäre, falsch gerechnet werden. Eine Rechnung, die die Rechenmaschine richtig rechnen würde, wäre also 356–123, weil dabei an keiner Stelle die Unterschreitung auftritt. Eine Rechnung, die sie falsch rechnen würde, wäre 451–9, weil sie die Zehnerunterschreitung ignorieren würde. Das Ergebnis wäre hier 452!

Was tun, wenn …

… kein Kind eine richtige Lösung gefunden hat?
Geben Sie den Kindern den Tipp, die Rechnungen mit Hilfe der schriftlichen Subtraktion nachzurechnen. Auf diese Weise finden sie zunächst einmal heraus, welche Ergebnisse richtig und welche falsch sind. Bitten Sie die Kinder, sich die Rechnungen noch einmal genau anzusehen. Vielleicht finden Sie den Unterschied selbst, ansonsten geben Sie den Tipp: „Schau dir die Unterschreitung an." Oder noch näher: „Was passiert, wenn du eine Unterschreitung nicht mitrechnest?"

… ein Kind sehr rasch die richtige Lösung gefunden hat?
Das Kind muss in jedem Fall erklären können, worin der Rechenfehler der Maschine liegt. Dann soll es seine Lösung für ein Beispiel mit Rechenfehler und für ein Beispiel ohne Rechenfehler präsentieren.

Schriftliche Subtraktion

Mögliche Weiterführung
Bieten Sie interessierten Schüler/innen ähnliche Beispiele an, bei denen sie herausfinden sollen, welche rechentechnischen Fehler vorliegen. Schüler/innen können auch selbst Rechensätzchen aufschreiben, die nach einem bestimmten Muster „verändert" worden sind und diese Aufgaben ihren Mitschüler/innen zum Lösen geben.
Varianten: Rechenmaschine verändert die Ergebnisse, indem sie an der Einer-, Zehner- oder Hunderterstelle eins dazuzählt oder wegnimmt.

Begriffe für das Protokoll
Schriftliche Subtraktion, subtrahieren, wegrechnen, eine Unterschreitung, Einerstelle, Zehnerstelle, Hunderterstelle, richtig, falsch, zu wenig, zu viel, vergessen, Irrtum, Fehler, Aufgabe, Übung, aufschreiben

Leonardos Protokoll
Ich habe die erste Aufgabe gerechnet und sie war richtig. Bei der zweiten Aufgabe habe ich etwas anderes herausbekommen als die Maschine. Ich habe mir angeschaut, was anders ist. Da habe ich bemerkt, dass eine Unterschreitung fehlt. Ich habe dann die dritte Rechnung gemacht. Auch da hat die Unterschreitung gefehlt. Das ist der Fehler bei der Maschine, sie vergisst die Unterschreitung.

Einstieg mit der Abenteuergeschichte

Wenn Sie mit der Abenteuergeschichte einsteigen wollen, lesen Sie die Geschichte selbst vor oder erzählen Sie sie in ihren eigenen Worten:
Der Erfinder Guido Pantolini, Vater von Koch Gianni, eröffnete in der Hauptstadt ein neues Geschäft. Darum gab es alle seine Erfindungen zum Sonderpreis. Cedric kaufte für seine Mutter einige interessante Dinge. Alle Kinder freuten sich, dass sie Geld sparen konnten. Und Gianni freute sich über seine neue Stelle als königlicher Koch.

Klassenaktivität (Vorschlag für den Einstieg)

Seid ihr alle da?
Die Schüler/innen der Klasse sollen in Erfahrung bringen, wie viele Kinder am Tag, an dem diese Einstiegsaktivität durchgeführt wird, insgesamt in der Schule sind. Sie geben einzeln ihre Schätzung ab und machen sich dann in Kleingruppen auf den Weg durch die Klassen, um die exakte Anzahl der anwesenden Schüler/innen zu erfragen. Die Teilergebnisse werden präsentiert, deren Summe wird gebildet und mit der tatsächlichen Zahl der Schüler/innen verglichen. Die Differenz wird berechnet. Das Kind mit der besten Schätzung bekommt eine kleine Aufmerksamkeit. Diese Übung ist nicht nur sehr informativ und kommunikativ, sie dient vor allem zur anschaulichen Vorbereitung auf die schriftliche Subtraktion.

Vorbereitung
- Berichten Sie im Kollegium von Ihrem Vorhaben und kündigen Sie den Besuch der Schüler/innen an.
- Informieren Sie sich über die tatsächliche Gesamtanzahl der Schüler/innen an Ihrer Schule.
- Besprechen Sie mit den Kindern grundlegende Verhaltensweisen beim Besuch von anderen Klassen (Höflichkeit, persönliche Vorstellung, Vorstellung des Projekts, …).

Durchführung
Die Kinder erforschen in Kleingruppen die Schüler/innenzahlen, die Teilergebnisse werden präsentiert. Besonders bei großen Schulen bietet es sich an, eine Tabelle zu schreiben. Wenn Sie die Befragung detaillierter gestalten wollen, dann können Sie auch noch zwischen Mädchen und Buben differenzieren.

Sie können die folgende Tabelle als Muster für Ihr eigenes Projekt verwenden oder als Ausgangspunkt für weitere Übungen zum Interpretieren von Daten einsetzen. Ermuntern Sie die Schüler/innen, auch selbstständig Fragen zu formulieren, die sich aus der Tabelle ablesen lassen. Mögliche Fragestellungen:

In welcher Klasse sind die meisten/wenigsten Mädchen/Buben/Kinder insgesamt?
In welcher Klasse fehlen die meisten Kinder?
Wie viele Mädchen/Buben gibt es insgesamt an der Schule?
…

Volks-schule Glücks-dorf	anwesende Kinder			fehlende Kinder		Gesamt-differenz	Schüler/innenzahlen der Schule		
	Mädchen	Buben	gesamt	Mädchen	Buben		Mädchen	Buben	gesamt
1a	8	9	17	1	1	2	9	10	19
1b	12	7	19	2	1	3	14	8	22
2a	14	8	22	0	1	1	14	9	23
2b	11	7	18	1	2	3	12	9	21
3a	8	11	19	1	0	1	9	11	20
3b	7	10	17	3	2	5	10	12	22
4a	11	9	20	1	3	4	12	12	24
4b	9	13	22	1	1	2	10	14	24
Summen:	80	74	154	10	11	21	90	85	175

Die Anzahl der anwesenden Schüler/innen wird der Gesamtschüler/innenzahl gegenübergestellt. Der Unterschied, die Differenz, wird berechnet.

Anwesende Kinder: 154

Alle Kinder an der Schule: 175

F: Wie viele Kinder fehlen heute?
R: 154 + __ = 175
A: 21 Kinder fehlen.

Die Überleitung zu den Übungen S 79, bei der die Differenz zwischen alten und neuen Preisen berechnet werden soll, gelingt spielend.

Tipps zur Erarbeitung im Buch

S 79/1 Möglicher Einstieg mit Abenteuergeschichte, siehe oben.
Auch diese „Rechenmaschine" funktioniert in der bekannten Weise. Mit ihrer Hilfe lernen wir das schriftliche Subtrahieren.

S 80/1 Dieser sehr einfache Einstieg in die Subtraktion mit Unterschreitung soll Kindern die Chance geben, den Umgang mit der Unterschreitung wirklich zu verstehen und einfach nachvollziehen zu können. Vorbereitend kann das Gesetz der Konstanz der Differenz mittels des gleichsinnigen Veränderns an einfachem Zahlenmaterial erarbeitet werden. Begründungen durch die Schülerinnen und Schüler vertiefen das Verständnis zu diesem Sachverhalt. Den Nutzen können die Schülerinnen und Schüler im vorteilhaften Rechnen erkennen (50 – 25 = 25; 51 – 26 = 25 usw.)

S 81/1 Hier erfolgt die Unterschreitung am nächst höheren Stellenwert. Methodisch gilt all das, was zum Einstieg zur Seite 80 gesagt wurde.

S 81/3 Wichtige Übung, um die Flexibilität beim Rechnen aufrecht zu erhalten.

S 82/2 Diese Vereinfachung ist bei runden Zahlen sehr hilfreich. In der Praxis kommen solche Aufgaben auch oft vor, z.B. Berechnung des Rückgeldes. Hier findet das zum Gesetz der Konstanz der Differenz gesagte seine Anwendung im Sinne des vorteilhaften Rechnens.

Es gilt: Wenn ich von beiden Zahlen gleich viel wegnehme oder auch dazugebe, ändert sich der Unterschied nicht.

S 83/3 Zur Überschlagsrechnung gilt auch hier grundsätzlich, was zum Überschlag bezüglich der Addition gesagt wurde.
Abweichend zu den Strategien einer genaueren Überschlagsrechnung bei der Addition kann bei der Subtraktion das gleichsinnige Verändern der Zahlen als Rechenerleichterung genutzt werden. Diese Übung ist für leistungsstärkere Schüler im Sinne eines vertieften Zugangs zum Zahlenrechnen zu verstehen.
Probieren Sie in der Klasse aus, wie weit unterschiedliche Überschlagsrechnungen von den Schülerinnen und Schülern verstanden und genutzt werden können. Machen Sie den Kindern klar, dass es nicht nur eine Überschlagsrechnung zu einer schriftlich zu lösenden Aufgabe gibt.
Beispiel: 716 – 486 =

Ü1: 700 – 500 = 200 (leichter Überschlag, aber relativ ungenau, geeignet für leistungsschwächere Schüler)

Ü2: 700 – 470 = 230 (genauerer Überschlag unter Nutzung des gleichsinnigen Veränderns der Zahlen, geeignet für leistungsstärkere Schüler)

Ü3: 490 + ____ = 710 (genauerer Überschlag, Nutzung der Ergänzungsaufgabe zum Überschlagen; geeignet für leistungsstärkere Schüler.)

Lernwerkstatt – Lernstation

LS 18 Miniprojekt: Preisvergleich

Mathematischer Inhalt: Sachaufgaben mit Euro, schriftliche Subtraktion, Zahlen runden
Gruppengröße: Kleingruppen
Material: Prospekte von Sportartikelhändlern

Die Kinder sollen Prospekte verschiedener Sportartikelhändler mitbringen. Ein Produkt im Preissegment bis 1000 € wird gewählt. In Kleingruppen machen sich die Kinder auf die Suche nach dem Artikel. Dann werden die unterschiedlichen Preise für ähnliche oder sogar gleiche Produkte notiert. Centbeträge werden auf- oder abgerundet. Preisdifferenzen werden berechnet. Zusätzlich zur Übung und Festigung der schriftlichen Subtraktion schärft dieses kleine Projekt auch das kindliche Konsumbewusstsein und macht kritisch gegenüber den Verlockungen der Werbung. Nicht jedes Produkt, das als Sonderangebot angepriesen wird, ist auch tatsächlich eines.

Produkt	Geschäft 1	Geschäft 2	Vergleich
Bild aus dem Prospekt ausschneiden und einkleben z.B. Schi	268 €	312 €	312 -268 44

Antwort: Der Schi ist im Geschäft 1 44 € billiger.

Dann kommt das nächste Produkt.

LS 19 Frisch und munter von 301 herunter

Mathematischer Inhalt: Subtraktion
Gruppengröße: 2–4 Kinder
Material: 3 Würfel, Papier, Bleistifte

Jedes Kind notiert auf seinem Zettel ganz oben die Zahl 301. Dann wird reihum mit jeweils drei Würfeln gewürfelt. Die Augenzahlen werden addiert und die Summe wird von 301 abgezogen. Diese neue Zahl wird unter 301 geschrieben und ist dann bei der nächsten Runde die neue Ausgangszahl, von der wieder subtrahiert wird. Wer zuerst bei Null ist, hat gewonnen. Die Zahl Null muss nicht genau erreicht werden. Die Zahl 301 stammt aus dem bekannten Darts-Spiel, selbstverständlich kann auch von einer anderen Zahl aus gestartet werden.
Beispiel:
Würfelzahlen: 4, 2, 6 Summe: 12
Rechnung: 301 minus 12 ist gleich 289

Anstatt mit Würfeln kann auch mit einer Dartscheibe und kleinen Bällen, die an der Scheibe haften bleiben, gespielt werden. Die Zahlen in den konzentrischen Kreisen der Scheibe haben dieselbe Funktion wie die Würfelzahlen.

Schriftliche Subtraktion

Abenteuergeschichte – Ausverkauf in Pantolinis Erfinderladen S 79/1

Was bisher geschah:
Die Kinder wollten den höchsten Berg des Landes besteigen. Für die Wanderung mussten sie viel Gepäck mitnehmen. Jedes Kind war der Meinung, dass es selbst den schwersten Rucksack hatte. Sie stellten eine einfache Waage her und bestimmten so den schwersten Rucksack, er gehörte Aron.

Mathematischer Inhalt:
Schriftliche Subtraktion
→ Stuhlkreis, ohne Bild beginnen

„Wichtige Neuigkeiten, wichtige Neuigkeiten! Ein Erfinder hat ein Geschäft in der Hauptstadt eröffnet", verkündete Hinzkunz. Vor lauter Aufregung hatte er vergessen in die Trompete zu blasen. „Das ist ja wunderbar", sagte Cedric. „Ich freue mich, wenn in unserer Stadt etwas los ist. Außerdem liebt meine Mutter, die Königin, neue Erfindungen."
Aron brummte: „Wenn der Laden diesem Meister Arnold gehört, dann wird die Königin nicht viel mit den Erfindungen anfangen können." Hinzkunz beruhigte ihn. „Arnold hat sich schon vor einiger Zeit verabschiedet. Der neue Erfinder kommt aus dem Ausland, es ist ein gewisser Herr P-a-n-t-o-l-i-n-i!"
„Pantolini!", rief Cedric begeistert, „das ist der Vater unseres Freundes Gianni und außerdem hat er unser Luftschiff Nevilla erfunden! Das ist ja eine Freude, dass wir ihn endlich wiedersehen. Kommt, gehen wir gleich hin."
Pantolini begrüßte die fünf Freundinnen und Freunde ganz besonders herzlich: „Wir haben uns schon so lange nicht mehr gesehen. Lasst euch drücken und umarmen!" Cedric hatte eine dringende Frage: „Wie geht es unserem Freund Gianni, wo ist er?" „Große Überraschung, die größte Überraschung von allen Überraschungen!", rief Pantolini und öffnete eine Tür. Gianni stand vor ihnen. Die Kinder jubelten und das Drücken und Umarmen ging gleich weiter.
Cedric rief: „Es ist wunderbar, dass ihr ins Königreich gekommen seid. Wir haben euch so vermisst." Aron meinte: „Vielleicht sind wir auch einmal bei dir zu einem guten Essen eingeladen." Gianni lachte und sagte: „Na ganz bestimmt! Ich freue mich auch sehr euch zu sehen. Los, erzählt schon, was habt ihr inzwischen erlebt?" Und schon redeten alle aufgeregt durcheinander.
Plötzlich stand Hinzkunz im Geschäft: „Denkt an die königlichen Einkäufe. Wie ich sehe, gibt es viele Sonderangebote. Die Königin wird sich freuen." Die Kinder sahen sich um. Viele seltsame Maschinen standen herum. Auf den Preisschildern waren alle Zahlen durchgestrichen, daneben standen jetzt niedrigere Preise.

→ BILD Kapitel 14 zeigen
Pantolinis Erfindungen heißen: Flugzeug, Fliegenfänger, Mülltonne, mechanischer Hund.
Lies die alten und die neuen Preise.
Schätze, welche Erfindung am stärksten verbilligt wurde? (Flugzeug)

Philipp schüttelte den Kopf: „Sollen wir der Königin wirklich einen automatischen Fliegenklatscher kaufen?" Pantolini war entrüstet: „Dieser Fliegenfänger klatscht keine Fliegen. Er kann sieben Fliegen auf einmal fangen. Die Tierchen kommen dann lebendig in ein großes Glas und werden auf einer Wiese wieder freigelassen." Die Kinder rechneten aus, wie viel Geld sie bei jeder Erfindung sparen konnten.

Rechne aus, wie viel sich die Königin erspart.
Tipp: Du kannst jede Stelle einzeln rechnen.
Ein Übertrag ist nicht notwendig.
(231, 114, 81, 113)

Die Freundeschar kehrte mit einem Wagen voll Erfindungen ins Schloss zurück. Gianni begleitete sie. Hinzkunz erwartete sie am Schlosstor. Er sah sehr verzweifelt aus. „Der königliche Koch hat ganz plötzlich Urlaub genommen. Ich habe gehört, dass euer Freund Gianni gut kocht. Wäre es möglich, dass er inzwischen die Schlossküche leitet?" „Großartig!", riefen alle Kinder im Chor und Gianni klatschte in die Hände. „Gianni ist königlicher Koch", rief er. „Das muss gefeiert werden. Kommt, wir kochen gleich ein Festmahl!" „Endlich", grinste Aron und freute sich auf viele Köstlichkeiten.

KV 20: Begriffe für das Protokoll zum Knobelplakat 9

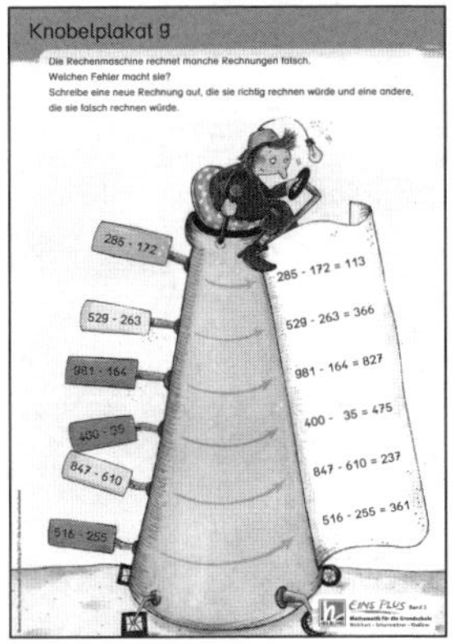

richtig

eine Unterschreitung

falsch

Zehnerstelle

Fehler

Schriftliche Subtraktion

zu viel

Einerstelle

aufschreiben

vergessen

wegrechnen

Aufgabe

Hunderterstelle

zu wenig

subtrahieren

Irrtum

Übung

Zeig, was du kannst!

Ziele und Kompetenzen

Wiederholung und Festigung:

- **Schriftliche Addition**
- **Geometrische Körper**
- **Gewicht**
- **Schriftliche Subtraktion**

Didaktische Hinweise

Die regelmäßige Wiederholung und Absicherung des Gelernten soll sicherstellen, dass die Erarbeitung des kommenden Lernstoffes auf gesichertem Wissen aufbaut und Lernlücken frühzeitig erkannt und geschlossen werden können.

Materialien

- **Schülerbuch S 86–91**
- **Arbeitsheft S 62–65**
- **Kopiervorlage 21 Zahlenkartenset von 0 bis 9**
  Kopiervorlage 22 Zahlenrätsel 1
  Kopiervorlage 23 Zahlenrätsel 2
  Kopiervorlage 24 Rechenrätsel Addition
  Kopiervorlage 25 Rechenrätsel Subtraktion
- **Lernwerkstatt**
  LS 20 3 mal 3 Gedichte
  LS 21 Zahlenrätsel
  LS 22 Rechenrätsel
- **CD-ROM Übung „Zeig, was du kannst"**

Klassenaktivität (Vorschlag für den Einstieg)

Führen Sie mit der ganzen Klasse die Lernstandserhebung III durch. Planen Sie anschließend gezielt die individuellen Förderangebote für einzelne Kinder, Kleingruppen, bzw. für die ganze Klasse.

Tipps zur Erarbeitung im Buch

S 87/6 Diese Aufgabe stellt ein hohes Potential an Differenzierungsmöglichkeit dar. Die Quizübung kann als Partnerarbeit ausgebaut werden. Leistungsschwächeren Schülern kann als Unterstützung die ausgefüllte Tabelle von Seite 73 dienen. Grundsätzlich kann diese Tabelle zur Überprüfung der Lösung genutzt werden.

S 91/1 Knobelaufgabe
Die „3 mal 3 Gedichte" sind eine kreative Form, um sogenannte Platzhalteraufgaben zu üben. Auf dieser Seite steht die Addition im Mittelpunkt, bei der Lernstation 22 die Subtraktion. Jeder Buchstabe eines Wortes steht für eine Zahl zwischen 0 und 9. Es gilt durch geschicktes Kombinieren herauszufinden, für welche. Ein Buchstabe kann auch mehrmals vorkommen, selbstverständlich hat er immer den gleichen Wert. Bei Übung 1 ist bereits eine richtige Lösung vorgegeben. Die Schüler/innen sollen noch eine andere Lösung finden. Wenn die Kinder erste Erfolgserlebnisse haben, dann wird das Gestalten von weiteren Gedichten rasch zur „Sucht". Bei Punkt 4 finden die Kinder zahlreiche Wörter, die sie für ihre kreativen und witzigen Lösungen verwenden können. Die Aufforderung „GIB UNS LOB" kann also unmittelbar in Zahlen umgesetzt und auch erfüllt werden. Die Erkenntnis, „TEE TUT GUT", ist auch bekannt. Ein sehr gelungenes Gedicht, allerdings mit der Ausnahme, dass ein Wort nur aus zwei Buchstaben besteht, ist „ICH DU WIR". Wenn die Schüler/innen Gefallen an diesen Übungen zur Addition und auch Subtraktion gefunden haben, dann gestalten Sie doch in der Klasse eine Ausstellung mit besonders originellen Gedichten.

Lernwerkstatt – Lernstation

LS 20 3 mal 3 Gedichte

Mathematischer Inhalt: Logik
Gruppengröße: Einzelarbeit, Kleingruppe
Material: Papier, Bleistift

Im Schülerbuch werden auf Seite 91 die „3 mal 3 Gedichte" vorgestellt. Jedem Buchstaben soll eine Ziffer zwischen 0 und 9 zugeordnet werden, sodass in der Folge die geforderten Rechenoperationen richtig durchgeführt werden können. Diese kreative Aufgabenstellung eignet sich auch sehr gut für Übungen zur schriftlichen Subtraktion.

	H	O	F
–	K	U	H
	F	A	D

Eine mögliche Lösung:

A	D	F	H	K	O	U
2	6	5	9	4	3	0

Dass ein (Bauern-)Hof ohne Kuh möglicherweise fad ist, gibt dem Gedicht einen zusätzlichen Reiz. Sie können auch folgende Variante wählen.

	H	O	F
–	K	U	H
	F	I	T

Eine mögliche Lösung:

F	H	I	K	O	T	U
5	9	2	4	3	6	0

LS 21 Zahlenrätsel

Mathematischer Inhalt: Zahlenraum, Logik
Gruppengröße: Einzelarbeit, Partnerarbeit
Material: pro Kind ein Zahlenkartenset KV 21 von 0 bis 9, KV 22 Zahlenrätsel 1, KV 23 Zahlenrätsel 2, Bleistift

Die Kinder lösen die gestellten Aufgaben mit Hilfe der Zahlenkarten von 0 bis 9. Es steht pro Kind nur ein Zahlenkartenset zur Verfügung. Die einzelnen Ziffern können dadurch nicht doppelt verwendet werden. Die Kinder legen die Karten, die sie für die Lösung brauchen, an die entsprechende Stelle und tragen dann, nach der gegenseitigen, rechnerischen Kontrolle, mit Bleistift die Lösung ein. Sie können die Rätselseiten auch folieren und die Antworten mit einem wasserlöslichen Stift eintragen lassen. Sie können die Zahlen auch nur auflegen lassen und das Aufschreiben der Lösungen weglassen. Die gemeinsame Arbeit mit einem anderen Kind fördert die Kommunikation über mathematische Sachverhalte.

KV 21 enthält insgesamt 4 Zahlenkartensets von 0 bis 9 für 4 Kinder.

LS 22 Rechenrätsel ★

Mathematischer Inhalt: Zahlenraum, Logik
Gruppengröße: Einzelarbeit, Partnerarbeit
Material: KV 24, KV 25 und für jedes Kind ein Zahlenkartenset KV 21 von 0 bis 9, Bleistift

Die Kinder lösen die gestellten Aufgaben mit Hilfe der Zahlenkarten von 0 bis 9. Es steht pro Kind nur ein Zahlenkartenset zur Verfügung. Die einzelnen Ziffern können dadurch nicht doppelt verwendet werden. Die Kinder legen die Karten, die sie für die Lösung brauchen, an die entsprechende Stelle und tragen dann, nach der gegenseitigen, rechnerischen Kontrolle, mit Bleistift die Lösung ein. Sie können die Rätselseiten auch folieren und die Antworten mit einem wasserlöslichen Stift eintragen lassen. Sie können die Zahlen auch nur auflegen lassen und das Aufschreiben der Lösungen weglassen. Die gemeinsame Arbeit mit einem anderen Kind fördert die Kommunikation über mathematische Sachverhalte.

 enriched
Die Aufgaben sind sehr schwer zu lösen. Nur wenige Zahlen lassen sich direkt ausrechnen. Manche Zahlen kann man durch logisches Denken ermitteln, manche Rätsel kann man nur durch Probieren lösen. Regen Sie die Kinder an, ihre Überlegungen auszusprechen. Zu manchen Aufgaben gibt es mehr als eine Lösung.

CD-ROM Übung Zeig, was du kannst!

In dieser Teststation werden die Verfahren der schriftlichen Addition und Subtraktion überprüft.

KV 21: Zahlenkartenset von 0 bis 9

0	1	2	3	4
5	6	7	8	9
0	1	2	3	4
5	6	7	8	9
0	1	2	3	4
5	6	7	8	9
0	1	2	3	4
5	6	7	8	9

KV 22: Zahlenrätsel 1

Verwende zum Lösen der Aufgaben das Zahlenkartenset von 0 bis 9.
Jede Ziffernkarte darf in einer Aufgabe nur ein Mal verwendet werden.

Aufgabe 1:

Bilde die größtmögliche dreistellige Zahl.

Hunderter	Zehner	Einer

Aufgabe 2:

Bilde die kleinstmögliche dreistellige Zahl.

Hunderter	Zehner	Einer

Aufgabe 3:

Bilde die größtmögliche dreistellige Zahl.
Du darfst nicht drei aufeinanderfolgende Zahlen verwenden.

Hunderter	Zehner	Einer

Aufgabe 4:

Bilde die kleinstmögliche dreistellige Zahl.
Du darfst nur eine gerade Zahl verwenden.

Hunderter	Zehner	Einer

Aufgabe 5:

Bilde die größtmögliche dreistellige Zahl.
Die Summe der verwendeten Ziffern muss kleiner als 15 sein.

Hunderter	Zehner	Einer

KV 23: Zahlenrätsel 2

Verwende zum Lösen der Aufgaben das Zahlenkartenset von 0 bis 9.
Jede Ziffernkarte darf in einer Aufgabe nur ein Mal verwendet werden.

Aufgabe 1:

Finde zwei Zahlen, die größer sind als 869.
Du darfst pro Zahl nur eine ungerade Ziffernkarte verwenden.

Hunderter	Zehner	Einer

Hunderter	Zehner	Einer

Aufgabe 2:

Finde zwei Zahlen, die kleiner sind als 300.
Die Ziffernsumme jeder Zahl muss größer als 15 sein.

Hunderter	Zehner	Einer

Hunderter	Zehner	Einer

Aufgabe 3:

Finde drei Zahlen, die größer sind als 750.
Alle Zahlen müssen ungerade sein.

Hunderter	Zehner	Einer

Hunderter	Zehner	Einer

Hunderter	Zehner	Einer

KV 24: Rechenrätsel Addition

Verwende zum Lösen der Aufgaben das Zahlenkartenset von 0 bis 9. Lege die vorgegebenen Zahlen mit deinen Ziffernkarten nach. Mit den übrigen Karten kannst du die Aufgabe lösen. Lege die Karten richtig auf die leeren Felder. Jede Ziffernkarte darf in einer Aufgabe nur ein Mal verwendet werden.

Aufgabe 1

	6	
+		3
		7

Aufgabe 2

		3	4
+	1		
		0	9

Aufgabe 3

	3	
+	5	6
	9	

Aufgabe 4

	1	2	
+			5
	8	6	

Zeig, was du kannst!

KV 25: Rechenrätsel Subtraktion

Verwende zum Lösen der Aufgaben das Zahlenkartenset von 0 bis 9. Lege die vorgegebenen Zahlen mit deinen Ziffernkarten nach. Mit den übrigen Karten kannst du die Aufgabe lösen. Lege die Karten richtig auf die leeren Felder. Jede Ziffernkarte darf in einer Aufgabe nur ein Mal verwendet werden.

Aufgabe 1

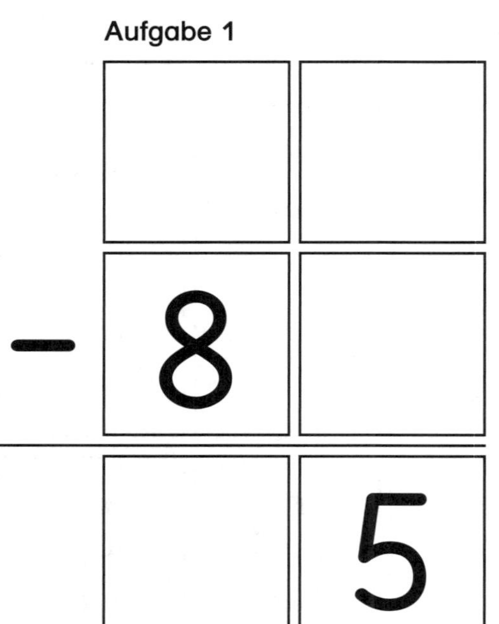

Aufgabe 2

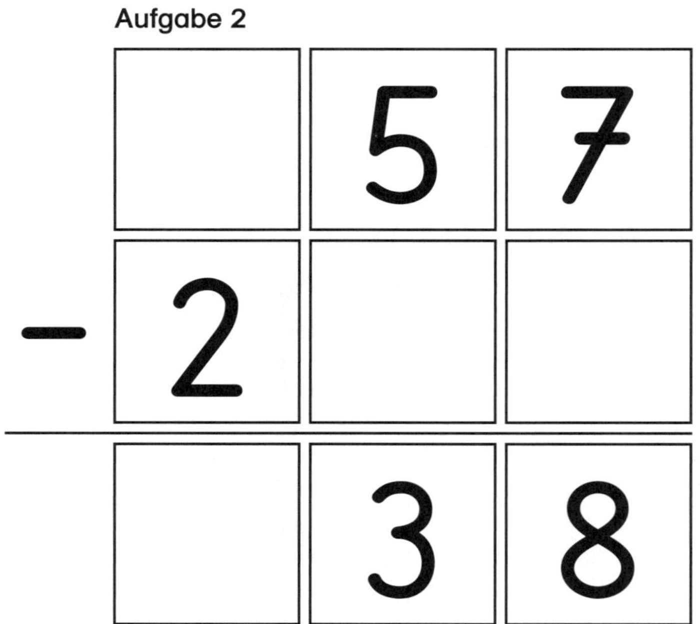

Aufgabe 3

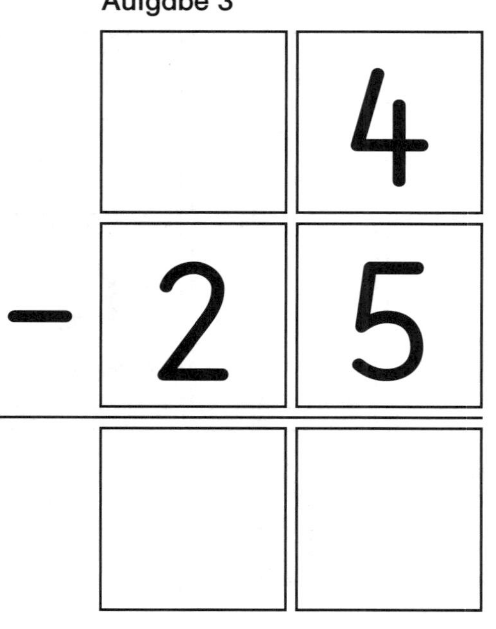

Aufgabe 4

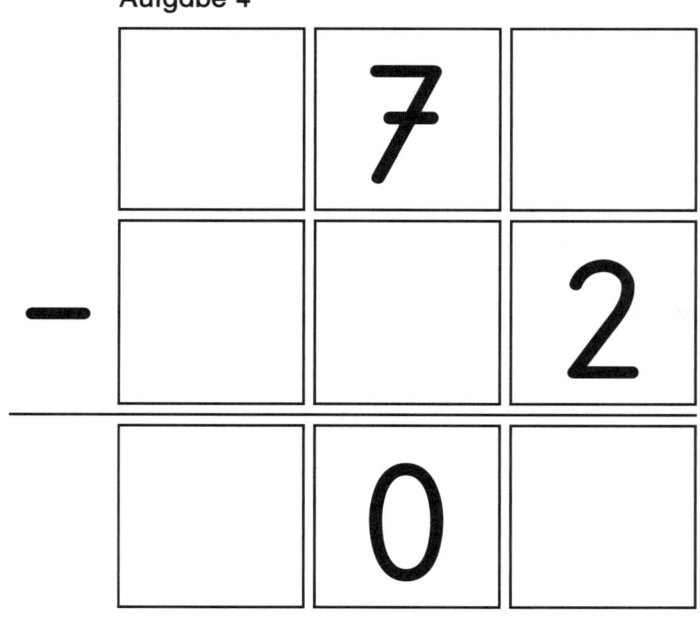

Ziele und Kompetenzen

- Umfang von geometrischen Figuren messen
- Muster in Ornamenten und Parkettierungen erkennen und selbst geometrischen Muster entwickeln
- Flächeninhalt von ebenen Figuren mithilfe von Maßquadraten feststellen
- sich in Plänen orientieren

Didaktische Hinweise

Im Vordergrund dieses Kapitels stehen handlungsorientierte Zugänge zum Umgang mit ebenen Figuren, hier insbesondere das Erarbeiten des Umfangsbegriffs, ferner das Erkennen und selbstständige Entwickeln von geometrischen Mustern. Als drittes wird durch Arbeiten am Geobrett der Flächenbegriff erarbeitet. Der Flächeninhalt wird zunächst durch „Messen" (Zählen) von Maßquadraten bestimmt. Das Geobrett ist hierzu besonders geeignet, weil die Maßquadrate gut sichtbar sind. Als letztes Thema wird die Orientierung auf Plänen weiterverfolgt. Für die Orientierung in der Ebene werden Pläne mit Rasterungen verwendet. Die Neuinterpretation des Spiels „Schiffe versenken" als „Schatzsuche" kann spielerisch weitergeführt werden.

Alle Inhalte werden in projektorientierter Form bzw. auf spielerische Weise erarbeitet. Die Inhalte dieses Kapitels sind in besonderer Weise geeignet, dass leistungsschwächere und –stärkere Schülerinnen und Schüler an einem Thema zusammenarbeiten.

Materialien

- Knobelplakat 10: „Edelsteinrätsel"
- Schülerbuch S 92–95
- Arbeitsheft S 66–68
- Kopiervorlage 26 Begriffe für das Protokoll zum Knobelplakat 10
- Abenteuergeschichte „Eine neue Krone für Cedric"
- Lernwerkstatt
  LS 23 Schatzsuche
  LS 24 Punkt und Strich
  LS 25 Quadrato
- CD-ROM Übung „Umfang"

Knobelplakat 10
Edelsteinrätsel

Aufgabenstellung

Wertvolle Edelsteine sind in einem Muster angeordnet. Der Schild soll mit einem geraden Schnitt in zwei Teile geteilt werden, sodass in jeder Hälfte gleich viele Edelsteine liegen. Wie kann das gelingen?

Auflösung

Die mathematische Lösung lautet, dass der Strich auf folgende Weise gezogen werden muss: Start zwischen den Feldern mit 9 und 10 Steinen, Ziel zwischen den Feldern mit 3 und 4 Steinen.
Begründung: Die Edelsteine sind wie die Zahlen auf dem Ziffernblatt einer Uhr angeordnet,
1+2+3+4+5+6+7+8+9+10+11+12=78
In jeder Hälfte müssen also 39 Steine sein.
1. Hälfte: 1+2+3+10+11+12=39
2. Hälfte: 4+5+6+7+8+9=39

Jede andere Teilung ist nicht gerecht.

Was tun, wenn …

… kein Kind eine richtige Lösung gefunden hat?
Fragen Sie nach, woran die spezielle Anordnung der Edelsteine erinnert. Möglicherweise fällt den Kindern von selbst der Vergleich mit dem Ziffernblatt einer Uhr ein. Lassen Sie nachzählen, ob diese Annahme richtig ist. Aus dem weiteren Gespräch wird sich rasch ergeben, dass in jeder Hälfte ein paar Felder mit weniger und ein paar Felder mit mehr Steinen sein müssen.
Die Kinder können eventuell mit einem Lineal, mit einem Bleistift oder mit einem Stück Wolle erste Teilungsversuche wagen. Dann werden die Steine beider Hälften addiert. Ist das Ergebnis gleich, stimmt die Teilung.

Sie können auch anregen festzustellen, wie viele Steine insgesamt aufgeteilt werden müssen. Die Steine werden also addiert und man erfährt, dass es insgesamt 78 sind. In einer Hälfte müssen also 39 Edelsteine sein. Das vereinfacht die Suche nach der Lösung.

… falsche Lösungen auftauchen?
Lassen Sie zuerst die Gesamtsumme der Edelsteine berechnen. Das Ergebnis muss halbiert werden. Die Kinder können auch durch systematisches Probieren herausfinden, mit welchen Zahlen sich die Summe 39 bilden lässt. Sie können auch einen Halbkreis im Format der Vorlage ausschneiden und damit Segmente abdecken. Die offe-

nen Felder werden addiert. Passt die Summe nicht, dann kann der Halbkreis verschoben werden.

... ein Kind sehr rasch die richtige Lösung gefunden hat?
Das Kind wird seine Lösung erklären. Als Antwortmöglichkeit kann auch das Modell nachgezeichnet werden und der Teilungsstrich wird an der richtigen Stelle eingetragen. Fragen Sie das Kind auf jeden Fall, ob es noch andere Teilungen gibt, die zum richtigen Ergebnis führen.

Mögliche Weiterführung
Präsentieren Sie interessierten Kindern folgende Spielvariante: Der Diamantenschatz soll gerecht auf drei Beduinen oder Prinzessinnen aufgeteilt werden. Die Steine welcher Felder dürfen sich die einzelnen Beduinen nehmen?

Auflösung: 78 geteilt durch 3 ergibt 26 Edelsteine pro Person
Beduine/Prinzessin 1: Felder 1,4,9,12
Beduine/Prinzessin 2: Felder 2,5,8,11
Beduine/Prinzessin 3: Felder 3,6,7,10
Gibt es auch eine gerechte Lösung, wenn der Schatz durch 4 geteilt werden soll?
Bei welcher Anzahl von Personen gibt es noch eine gerechte Lösung? 6 Personen, je 13 Edelsteine (12+1, 11+2, 10+3, ...)

Begriffe für das Protokoll
Schild, Steine, Edelsteine, Felder, Kreis, Scheibe, Strich, Lineal, Bleistift, addieren, zusammenzählen, teilen, auseinander schneiden, zeichnen, einzeichnen, probieren, zu viel, zu wenig, gleich viel, gerecht

Leonardos Protokoll
Ich habe erkannt, dass die Edelsteine wie die Zahlen bei der Uhr aufgezeichnet sind. Ich habe alle Zahlen zusammengezählt, das ist 78, die Hälfte ist 39. Ich habe mir eine Uhr aufgezeichnet und die Zahlen dazu geschrieben. Dann habe ich den Bleistift aufgelegt und so lange probiert, bis in jeder Hälfte 39 Steine waren.
Meine Lösung lautet: 1, 2, 3, 10, 11 und 12 gehören zusammen und 4, 5, 6, 7, 8 und 9. Ich habe auch auf meiner Uhr den Strich eingezeichnet.

Einstieg mit der Abenteuergeschichte

Wenn Sie mit der Abenteuergeschichte einsteigen wollen, lesen Sie die Geschichte selbst vor oder erzählen Sie sie in ihren eigenen Worten:
Wenn Gäste ins Schloss kamen, dann herrschte für Cedric Kronenpflicht. Doch er wollte seine Krone nicht tragen, weil sie ihm nicht gefiel und auch nicht gut passte. Die Kronenmacherin wurde gerufen. Sie bestimmte den Umfang von Cedrics Kopf ganz genau und stellte für ihn eine neue Krone her. Alle Kinder durften dafür einen Edelstein aussuchen.

Klassenaktivität (Vorschlag für den Einstieg)

Schmuck basteln
Greifen Sie die Anregung aus dem Schülerbuch S 92 auf und gestalten Sie mit den Kindern Kronen. Das gegenseitige Abmessen der Kopfumfänge ist ein sehr kindgerechter und lustbetonter Einstieg in die Thematik „Umfang berechnen". Aus festem Karton wird die Krone ausgeschnitten, eventuell verziert, Splinte sorgen für den Halt. In Verbindung mit dem Kreativunterricht können auch Freundschaftsbänder, Schmuck und vieles mehr hergestellt werden. Den Kindern wird beim Abmessen auffallen, dass sie unterschiedliche Maße erhalten. Sprechen Sie mit Ihnen über Körpermaße und auch ältere, nicht mehr gängige Maßeinheiten und deren Ungenauigkeiten (z.B. Elle, Spanne, ...). Die Einsicht, dass genormte Maßeinheiten Sinn machen, gelingt spielerisch.

Tipps zur Erarbeitung im Buch

S 92/1 Möglicher Einstieg mit Abenteuergeschichte, siehe oben.
Mögliche Weiterführung: Kronen basteln, siehe Klassenaktivität.

S 95/1
Die Aufgabe eignet sich gut als Partnerarbeit. Die Lösungen können erst gesprochen und dann gemeinsam schriftlich ausformuliert werden.

Lernwerkstatt – Lernstation

LS 23 Schatzsuche

Mathematischer Inhalt: Geometrie, Rasterpläne lesen
Gruppengröße: 2 Spieler/innen
Material: kariertes Blatt Papier und Stift

Vorbereitung:
Jeder zeichnet zwei Spielpläne mit 5 mal 5 Kästchen. Im linken Plan wird eine Schatztruhe mit 3 Kästchen und ein Schmuckkästchen mit einem Kästchen gezeichnet.
Sorgt dafür, dass ihr nicht voneinander abschauen könnt.

Spiel:
Ihr seid abwechselnd an der Reihe. Nenne ein Feld, zum Beispiel C4. Wenn dein Partner an dieser Stelle einen Schatz versteckt hat, ruft er „Schatz!", sonst „Kein Treffer!".
Schreibe auf dem rechten Plan mit, welche Felder du schon gefragt hast.
Wer zuerst alle Schatzfelder gefunden hat, gewinnt.

Variante:
Spielfeld mit 7 mal 7 Feldern,
zwei Schatztruhen und
drei Schmuckkästchen.

LS 24 Punkt und Strich

Mathematischer Inhalt: Strecken messen und zeichnen
Gruppengröße: 2 – 4 Spieler/innen
Material: Würfel, Papier, unterschiedliche Farbstifte, ein Lineal für jedes Kind

Mit einem Bleistift werden zunächst auf einem Blatt Papier verstreut viele kleine Kreise eingezeichnet. Jedes Kind beginnt bei einem Kreis seiner Wahl und darf diesen sofort mit der eigenen Farbe bemalen. Dann wird reihum gewürfelt. Die Augenzahl ergibt die Länge der Strecke, die dann, ausgehend vom eigenen Punkt, mit dem Lineal gezeichnet werden kann. Liegt das Ende der Strecke wieder genau in einem kleinen Kreis, dann darf auch jener mit der eigenen Farbe bemalt werden. Kann die Strecke so eingezeichnet werden, dass sie durch kleine Kreise führt, dann dürfen auch diese bemalt werden. Die Kinder sammeln so nach und nach Punkte. Trifft man bei den Messungen auf einen bereits bemalten Kreis, dann zählt dieser Treffer kein zweites Mal.

Spielvarianten:

- Zusätzlich eingetragene schraffierte Felder auf dem Papier kennzeichnen Hindernisse, in denen keine Strecken gezeichnet werden dürfen.
- Steht größeres Papier zur Verfügung, kann auch mit zwei Würfeln gespielt werden. Die Augenzahlen können dann addiert werden oder die Strecke kann in zwei Teilstrecken gezeichnet werden.

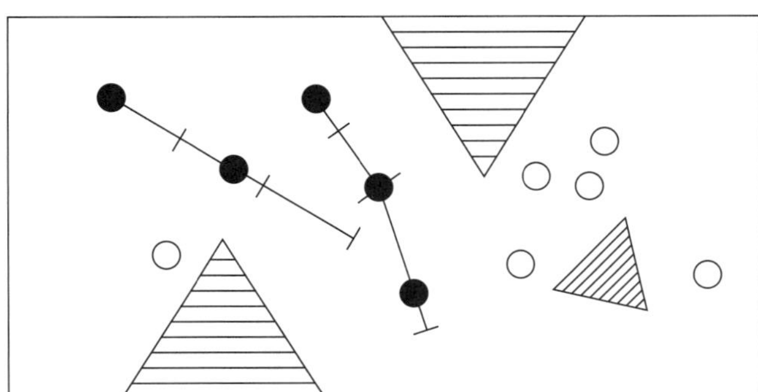

LS 25 Quadrato

Mathematischer Inhalt: Logik
Gruppengröße: 2 Spieler/innen
Material: kariertes Papier, Bleistifte, Geodreieck für jedes Kind

Das Spiel basiert auf der Idee „Vier gewinnt", jedoch gewinnt man nicht mit vier Punkten in einer Reihe, Spalte oder Diagonale, sondern mit den vier Eckpunkten eines Quadrats.

Die Spieler/innen zeichnen vor Beginn auf kariertes Papier den Spielplan, ein Quadrat mit s = 4 cm. Das karierte Papier gibt den Punkteraster vor. Abwechselnd markieren die Kinder Punkte im Raster. Ein Kind zeichnet Kreuze, das andere Kreise. Ziel ist es, die eigenen Symbole so zu setzen, dass vier Punkte zu einem Quadrat verbunden werden können. Ein Eckpunkt, der schon markiert ist, darf vom Mitspieler oder von der Mitspielerin nicht mehr markiert werden.

Beispiel 1: Kreis gewinnt

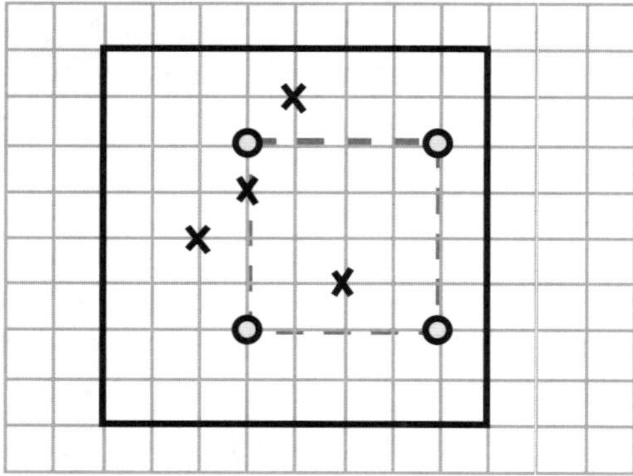

Beispiel 2: Kreuz gewinnt

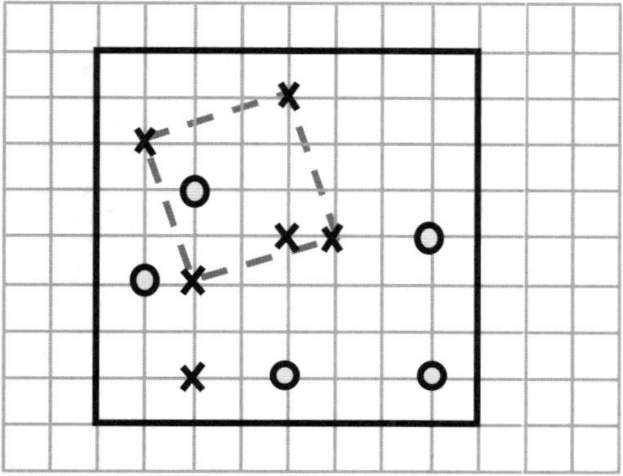

CD-ROM Übung Umfang

Die Kinder wählen Edelsteine für ihre Krone aus. Die Seitenlängen der Steine werden gemessen. Dann berechnen die Kinder den Umfang in Zentimetern und Millimetern. Sie schneiden die berechnete Länge vom Golddraht ab, fassen den Stein damit ein und befestigen ihn auf der Krone.

Abenteuergeschichte – Eine neue Krone für Cedric S 92/1

Was bisher geschah:
Der Erfinder Guido Pantolini, Vater von Koch Gianni, eröffnete in der Hauptstadt ein neues Geschäft. Darum gab es alle seine Erfindungen zum Sonderpreis. Cedric kaufte für seine Mutter einige interessante Dinge. Alle Kinder freuten sich, dass sie Geld sparen konnten. Und Gianni freute sich über seine neue Stelle als königlicher Koch.

Mathematischer Inhalt:
Umfang
→ Stuhlkreis, ohne Bild beginnen

Immer wenn besondere Gäste das Schloss besuchten musste Cedric eine Krone tragen. Auch bei Festen war Kronenpflicht. Cedric gefiel seine Krone überhaupt nicht. Sie war schwer und drückte. Außerdem war sie viel zu groß für ihn und rutschte ihm immer wieder über die Augen. „Kann ich nicht eine andere Krone haben?", fragte er Hinzkunz. Linn unterstützte ihn: „Diese Krone schaut auch viel zu altmodisch aus für einen jungen Prinzen!"
Hinzkunz überlegte kurz und sagte: „Also gut. Folgt mir." Sie gingen in den Keller bis zu einer großen verschlossenen Tür. „Hier sperrt nur der königliche Schlüssel", erklärte Hinzkunz. Cedric nahm also seinen Schlüssel und sperrte auf. Nun standen sie in der königlichen Schatzkammer. Überall glitzerte und funkelte es. Gold und Edelsteine waren zu sehen und auf einem Regal lagen viele verschiedene Kronen.
Hinzkunz sagte: „Die Prinzenkrone ist und bleibt die Prinzenkrone. Aber wenn sie dir nicht passt, kannst du gerne eine andere aussuchen."
Cedric probierte alle Kronen. Die großen rutschten bis zur Nase hinunter. Die kleinen fielen bei der kleinsten Kopfbewegung herunter. „Leider gibt es keine einzige Krone, die auf meinen Kopf passt", sagte er traurig.
Hinzkunz sagte: „Also gut. Dann soll die Kronenmacherin kommen." Er schickte einen Boten aus und schon bald kam eine Frau mit einem Korb voll Goldbändern und Edelsteinen. Sie nahm ein Maßband aus dem Korb und sagte: „Das Wichtigste ist der Kopfumfang. Damit die Krone gut sitzt, müssen wir genau wissen, wie groß dein Kopf ist." Sie legte das Maßband um Cedrics Kopf herum und schrieb eine Zahl auf.

→ BILD Kapitel 15 zeigen
Miss deinen Kopfumfang.
Wie viele Zentimeter sind es?
Vergleicht euren Kopfumfang.
Hat jedes Kind den gleichen Kopfumfang?

Die Kronenmacherin nahm ein breites Goldband und zeichnete den Umfang ein. „Das Band muss aber noch ein paar Zentimeter länger sein als der Kopfumfang. An diesem Stückchen wird es dann zu einem Ring verbunden." Sie schnitt das Band ab und steckte es mit einer Klammer fest. Der Ring passte genau auf Cedrics Kopf. „Das wird eine ganz feine Krone!", sagte Cedric erfreut.

Bastle dir selbst eine Krone.
Gib 5 cm zum Umfang dazu, schneide Zacken in die Krone, verschließe den Ring mit den Verschlüssen.
Passt sie dir?

Inzwischen waren auch die anderen Kinder in die Schatzkammer gekommen. Jedes Kind durfte einen Edelstein für Cedrics Krone aussuchen. Die Kronenmacherin notierte alles in einem kleinen Notizbuch. „Übermorgen ist die Krone fertig", sagte sie „und das wird bestimmt die prächtigste Krone im ganzen Königreich."

KV 26: Begriffe für das Protokoll zum Knobelplakat 10

Knobelplakat 10

Der Schild mit den Edelsteinen soll mit einem Schnitt durch die Kreismitte in zwei gleich große Teile geteilt werden. Teile so, dass auf jeder Hälfte gleich viele Edelsteine sind.

Kreis

schneiden

Scheibe

Edelsteine

auseinander

zu viel

gleich viel

addieren

Schild

zusammenzählen

Strich

Steine

gerecht

zeichnen

Lineal

einzeichnen

Felder

teilen

Bleistift

probieren

zu wenig

Ziele und Kompetenzen

- Daten sammeln und darstellen
- Balken- und Säulendiagramme lesen und interpretieren können
- Zufallsexperimente durchführen und Aussagen über die Wahrscheinlichkeit von Ereignissen treffen können

Didaktische Hinweise

Der Einstieg in dieses Kapitel erfolgt durch die Erstellung sogenannter „Schlüsselbilder".
Kinder stellen dabei Informationen über sich selbst verschlüsselt dar, die dann gesammelt und ausgewertet werden können. Beispielauswertungen aus einer erfundenen Klasse dienen als Muster S 97 .
Balken- oder Säulendiagramme, die als Einheit ein Kästchen (und geringe Anzahlen) haben, sind für Kinder leicht zu erstellen und auch abzulesen. Der Zusammenhang zwischen Strichliste, Tabelle und anschließender Darstellung als Balkendiagramm wird jeweils an einem Sachverhalt erarbeitet. Das Beschriften und das Ablesen von Daten aus den einzelnen Darstellungsformen sollte von Anfang an intensiv gepflegt werden.
Beim Thema Zufall und Wahrscheinlichkeit liegt der Schwerpunkt beim Experimentieren und bei der sauberen Versprachlichung der neuen Begrifflichkeiten „möglich, unmöglich, wahrscheinlich, unwahrscheinlich, sicher". Aber auch das Aufstellen von Relationen in Form von „Ereignis A ist wahrscheinlicher als B" ist für leistungsstärkere Schülerinnen und Schüler möglich. Ebenso sind Notationsformen für gemachte Zufallsexperimente von Bedeutung. Es bieten sich wiederum die Darstellungsformen Strichliste oder Tabelle an. Mithilfe dieser Darstellungen bleiben die „Ergebnisse" der Experimente nachhaltig ablesbar und vergleichbar. Sie unterstützen die Argumentation der Kinder hinsichtlich der Verwendung der Begriffe wahrscheinlich, unwahrscheinlich, …
Geben Sie den Kindern in diesem Kapitel genug Zeit zum vorherigen Abschätzen für die Wahrscheinlichkeit eines Ereignisses, sowie zum Malen, Spielen und Probieren. Es geht vor allem um Verständnis und weniger um das Einüben von Routinefertigkeiten.

Materialien

- Knobelplakat 11: „Würfel oder Münzen?"
- Schülerbuch S 96–99
- Arbeitsheft S 69–71
- Kopiervorlage 27 Begriffe für das Protokoll zum Knobelplakat 11
  Kopiervorlage 28 Schlüsselbild: Mein Haus
  Kopiervorlage 29 Schlüsselbild: Mein Pferd
- Abenteuergeschichte „Pferde für das Königreich"
- Lernwerkstatt
  LS 26 Schlüsselbild: Mein Haus
  LS 27 Gesucht: Schlüsselbilder
- CD-ROM Übung „Balkendiagramme"

Knobelplakat 11 Würfel oder Münzen

Aufgabenstellung

Marie und Edi haben ihre Spielergebnisse notiert. Marie hat 20 mal gewürfelt und bei jedem Wurf die Punkteanzahl aufgeschrieben. Edi hat 20 mal 6 Münzen geworfen und bei jedem Wurf aufgeschrieben, wie viele Münzen „Zahl" gezeigt haben. Finde heraus, wem welcher Zettel gehört.

Auflösung

Die mathematische Lösung lautet: Zettel A gehört wahrscheinlich Marie und Zettel B gehört wahrscheinlich Edi.

Begründung: Beim Würfel ist die Wahrscheinlichkeit jeder Zahl zwischen 1 und 6 gleich hoch. Auf dem Ergebniszettel werden die Zahlen also ungefähr gleich oft vorkommen. Beim Wurf von Münzen ist die Wahrscheinlichkeit, dass 0 oder 6 Münzen „Zahl" zeigen, sehr gering (1/64tel), die Wahrscheinlichkeit, dass z.B. 3 Münzen „Zahl" zeigen hingegen hoch. Auf dem Ergebniszettel wird daher öfter 2, 3 oder 4 vorkommen als 0 oder 6.

Was tun, wenn …

… kein Kind eine richtige Lösung gefunden hat?
Lassen Sie die Kinder selbst mit Würfeln und Münzen die Aufgabenstellung nachvollziehen. Dabei müssen die Ergebnisse aufgeschrieben werden. Die Kinder sollen selbst Gesetzmäßigkeiten erkennen.

Hilfreich ist, wenn die Kinder in ihren eigenen Protokol-

Daten und Zufall

len die Anzahl der Zahlen abzählen und in einer Tabelle festhalten. Lenken Sie die Aufmerksamkeit der Kinder darauf, welche Zahlen überhaupt vorkommen können. Bei den Münzen sind auch 0 Münzen, die „Zahl" zeigen möglich, beim Würfel gibt es die Zahl 0 als Ergebnis nicht.

Würfel:

1	2	3	4	5	6
13	7	18	9	11	12

Münzen:

0	1	2	3	4	5	6
0	3	8	19	17	5	1

… falsche Lösungen auftauchen?
Da auf keinem Zettel die Zahl 0 vorkommt, gibt es hier keine falsche Lösung. Es gibt nur eine Lösung, die wahrscheinlicher ist als die andere. Lassen Sie die Kinder auf jeden Fall begründen, warum sie die Zettel auf diese Weise zuordnen und nicht anders.

… ein Kind sehr rasch die richtige Lösung gefunden hat?
Lassen Sie das Kind eine Begründung für die gefundene Lösung formulieren. Fragen Sie, ob auch eine andere Lösung möglich wäre.

Mögliche Weiterführung
Stellen Sie den Kindern die Frage, ob es eine Zahl gibt, die eindeutig den Würfeln oder den Münzen zugeordnet werden kann.
Schlagen Sie den Kindern vor, eine Ergebnistabelle für eine Auswahl aus folgenden Spielen zu erstellen und zu interpretieren:

- Würfeln mit zwei Würfeln, Addition der Augenzahlen
- Würfeln mit zwei Würfeln, Subtraktion der Augenzahlen
- Würfeln mit zwei Würfeln, Multiplikation der Augenzahlen
- Ziehen von Ziffernkarten (Bereich 0 bis 9)
- Ziehen von zwei Ziffernkarten, Verwendung als Zehner und Einerstelle
- Werfen einer größeren Anzahl von Münzen, z.B. 10 …

Dazu sollen folgende Fragen beantwortet werden: Gibt es Zahlen, die häufiger vorkommen als andere? Welche ist die größte mögliche Zahl? Welche die kleinste? Gibt es Zahlen in diesem Bereich, die gar nicht vorkommen können?

Begriffe für das Protokoll
Würfel, Augenzahl, Münze, Kopf, Zahl, würfeln, werfen, zeigen, aufschreiben, vergleichen, Tabelle, Protokoll, kommt oft vor, kommt selten vor, kommt nie vor, häufig, sicher, möglich, unmöglich, wahrscheinlich, unwahrscheinlich

Leonardos Protokoll
Ich habe 20 mal gewürfelt und in einer Tabelle aufgeschrieben, wie oft die Zahlen gekommen sind. Dann habe ich die Münzen 20 mal geworfen und aufgeschrieben, wie oft Zahl gekommen ist. Mir ist aufgefallen, dass mein Zettel für die Würfel ähnlich aussieht wie der Zettel A. Deswegen glaube ich, dass der Zettel A Marie gehört.

Einstieg mit der Abenteuergeschichte

Wenn Sie mit der Abenteuergeschichte einsteigen wollen, lesen Sie die Geschichte selbst vor oder erzählen Sie sie in ihren eigenen Worten:
Die Kinder, ganz besonders Philipp, waren enttäuscht, dass es im Schloss keine Reitpferde gab. Zum Glück gab es in der Stadt gerade eine Pferdemesse. Haushofmeister Hinzkunz gab den Kindern genug Geld, damit sie fünf Reitpferde, Sättel und Zaumzeug kaufen konnte.

Klassenaktivität (Vorschlag für den Einstieg)

Schlüsselbild
Erklären Sie den Schüler/innen den Zusammenhang zwischen den Hinweise-Kästchen in Übung S 96/1 und den Pferden bei Cedric und Linn. Besprechen Sie im Klassenverband, welche Informationen die Schülerinnen und Schüler aus den Pferden hinsichtlich deren Besitzern entnehmen können. In der Folge soll jedes Kind dann sein eigenes Schlüsselbild „Pferd" gestalten. Verwenden Sie dazu die Kopiervorlage KV 29 (Schlüsselbild: Mein Pferd) aus dem Handbuch für Lehrerinnen und Lehrer. Begleiten Sie die Kinder bei dieser ersten Arbeit Schritt für Schritt.
Frage 1 „Wie willst du die Pferdedecke bemalen? Überlege, was du gerne sein würdest: Häuptling, Heiler, Jäger oder Händler. Für Häuptling musst du die Decke schwarz anmalen, für Heiler verwende grün …" Bearbeiten Sie auch die anderen drei Fragen auf diese Weise. Die Kinder sollen dann ihre fertig bemalten Schlüsselbilder mit einem Kind oder mehreren Mitschülern/innen austauschen. Die Kinder entschlüsseln die Antworten ihrer Mitschüler/innen und erklären, was sie aus den Schlüsselbildern lesen können, z.B. „Ich sehe, du hast das Fell dunkelbraun angemalt, das heißt, du

würdest gerne auf dem Land leben". Stellen Sie danach alle Bilder (mit den Namen der Kinder beschriftet) in der Klasse aus. Nun sammelt jedes Kind die Klassendaten, wie in Aufgabe S 96/2 beschrieben.

Tipps zur Erarbeitung im Buch

S 96/1 Möglicher Einstieg mit Abenteuergeschichte, siehe oben.

S 96/2 Hinweise zur Arbeit mit Schlüsselbildern siehe Klassenaktivität.

S 98/1 Führen Sie diese Art von Experimenten in der Klasse durch. Lassen Sie zunächst Vermutungen bezüglich der Wahrscheinlichkeit anstellen.

S 98/2 Diese Aufgabenstellung bildet die Umkehrung zu Aufgabe 1. Sie ist deutlich schwerer im Anspruch, weil hier die Begriffe „wahrscheinlich, möglich, ..." bereits verinnerlicht sein müssen und auf dieser Basis – ohne Durchführung von Experimenten – die richtigen Ausgangsbedingungen zeichnerisch dargestellt werden sollen. In Partnerarbeit mit leistungsschwächeren Schülerinnen und Schüler können zur Überprüfung der Aussagen die entsprechenden Experimente durchgeführt werden.

S 99/1 Die Notation der Ergebnisse von Zufallsereignissen ist für Kinder dieser Altersstufe nicht selbstverständlich. Pflegen Sie von Anfang die Notationsformen. Leistungsstärkere Schülerinnen und Schüler können gerne neben der Strichliste auch bereits die Darstellung in Tabellenform wählen. Diese Darstellungen ordnen das Arbeiten und helfen beim Verstehen der Zusammenhänge. Die Tabelle wird später (Sekundarstufe I) weiter ausgebaut bei der Bestimmung der Wahrscheinlichkeit nach Laplace.

Daten und Zufall

Lernwerkstatt – Lernstation

LS 26 Schlüsselbild: Mein Haus

Mathematischer Inhalt: Daten sammeln, darstellen und interpretieren
Gruppengröße: Kleingruppe
Material: KV 28, Schere, Buntstifte

Jedes Kind malt sein Haus gemäß der Schlüsselfragen an, beschriftet es und hängt es in der Klasse auf. Mit Hilfe der Schlüsselfragen kann man auch die Informationen der anderen Kinder lesen.

LS 27 Gesucht: Schlüsselbilder

Mathematischer Inhalt: Daten sammeln, darstellen und interpretieren
Gruppengröße: Kleingruppe
Material: Papier, Bleistifte, Farbstifte

Nachdem die Kinder das im Buch vorgestellte Schlüsselbild und die damit verbundenen Aktivitäten kennen, sollen sie selbstständig Schlüsselfragen formulieren und Bilder zum Bemalen entwerfen. Sie können für die ganze Klasse bestimmte Themen vorgeben (z.B. Meine Familie und ich, Sport, Lieblingssendungen, Lieblingsspeisen, …) oder die Kinder frei wählen lassen.

Gestaltungsvorschlag zum Thema „Fernsehen"
Schlüsselbild: TV-Geräte, Fernbedienung, Programmzeitschrift, …

Schlüsselfragen:

Wie oft schaust du fern?	Bemale das TV-Gerät …
täglich	rot
mehrmals in der Woche	blau
ganz selten, fast nie	gelb

Schaust du gerne Tiersendungen?	Bemale die Fernbedienung …
ja	grün
nein	gelb

Schaust du gerne Sportsendungen?

Achten Sie in der Vorbesprechung darauf, dass die Kinder Entscheidungsfragen formulieren (Antwort „ja" oder „nein") oder Fragen mit ganz klaren Antwortkategorien (Querverbindung Deutschunterricht). Idealerweise werden die Schlüsselbilder der einzelnen Gruppen für alle Kinder kopiert. Jedes Kind kann dann im Laufe der Zeit die Schlüsselbilder individuell bearbeiten. Am Ende dieser Arbeitsphase sollen dann alle Schlüsselbilder besprochen und ausgewertet werden. Hier bietet sich auch die Erstellung von Klassenstatistiken hervorragend an.

CD-ROM Übung Balkendiagramme

Inspektor Suchfinder will mit den Daten der Schule eine Präsentation erstellen. Die Zahlen sollen in einem Diagramm präsentiert werden. Die Kinder lesen die Notizen und zeichnen die entsprechenden Balken.

Abenteuergeschichte – Pferde für das Königreich S 96/1

Was bisher geschah:
Wenn Gäste ins Schloss kamen, dann herrschte für Cedric Kronenpflicht. Doch er wollte seine Krone nicht tragen, weil sie ihm nicht gefiel und auch nicht gut passte. Die Kronenmacherin wurde gerufen. Sie bestimmte den Umfang von Cedrics Kopf ganz genau und stellte für ihn eine neue Krone her. Alle Kinder durften dafür einen Edelstein aussuchen.

Mathematischer Inhalt:
Daten interpretieren, Schlüsselbilder
➔ Stuhlkreis, ohne Bild beginnen

Gianni hatte für alle ein Festessen gekocht. Die Kinder saßen im Speisesaal und ließen es sich schmecken. Auch Hinzkunz war von Giannis Kochkünsten begeistert.
Da meldete sich Philipp: „Ich habe da eine Frage. Mir ist aufgefallen, dass es im ganzen Schloss kein einziges Reitpferd gibt. Im Stall stehen nur zwei alte Kutschenpferde. Mit denen kann man nicht mehr ausreiten."
Hinzkunz tat so, als hätte er die Frage nicht gehört. Doch Cedric wollte es genau wissen. „Ja, das ist tatsächlich seltsam", sagte er. „Herr Hinzkunz, warum gibt es in unserem Schloss keine Reitpferde?"
Hinzkunz war verlegen, er stotterte sogar ein bisschen. „Ähm … nun ja … das ist … weil … Im ganzen Schloss gibt es niemanden, der sich mit Pferden auskennt. Ich selber habe einmal ein Pferd gekauft, das jeden Reiter abgeworfen hat. Ein anderes wollte nie einen Sattel tragen. Ein drittes wollte unser Futter nicht fressen. Wir mussten alle Tiere gleich wieder verkaufen."
Linn zeigte auf Philipp und sagte: „Unser Freund Philipp hat Pferde gezüchtet und er ist der beste Reiter, den ich kenne. Bestimmt kann er uns helfen." Hinzkunz war erfreut. „Das passt gut, sehr gut sogar. Heute Nachmittag findet am Hauptplatz eine Pferdemesse statt. Dort stehen die besten Pferde aus dem In- und Ausland zum Verkauf." „Wunderbar", sagte Philipp, „ich sehe mir jedes Pferd ganz genau an. Dann wählen wir gemeinsam ein paar Tiere aus." Hinzkunz war einverstanden und gab den Kindern einen Beutel mit Geld: „Den Pferdekauf überlasse ich euch gerne."
Auf dem Hauptplatz war schon viel los. Alle Wege waren mit Stroh bedeckt und es roch nach Pferdemist. Philipps Augen strahlten. Hunderte Pferde standen da und wieherten laut. Schwarze, braune, weiße, große, kleine … schwere Zugpferde und elegante Reitpferde. Er ging von Pferd zu Pferd, streichelte jedem Tier über die Mähne, verteilte Zucker, schaute dabei den Pferden ins Maul und redete mit den Besitzern.
Nora rief: „Da drüben auf der Wiese stehen ganz besondere Pferde. Sie werden zwar nicht verkauft, doch ihre Besitzer zeigen mit ihnen Kunststücke." Sofort liefen die Kinder hin. „Schaut", sagte Linn, „auf den Tafeln steht etwas über die Besitzer der Pferde." Die Kinder lasen die Beschreibungen und schauten die Pferde genau an.

➔ BILD Kapitel 17 zeigen
Lies die Beschreibungen und betrachte die Pferde.
Was kannst du über die Besitzer herausfinden?

Linn erklärte: „Das schwarze Pferd gehört einem Jäger, der im Gebirge lebt und gerne früh am Morgen aufsteht." Cedric sagte: „Die Besitzerin des braunen Pferdes ist eine Heilerin, die gerne abends lange aufbleibt. Sie lebt in der Wüste." Nach und nach wurden die Tiere vorgestellt. Dann begann die Vorstellung.
Ein kleiner Mann mit Pfeil und Bogen bestieg das schwarze Pferd, eine Frau in langem weißen Gewand setzte sich auf das braune. Gemeinsam mit den Pferden zeigten sie unglaubliche Kunststücke. Die Tiere konnten hoch springen, auf den Vorder- und Hinterbeinen tanzen, seitwärts und rückwärts gehen und mit fliegenden Mähnen über die Wiese galoppieren.
Philipp hatte inzwischen fünf Pferde ausgesucht. „Das sind die besten Reitpferde, die es hier gibt", sagte er stolz. „Haben wir auch genug Geld um sie zu kaufen?" fragte Aron. Cedric nickte. „Hinzkunz war sehr großzügig. Er hat uns so viel Geld mitgegeben, dass wir auch noch Sättel und Zaumzeug kaufen können." Die fünf Freundinnen und Freunde sattelten die Pferde, stiegen auf und ritten zum Schloss zurück. Die Menschen auf dem Hauptplatz winkten ihnen nach. Philipp saß ganz besonders aufrecht auf seinem Pferd und strahlte. Heute fühlte er sich wie ein König.

KV 27: Begriffe für das Protokoll zum Knobelplakat 11

Augenzahl

Protokoll

werfen

sicher

kommt selten vor

Kopf

aufschreiben

unwahrscheinlich

vergleichen

unmöglich

Münze

häufig

Würfel

würfeln

kommt oft vor

zeigen

Zahl

wahrscheinlich

kommt nie vor

Tabelle

möglich

KV 28: Schlüsselbild: Mein Haus

Dieses Schlüsselbild gehört: ______________________

Schlüsselfragen

a) Bist du ein Bub oder ein Mädchen?

	Mädchen	Bub
Male die Wand an:	rot	blau

b) Neben wem würdest du gerne sitzen?

	Mädchen	Bub	alleine
Male das Dach an:	rosa	hellblau	gelb

c) Welche Tasche hast du für deine Schulsachen?

	Schultasche	Rucksack	etwas anderes
Male die Tür an:	schwarz	braun	grün

d) Bist du Rechts- oder Linkshänder?

	Rechtshänder	Linkshänder
Male das Fenster an:	gelb	hellblau

Daten und Zufall

KV 29: Schlüsselbild: Mein Pferd

Dieses Schlüsselbild gehört: ______________________________

Schlüsselfragen

a) Bist du ein Mann oder eine Frau?

	Frau	Mann
Male die Mähne an:	braun	schwarz

b) Wer möchtest du gerne sein?

	Häuptling	Heiler/in	Jäger/in	Händler/in
Male die Pferdedecke an:	schwarz	grün	rot	blau

c) Bist du ein Morgenmensch oder ein Abendmensch?

	Morgenmensch	Abendmensch
Male auf den Pferderücken:	Sonne	Mond

d) Wo möchtest du leben?

	in der Wüste	auf dem Land	im Gebirge
Male das Fell des Pferdes an:	hellbraun	dunkelbraun	schwarz

Ziele und Kompetenzen

- **Uhrzeiten aus Fahrplänen ablesen können**
- **Den Unterschied zwischen Zeitpunkt und Zeitdauer kennen**
- **Stunden und Minuten umrechnen können**
- **Zeitdauern berechnen können**
- **Übliche Sprechweisen von Uhrzeiten kennen**
- **Minuten und Sekunden umrechnen können**

Didaktische Hinweise

Das Ablesen der Uhr sollte für die meisten Kinder kein Problem mehr darstellen.
In diesem Kapitel liegt der Schwerpunkt auf der Berechnung von Zeitdauern und Umrechnung zwischen Stunden, Minuten und Sekunden.

Materialien

- **Schülerbuch S 100–104**
- **Arbeitsheft S 72–74**
- **Kopiervorlage 30 Fahrpläne**
  Kopiervorlage 31 Schlüsselbild: Eisenbahn
- **Abenteuergeschichte „Pünktlich wie die Eisenbahn"**
- **Lernwerkstatt**
  LS 28 Fahrpläne
  LS 29 Schlüsselbild: Eisenbahn
- **CD-ROM Übung „Zeitpunkt und Zeitdauer"**

Einstieg mit der Abenteuergeschichte

Wenn Sie mit der Abenteuergeschichte einsteigen wollen, lesen Sie die Geschichte selbst vor oder erzählen Sie sie in ihren eigenen Worten:
Das Königreich bekam eine neue Eisenbahn mit starken Lokomotiven und bequemen Waggons. Pantolini war der Baumeister. Bald schon konnten die neuen Züge fahren und die Freundeschar war natürlich mit dabei. Auf allen Bahnhöfen gab es auch neue Anzeigetafeln. Doch die Kinder mussten feststellen, dass mit dem Fahrplan etwas nicht stimmte. Pantolini hatte nicht an die Zeiten für das Aus- und Einsteigen gedacht. Rasch programmierte er die Fahrpläne neu.

Klassenaktivität (Vorschlag für den Einstieg)

Schlüsselbild: „Eisenbahn"
Die Arbeit mit Schlüsselbildern wurde in Kapitel 17 eingeführt. Bei dem Schlüsselbild „Eisenbahn" bemalt jedes Kind seinen eigenen Zug im Sinne der dazugehörigen Schlüsselfragen rund um Bahnfahren und Uhrzeiten (siehe KV 31). Die Schlüsselbilder können dann als Klassenausstellung aufgehängt und in weitere Folge mit Tabellen und Diagrammen zu den einzelnen Fragen ausgewertet werden.

Tipps zur Erarbeitung im Buch

S 100/1 Möglicher Einstieg mit Abenteuergeschichte, siehe oben.

S 100/2 Das Ordnen von Informationen mittels Tabellen wird in diesem Thema weitergeführt. Die Unterscheidung zwischen Zeitpunkt und Zeitdauer wird so klarer.

S 101/4 Die Darstellungsform Tabelle wird ausgebaut zu einem Plan (Fahrplan, Reiseplan).
Häufig macht den Schülerinnen und Schülern der Übergang über die volle Stunde bei der Bestimmung der Zeitdauer ein Problem.
Sie können die Darstellung aus Aufgabe 2 und 3 dieser Seite erweitern in folgender Form:
08:40 Uhr —20 min→ 09:00 Uhr —36 min→ 9:36 Uhr
Zeitdauer: 20 min + 36 min = 56 min

S 102/1, 2 Die Bestimmung der Zeitdauer erfolgt wieder in zwei Teilschritten wie oben gezeigt.

S 102/4, 5 Innerhalb der Größe Zeit gelten andere Umrechnungszahlen als etwa bei Geld, Längen oder Gewichten. Wenn Kinder hier Probleme haben, sind zusätzliche Arbeiten an der Spiel-Rechenuhr notwendig. Aufgabe 3 kann auch ausgebaut werden in dem Sinne: Wie viel Minuten fehlen bis zur vollen Stunde?

S 103/1 Ein Zeitverständnis, ein Einschätzen der Zeitdauer von 1 min wird anhand konkreter Übungen erarbeitet. Dabei lernen die Schülerinnen und Schüler, dass Zeitdauern durchaus subjektiv unterschiedlich wahrgenommen werden. Das Stehen auf einem Bein ist anstrengend und wird deshalb als langwierig wahrgenommen.

Zeitpunkt und Zeitdauer

Lernwerkstatt – Lernstation

LS 28 Fahrpläne

Mathematischer Inhalt: Tabellen lesen
Gruppengröße: Einzelarbeit
Material: KV 30 Fahrpläne

Die Kopiervorlage hält anspruchsvolle Aufgaben zum mathematischen Schwerpunkt „Informationen aus Tabellen entnehmen" bereit.

Wenn Ihre Schüler/innen die Aufgaben 1 und 2 gut gelöst haben, sind sie bestimmt auch bereit für eine Steigerung des Schwierigkeitsgrades. Präsentieren Sie ihnen noch folgende Aufgaben.

Schau beide Fahrpläne an und beantworte die Fragen.

1. Olaf fährt um 7:10 Uhr in Oststadt los. Wann ist er frühestens in Südstadt?
2. Alice ist in Nordstadt und will nach Weststadt. Es ist 16:00 Uhr. Wann ist sie frühestens in Weststadt?
3. Wolfram sitzt im Zug Gleiter. Er wird in 10 Minuten in Hauptstadt ankommen. Wie spät ist es jetzt?
4. Es ist 8:55 Uhr. Welche Züge stehen gerade in Hauptstadt?

LS 29 Schlüsselbild: Eisenbahn

Mathematischer Inhalt: Daten sammeln, darstellen und interpretieren
Gruppengröße: Einzelarbeit, dann alle Kinder der Klasse
Material: KV 31 Schlüsselbild: Eisenbahn

Den Kindern ist die Arbeit mit Schlüsselbildern inzwischen gut bekannt. Besprechen Sie im Klassenverband die gesammelten Daten. Welche Fragen rund um den Themenschwerpunkt „Reisen" könnten noch interessant sein? Weitere selbst gestaltete Schlüsselbilder sind ausdrücklich erwünscht!

CD-ROM Übung Zeitpunkt und Zeitdauer

Wer hat Schokolade gestohlen? Die Verdächtigen müssen beweisen, dass sie unschuldig sind. Die meisten haben ein Alibi, d.h. sie nennen den Ort wo sie angeblich gewesen sind, als die Diebstähle passiert sind. Doch nicht alle sagen die ganze Wahrheit. Mit Hilfe von Landkarten und Wegzeiten werden die Dieb/innen entlarvt.

Abenteuergeschichte – Pünktlich wie die Eisenbahn S 100/1

Was bisher geschah:
Die Kinder, ganz besonders Philipp, waren enttäuscht, dass es im Schloss keine Reitpferde gab. Zum Glück gab es in der Stadt gerade eine Pferdemesse. Haushofmeister Hinzkunz gab den Kindern genug Geld, damit sie fünf Reitpferde, Sättel und Zaumzeug kaufen konnte.

Mathematischer Inhalt:
Zeitpunkt, Zeitdauer
➔ Stuhlkreis, ohne Bild beginnen

Eines Tages trompetete Hinzkunz besonders laut: „Königlicher Ruf, dringende Geschäfte! Herr Pantolini hat die Eisenbahn im ganzen Land erneuert. Ab morgen fahren die neuen Züge." Cedric rief: „Das ist ja großartig. Die Menschen im Königreich werden sich freuen!" Am nächsten Morgen standen die Kinder bereits um halb sieben Uhr am Bahnhof. Dort gab es auch neue Anzeigetafeln mit den Abfahrts- und Ankunftszeiten aller Züge. „Hier steht auch, wie viel Verspätung die Züge haben", sagte Aron. „Hoffentlich steht da immer Null Minuten. Die neue Eisenbahn wird wohl pünktlich sein."
Exakt um sechs Uhr fünfzig fuhr ein fantastischer Zug in den Bahnhof ein. Die Lokomotive glänzte rot und die Waggons waren bunt lackiert. Die großen Fenster waren blitzsauber, ein paar waren mit Luftballons geschmückt. Der Zug schien über die Schienen zu schweben, nur ein leises Windgeräusch war zu hören. Die Kinder stiegen ein und nahmen auf den Ledersitzen Platz. „Das ist ja urgemütlich", sagte Aron. „Kein Vergleich zu früher", nickte Philipp. Linn und Nora kuschelten sich in die weichen Polster. Cedric strahlte.
Alle Fahrgäste bewunderten die neuen Waggons und genossen die Fahrt durch die wunderschöne Landschaft. Der Zug kam pünktlich am Bahnhof Südstadt an. Cedric erklärte: „Wir müssen Pantolini sofort zu seiner tollen Arbeit gratulieren. Los, wir fahren gleich wieder zurück in die Hauptstadt. Wann geht der nächste Zug?"
Auch auf diesem Bahnhof gab es eine neue Anzeigetafel. „Da steht: Abfahrt nach Hauptstadt um 8:05. Aber es ist schon 8:10 und der Zug ist noch nicht da", stellte Aron fest. Die Kinder standen am Bahnsteig und warteten. Die Verspätung wurde von Minute zu Minute größer. „Jetzt sind es schon 10 Minuten", sagte Nora. Endlich fuhr der Zug ein.

➔ BILD Kapitel 18 zeigen
Lies die Anzeigetafel.
Wann sollten die Züge abfahren? Wann sollten sie ankommen?
Wie viel Verspätung haben sie?
Wann werden die Kinder wirklich in der Hauptstadt ankommen?

Die Rückfahrt in die Hauptstadt war genauso herrlich. Doch weil der Zug 10 Minuten zu spät abgefahren war, kam er auch 10 Minuten zu spät an. Linn meinte: „Ich glaube, mit dem Fahrplan stimmt etwas nicht."

Was meinst du?
Was könnte mit dem Fahrplan nicht stimmen?
(Der Aufenthalt in den Bahnhöfen ist nicht berücksichtigt.)

Die Kinder liefen gleich zu Pantolini. Cedric begrüßte ihn: „Herr Pantolini, wir kommen gerade von der ersten Fahrt zurück. Die neue Eisenbahn ist einfach toll, wir gratulieren herzlich!" Pantolini war hoch erfreut. Cedric sprach weiter: „Doch leider gibt es ein kleines Problem. Die Züge sind verspätet." Philipp hatte die Zeiten aufgeschrieben und zeigte sie Pantolini. Er studierte die Zahlen und rief dann ganz betroffen: „Großer Fehler, riesengroßer Fehler! Tut mir leid, ich werde den Fahrplan sofort neu programmieren." Rasch lief er zu einem Computer, drückte viele Tasten, schaute immer wieder auf den Bildschirm und drückte zum Abschluss die Eingabetaste. „So, jetzt ist alles in Ordnung", verkündete er zufrieden.
„Was hat denn nicht gestimmt?", wollte Linn wissen. Pantolini erklärte: „Ich habe vergessen, dass die Reisenden auch Zeit zum Aus- und Einsteigen brauchen. Der Zug kann nicht um 8:05 in Südstadt ankommen und gleichzeitig um 8:05 wieder abfahren. Doch keine Sorge, der neue Fahrplan ist schon auf allen Bahnhöfen zu lesen." Cedric lachte: „Na dann, gute Fahrt!"

Zeitpunkt und Zeitdauer

KV 30: Fahrpläne

Diese Fahrpläne gehören: ______________________________

(1) **Lies den Fahrplan Oststadt – Weststadt und beantworte die Fragen.**

	Zug	Rocket	Flitzer	Gleiter	Eiswind	Rolli
Oststadt	ab	7:10	7:40	12:00	15:30	16:00
Hauptstadt	an ab	8:10 8:15	8:45 9:00	13:15 13:25	16:32 16:40	17:08 17:15
Weststadt	an	8:45	9:35	14:00	17:13	17:53

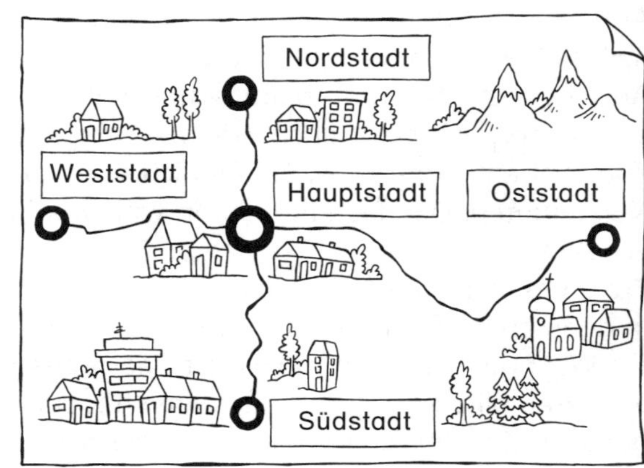

Welcher Zug fährt zu Mittag von Oststadt ab? ______________

Wie viele Züge fahren täglich von Oststadt nach Weststadt? ______________

Ilse fährt um 15:30 in Oststadt los. Wann ist sie in Hauptstadt? ______________

Welcher Zug hat den längsten Aufenthalt in Hauptstadt? ______________

★ Welcher Zug ist der schnellste? ______________

(2) **Lies den Fahrplan Nordstadt – Südstadt und beantworte die Fragen.**

	Zug	Ratter	Renner	Speedy	Nacht
Nordstadt	ab	8:00	8:32	16:30	16:45
Hauptstadt	an ab	8:20 8:25	8:50 8:56	16:42 16:47	17:10 17:20
Südstadt	an	9:10	9:37	17:28	18:11

Wann fährt der letzte Zug in Nordstadt ab? ______________

Wie lang dauert der längste Aufenthalt in Hauptstadt? ______________

★ Welcher Zug ist der schnellste? ______________

KV 31: Schlüsselbild: Eisenbahn

Eisenbahn von: ______________________________

1 Schlüsselfragen

Wohin würdest du gerne mit einem Zug fahren?

	zu einem See	in die Berge	in eine Stadt
Male die Lok an:	blau	braun	grau

Welcher Beruf rund um die Eisenbahn interessiert dich am meisten?

	Lokführer, Lokführerin	Mitarbeiter, Mitarbeiterin im Speisewagen	Techniker, Technikerin
Male die Türen an:	rot	grün	schwarz

Wie kommst du morgens zur Schule?

	Zug	Bus	Auto	zu Fuß
Male die Fenster an:	alle hellblau	alle hellgrau	abwechselnd grau und blau	alle lila

Wie lang brauchst du morgens zur Schule?

	weniger als 15 Minuten	15 bis 30 Minuten	mehr als 30 Minuten
Male die Wagons an:	gelb	rosa	grün

2 Wie weit haben die Kinder von zu Hause in die Schule?

Schau dir die Schlüsselbilder der Kinder deiner Klasse an.
Male für jedes Kind ein Kästchen an.

Schulweg kürzer als 1 Kilometer

Schulweg länger als 1 Kilometer

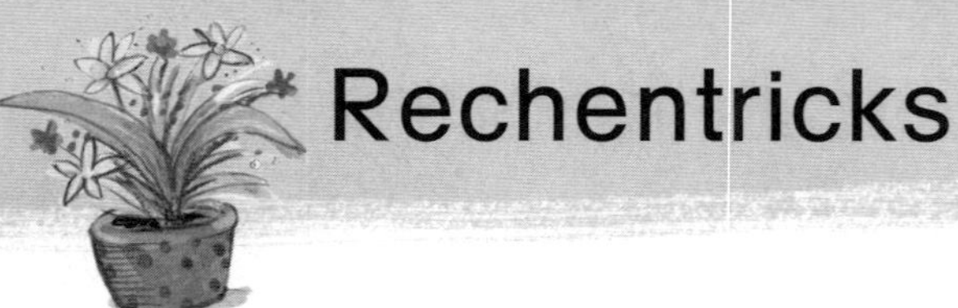

Rechentricks

Ziele und Kompetenzen

- Rechenvorteile erkennen und nutzen
- Strategie geleitetes Lernen anwenden
- flexibles Kopfrechnen als Rechenerleichterung nutzen

Didaktische Hinweise

In diesem Kapitel werden verschiedene „Rechentricks" vorgestellt. Das Ziel dabei ist meist nicht der Trick selbst, sondern das dahinterliegende Prinzip, um den Kindern ein tieferes Verständnis der Operationen zu vermitteln.
Strategische Werkzeuge können sein:
das geschickte Zerlegen von Zahlen (z.B. …. + 198 als ….. + 200 und dann minus 2), (umgekehrt zur Subtraktion)
Analogien bilden
(z. B. wenn 38 + 15 = 53, dann ist 638 + 15 = 653),
die Tauschaufgabe nutzen
(83 + 407 =? durch 407 + 83 = 490),
Umkehraufgabe als Lösungskontrolle
Hilfsaufgaben nutzen
(500 + 250 = ? durch 50 + 25 = 75)
gleichsinniges Verändern bei der Subtraktion
(702 – 112 = ? verändern in 700 – 110 oder 496 – 236 verändern in 500 – 240)
gegensinniges Verändern bei der Addition
(599 + 176 = ? verändern in 600 + 175=775 oder 403 + 376 in 400 + 379)

Der sog. „Neunertrick" (2. Summand bzw. Subtrahend nahe 9) wird genutzt zum vorteilhaften Rechnen im Zahlenraum bis 1000. Folgende Aufgabenformen sind diesbezüglich geeignet:
… +/- 99 (199, 299…)
… +/- 499 (498, 497, 496…)
Das gegensinnige Verändern der Zahlen bezüglich der Addition bzw. das gleichsinnige Verändern der Zahlen bezüglich der Subtraktion kann über sog. strukturierte Päckchen plausibel gemacht werden.
z.B.

404 + 375 oder in größeren Schritten	404 + 375
403 + 374	400 + 379
402 + 373	
…..	

vgl. Aufgaben S 106 oder S 107

Alle Strategien aus dem Zahlenraum bis 100 sind als Analogieaufgabe auf den größeren Zahlenraum übertragbar.

S 108/1 Das Würfelspiel „Schnapp die Zahl!" fördert ebenfalls das flexible Kopfrechnen und somit eine Vertiefung des Operationsverständnisses der Grundrechenarten.

Materialien

- Knobelplakat 12: „Giannis Eissalon
- Schülerbuch S 105–108
- Arbeitsheft S 75–78
- Kopiervorlage 32 Begriffe für das Protokoll zum Knobelplakat 12
- Abenteuergeschichte „Willkommensfest"
- Lernwerkstatt
  LS 30 Schnapp die Zahl!
  LS 31 Schnapp die Zahl! -Variante

Knobelplakat 12 Giannis Eissalon

Aufgabenstellung

Zwei Kinder kaufen Eis. Ihre Bestellungen sind unterschiedlich, doch beide nehmen einen Schokoflip. Leider können wir die Preisliste von Giannis Eisstand nicht lesen. Wir wissen, was sie insgesamt bezahlen, gefragt ist wie viel ein Schokoflip kostet.

Auflösung

Die mathematische Lösung ist: Der Schokoflip kostet 4 €.
Begründung: Analytisch ergibt sich die Lösung aus dem Gleichungssystem:
3 Erdbeerbecher + 1 Schokoflip = 22 €
1 Erdbeerbecher + 1 Schokoflip = 10 €
Daraus errechnet man, dass der Erdbeerbecher 6 € kostet und der Schokoflip 4 €.

Was tun, wenn …

… kein Kind eine richtige Lösung gefunden hat?
Regen Sie an, dass die Kinder systematisch Preise einsetzen. Fragen Sie nach: „Welche Preise kommen überhaupt infrage?" „Wenn ein Erdbeerbecher und ein Schokoflip zusammen 10 € kosten, wie viel kann dann der Erdbeerbecher und der Schokoflip kosten?" Wenn klar ist, dass die Preise zwischen 1 und 9 € liegen, kann der Preis für den Einkauf des Mädchens leicht berechnet werden. Eine Tabelle ist dabei hilfreich.

Erdbeerbecher								
1	2	3	4	5	6	7	8	9
Schokoflip								
9	8	7	6	5	4	3	2	1
Einkauf Junge								
10	10	10	10	10	10	10	10	10
Einkauf Mädchen								
12	14	16	18	20	22	24	26	28

Alternative: Zeichnen Sie zur Veranschaulichung ein Balkenmodell.

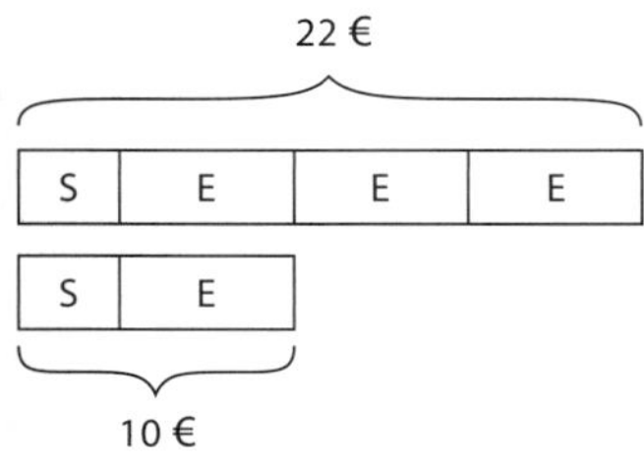

Aus diesem Balkenmodell müsste ein Lösungsweg ersichtlich sein, wie man den Preis eines Erdbeerbechers ausrechnen kann. Daraus folgt der Preis des Schokoflips.

… falsche Lösungen auftauchen?
Fordern Sie die Kinder auf auszurechnen, wie viel der Einkauf des Jungen und des Mädchens mit ihrer Lösung kosten würde. So sollte das Problem schnell sichtbar werden.

Begriffe für das Protokoll
Erdbeerbecher, Schokoflip, Preis, kosten, zusammen, bezahlen, zahlen, dreimal so viel, Einkauf, Mädchen, Junge, zu viel, zu wenig, ausprobieren, einsetzen, ausrechnen, stimmt, stimmt nicht, Tabelle, Balkendiagramm

Leonardos Protokoll
Ich habe einfach ausprobiert. Zuerst hab ich gesagt, ein Erdbeerbecher kostet 3 €. Dann muss der Schokoflip 7 € kosten, weil sie ja zusammen 10 € kosten. Dann müsste das Mädchen 9 € und 7 € zahlen, das sind 16 €. Stimmt nicht. Der Erdbeerbecher muss also mehr kosten. Dann hab ich mit 6 € probiert und es hat gestimmt.
Meine Lösung: Der Erdbeerbecher kostet 6 € und der Schokoflip 4 €.

Einstieg mit der Abenteuergeschichte

Wenn Sie mit der Abenteuergeschichte einsteigen wollen, lesen Sie die Geschichte selbst vor oder erzählen Sie sie in ihren eigenen Worten:
Der König und die Königin sollten endlich von der Kurinsel zurück ins Schloss kommen. Ein großes Willkommensfest wurde geplant. Cedric und Linn besorgten den Blumenschmuck für das Fest.

Tipps zur Erarbeitung im Buch

S 105/1 Möglicher Einstieg mit Abenteuergeschichte, siehe oben.

S 105/3 Das Erkennen und das Nutzen der Proportionalität ist für Grundschüler durchaus ein Problem. An einfachen Sachbeispielen kann der proportionale Zusammenhang noch vereinfacht werden.
Die einzelnen Spalten der Tabelle sollen durch geschicktes Rechnen (die doppelte Anzahl/die Hälfte an Tulpen kostet doppelt/halb so viel…) in einer frei gewählten Reihenfolge ausgefüllt werden.

S 108/2
Eine gute Möglichkeit, mir Fermi-Aufgaben umzugehen ist folgende:
1. Zahlen grob schätzen
Bitten Sie die Kinder, zuerst die Informationen, die sie von der genauen Anzahl her noch nicht kennen, überschlägig zu ermitteln. Gut ist hier, Zahlen zu wählen mit denen man leicht rechnen kann.
Im Beispiel:
Unsere Klasse ist im 2. Stock. Das sind etwa 50 Treppen.
Ich laufe sie 3 mal rauf und runter, das macht 3 mal 100 = 300 am Tag.
Zuhause steige ich nur etwa 10 Treppen, und das etwa 10 mal am Tag.
10 mal 10 = 100. Insgesamt also 300 + 100 = 400.

2. Zahlen so genau wie möglich bestimmen
Nun sollen die Kinder die Treppen tatsächlich zählen und genau überlegen, wie oft sie diese pro Tag steigen (so gut das eben geht).
Mit diesen Zahlen ermitteln sie ein genaueres Ergebnis.

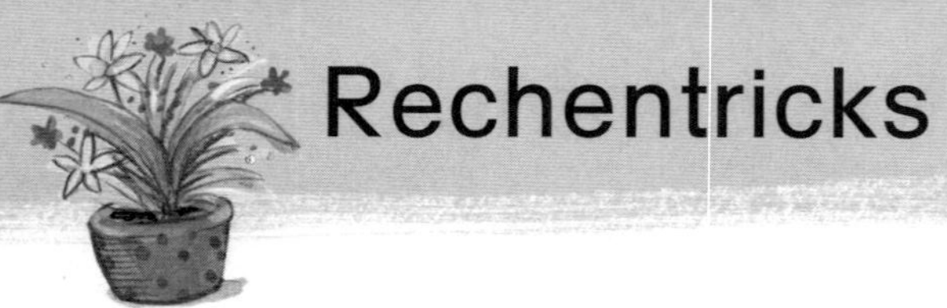

3. Ergebnisse und Rechenwege vergleichen
Viel Lerngewinn liegt nun in der Reflexion. Die Kinder vergleichen einerseits ihre eigenen beiden Rechenwege und deren Ergebnisse, andererseits auch die Ergebnisse mit denen der anderen Kinder.

Bewertung: Plausibilität
Ziel ist es, plausible Ergebnisse zu erhalten mit Rechenwegen und Annahmen, die man erklären kann. Klare richtig/falsch Unterscheidungen sind hier nicht anwendbar.

Lernwerkstatt – Lernstation

LS 30 Schnapp die Zahl!

Mathematischer Inhalt: Rechenvorteile nutzen
Gruppengröße: 2–3 SpielerInnen
Material: 2 Würfel, Blatt Papier, für jedes Kind einen anderen Farbstift

Ablauf:
Schreibt die Zahlen von 0 bis 10 auf das Blatt Papier. Gespielt wird reihum.

Wenn du an der Reihe bist:

1. Wirf beide Würfel.
   Zum Beispiel: 6 und 2
2. Finde eine Rechnung.
   Hier darfst du +, –, · oder : rechnen.
   Zum Beispiel: 6 : 2 = 3
3. Wenn das Ergebnis deiner Rechnung noch frei ist, dann darfst du es dir schnappen.
   Kreise es in deiner Farbe ein.

Das Spiel endet, sobald alle Zahlen geschnappt wurden.

LS 31 Schnapp die Zahl! – Variante

Mathematischer Inhalt: Rechenvorteile nutzen
Gruppengröße: 2–3 SpielerInnen
Material: 2 Würfel, Blatt Papier, für jedes Kind einen anderen Farbstift

Eine schwierigere Variante kann gespielt werden, indem man 3 Würfel und die Zahlen von 0 – 20 verwendet. Dabei wirft man in jeder Runde 3 Würfel, rechnen darf man mit 2 oder 3 der geworfenen Zahlen.

Abenteuergeschichte – Willkomensfest S 105/1

Was bisher geschah:
Das Königreich bekam eine neue Eisenbahn mit starken Lokomotiven und bequemen Waggons. Pantolini war der Baumeister. Bald schon konnten die neuen Züge fahren und die Freundeschar war natürlich mit dabei. Auf allen Bahnhöfen gab es auch neue Anzeigetafeln. Doch die Kinder mussten feststellen, dass mit dem Fahrplan etwas nicht stimmte. Pantolini hatte nicht an die Zeiten für das Aus- und Einsteigen gedacht. Rasch programmierte er die Fahrpläne neu.

Mathematischer Inhalt:
Vorteilhaftes Rechnen
➔ Stuhlkreis, mit Bild beginnen

Hinzkunz trompetete: „Freudige Nachricht, dringende Geschäfte! Der König und die Königin kehren zurück ins Königreich. Das königliche Schiff läuft schon übermorgen in den Hafen ein." Cedric jubelte: „Endlich kommen Vater und Mutter wieder zurück. Ich freue mich schon so auf sie!"

Auch die Kinder waren erleichtert. „Ich bin sehr froh, dass wir dann keine königlichen Geschäfte mehr erledigen müssen", sagte Aron. Linn strich Cedric über die Haare und meinte: „Du hast die königlichen Geschäfte ganz großartig geführt!" Cedric sah seine Freundinnen und Freunde an: „Wir haben das gemeinsam gemacht, ich danke euch sehr für eure Hilfe." Alle Kinder umarmten sich.

„Wir begrüßen den König und die Königin mit einem großen Willkommensfest", schlug Nora vor. „Gute Idee", stimmte Linn zu, „wir besorgen Blumen und Girlanden und Lampions ..."
„Am Abend gibt es ein Feuerwerk", lachte Cedric. „Und davor ein Festessen", verlangte Aron. Philipp ergänzte: „Und wir reiten auf unseren neuen Pferden zum Hafen."

Linn ging mit Cedric ins Blumengeschäft. Sie wollten den Blumenschmuck für das Fest aussuchen. „Wir brauchen viele hundert Blumen in allen Farben", sagte Cedric. Linn erzählte: „Bei uns ist es Brauch, immer eine ungerade Anzahl Blumen zu kaufen. Also nicht 100, sondern 99. Das bringt Glück." Cedric meinte: „Das macht keinen großen Unterschied. Dann kaufen wir eben immer 99 oder 199 oder 299 Blumen."

➔ BILD Kapitel 19 zeigen
Kannst du die Preise geschickt ausrechnen?
Wie viel kosten 99 Rosen? 100 Rosen kosten 400 €, dann kosten 99 wie viel? (396 €)
Berechne den Preis für 199 Narzissen, für 299 Tulpen.

Cedric und Linn wanderten zwischen den vielen duftenden Blumen hin und her. Sie bestellten Tulpen und Narzissen und natürlich viele, viele Rosen. Gemeinsam überlegten sie, wie viele von jeder Sorte sie nehmen werden. Sie stellten eine Liste zusammen und die Blumenhändlerin berechnete den Preis.

„Alle Blumen werden rechtzeitig zum Fest ins Schloss geliefert", sagte die Frau und schenkte jedem Kind zum Abschied eine Rose.

KV 32: Begriffe für das Protokoll zum Knobelplakat 12

Knobelplakat 12

Ein Mädchen bestellt drei Erdbeerbecher und einen Schokoflip. Sie bezahlt 22 €. Ein Bub bestellt einen Erdbeerbecher und einen Schokoflip. Er bezahlt 10 €. Wie viel kostet ein Schokoflip?

Erdbeerbecher

zu viel

bezahlen

dreimal

kosten

Balkendiagramm

Tabelle

Mädchen

stimmt

einsetzen

ausrechnen

Preis

Einkauf

ausprobieren

zu wenig

stimmt nicht

zahlen

so viel

Junge

Schokoflip

zusammen

Ziele und Kompetenzen

Wiederholung und Festigung:

- Umfang, Flächen, Muster
- Daten und Zufall
- Zeitpunkt und Zeitdauer
- Rechentricks

Didaktische Hinweise

Die regelmäßige Wiederholung und Absicherung des Gelernten soll sicherstellen, dass die Erarbeitung des kommenden Lernstoffes auf gesichertem Wissen aufbaut und Lernlücken frühzeitig erkannt und geschlossen werden können.

Materialien

- Schülerbuch S 109–114
- Arbeitsheft S 78–82
- Kopiervorlage 33 Spielplan SLIDE
  Kopiervorlage 34 Quadrat-Puzzle
  Kopiervorlage 35 Schlüsselbild: Eistraum
- Abenteuergeschichte „Die Königin und der König kehren heim"
- Lernwerkstatt
  LS 32 Das Spiel NIM
  LS 33 Das Spiel SLIDE
  LS 34 Quadrat-Puzzle
- CD-ROM Übung „Zeig, was du kannst!"

Einstieg mit der Abenteuergeschichte

Wenn Sie Zeit haben, lesen Sie den Kindern die letzte Abenteuergeschichte vor. Sie hat keinen mathematischen Inhalt, rundet aber den Geschichtenbogen ab. *Der König und die Königin kehren nach langer Abwesenheit wieder zurück. Die Freudentränen dürfen fließen und ein großes Fest wird gefeiert.*

Klassenaktivität (Vorschlag für den Einstieg)

Führen Sie mit der ganzen Klasse die Lernstandserhebung IV durch. Planen Sie anschließend gezielt die individuellen Förderangebote für einzelne Kinder, Kleingruppen, bzw. für die ganze Klasse.

Tipps zur Erarbeitung im Buch

S 109/1 Möglicher Einstieg mit Abenteuergeschichte, siehe oben.

S 110/1 Sie können die Kopiervorlage KV 35 „Schlüsselbild: Eistraum" verwenden.

S 111/2 Die Tabellen (Fahrpläne, Reisezeiten) zum Thema Zeit werden sukzessive komplexer. Für leistungsschwächere Schülerinnen und Schüler können Sie die Tabellen wieder in der Spaltenzahl reduzieren, bis auch diese Kinder den Umgang mit Tabellen lernen.

S 112/1 Das Verdoppeln wird geübt; dabei ist der 1. Faktor nahe am vollen Hunderter. Für leistungsstärkere Schüler können Sie die Aufgabe verändern, indem der 1. Faktor verändert wird in 198, 298….

S 112/2, 3 Das gegensinnige bzw. gleichsinnige Verändern als Rechenerleichterung wird vertieft. Jetzt ohne die Vorgabe von strukturierten Päckchen.

S 112/4 Die schriftliche Subtraktion, bei denen der Minuend ein voller Hunderter ist, bereitet den Schülerinnen und Schüler wegen der vielen Überträge Probleme. Durch gleichsinniges Verändern wird dieses Problem elegant gelöst.

S 114 Knobelaufgabe
Nora möchte wissen, wie viele verschiedene Sitzvarianten es für die vier Kinder gibt. Nehmen Sie sich die Zeit und spielen sie die Geschichte mit Ihren Schüler/innen in der Klasse nach. 4 Stühle werden platziert und vier Schauspieler/innen übernehmen die Rollen von Cedric, Aron, Philipp und Linn. Sie können auch den im Buch vorgeschlagenen Tipp aufgreifen und Kleingruppen bilden, welche die Teilergebnisse sammeln.

Lernwerkstatt – Lernstation

LS 32 Das Spiel NIM

Mathematischer Inhalt: Logik, Problemlösen
Gruppengröße: 2 Kinder
Material: 7 Plättchen oder Münzen, Papier und Bleistift

Die 7 Plättchen werden vor den Spieler/innen auf den Tisch gelegt. Die Kinder nehmen abwechselnd ein oder zwei Plättchen weg. Wer das letzte Plättchen nehmen muss, verliert.

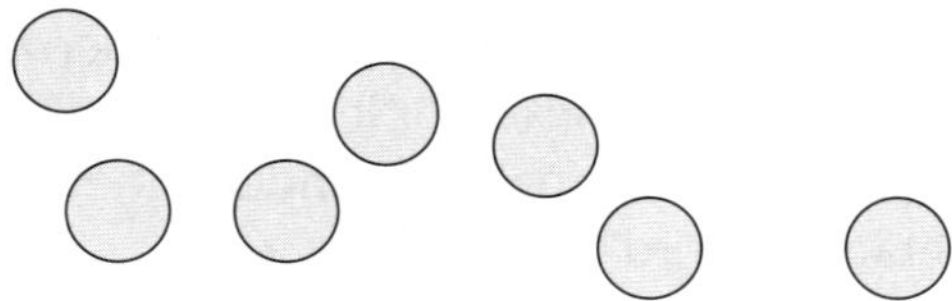

Verwenden Sie die Begriffe „Weiß" für das Kind, das beginnt, und „Schwarz" für das andere Kind bzw. „Zug". Man spricht bzw. notiert also z.B. „1. Zug Weiß, 2 Plättchen, 1. Zug Schwarz 1 Plättchen, ..." usw. Klären Sie mit den Kindern diese Begriffe vor Spielbeginn, damit erleichtern Sie ihnen, ihre Beobachtungen zu formulieren.

Ziel ist es herauszufinden, ob es eine ideale Gewinnstrategie gibt, und wenn ja, für wen, für Weiß oder Schwarz. Im Anschluss sollen die Kinder versuchen, ihre Beobachtungen zu formulieren und aufzuschreiben. Die beiden Spieler/innen arbeiten in dieser Phase dann zusammen.

Lösung:
Es gibt eine Gewinnstrategie für Schwarz.

Nimmt Weiß im ersten Zug 1 Plättchen, so muss Schwarz 2 Plättchen nehmen. Nimmt Weiß im ersten Zug 2 Plättchen, nimmt Schwarz nur 1 Plättchen. In beiden Fällen bleiben 4 Plättchen übrig, Weiß ist am Zug.

Egal ob Weiß nun 1 oder 2 Plättchen nimmt, Schwarz nimmt wieder umgekehrt viele und es bleibt genau ein Plättchen für Weiß übrig, womit Weiß verliert und Schwarz gewinnt.

Verallgemeinerung
Schwarz kann in jedem Zug dafür sorgen, dass insgesamt 3 Plättchen weggenommen werden. Also funktioniert die beschriebene Gewinnstrategie für jede Plättchenanzahl $(n \cdot 3)+1$, also auch bei 10 Plättchen, 13, 16, 19, 22, ... 301, 304, ... usw. Probieren Sie es, auch gerne im Kreis der Kolleg/innen, einfach aus.

LS 33 Das Spiel SLIDE

Mathematischer Inhalt: Logik, Problemlösen
Gruppengröße: 2 Kinder
Material: KV 33 Spielplan SLIDE, 2 Plättchen oder Münzen

Der Spielplan liegt vor den Spieler/innen. Die Plättchen werden auf die grauen Felder gelegt. Die Kinder ziehen abwechselnd ein beliebiges Plättchen um 1, 2 oder 3 Felder weiter, immer in Richtung Ziel. Das hintere Plättchen darf dabei das vordere Plättchen weder überholen noch auf dessen Feld ziehen. Wer das letzte Plättchen ins Ziel zieht, verliert.

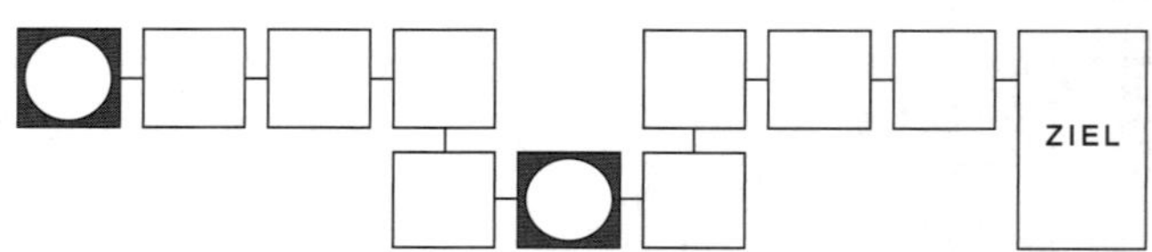

Verwenden Sie die Begriffe „Weiß" für das Kind, das beginnt, und „Schwarz" für das andere Kind, bzw. „Zug". Man spricht also z.B. „1. Zug Weiß, 2 Plättchen, 1. Zug Schwarz 1 Plättchen, ..." usw. Klären Sie mit den Kindern diese Begriffe vor Spielbeginn, damit erleichtern Sie ihnen, ihre Beobachtungen zu formulieren.

Ziel ist es herauszufinden, ob es eine ideale Gewinnstrategie gibt, und wenn ja, für wen, für Weiß oder Schwarz. Im Anschluss sollen die Kinder versuchen, ihre Beobachtungen zu formulieren und am Spielbrett zu zeigen. Die beiden Spieler/innen arbeiten in dieser Phase dann zusammen. Das Aufschreiben der Spielzüge ist bei diesem Spiel zu schwer. Sie können auch vereinbaren, dass jeweils 10 Spiele hintereinander gespielt werden und notiert wird, welche Farbe gewonnen hat. Lässt sich aus den Beobachtungen eine Tendenz ablesen?

Lösung: Es gibt eine Gewinnstrategie für Schwarz.

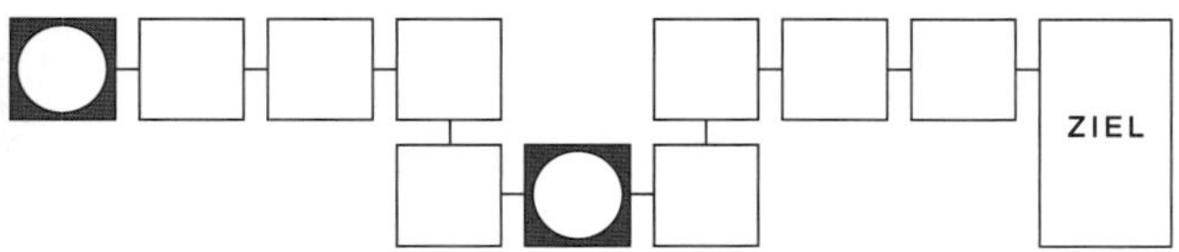

Beginnt Weiß im ersten Zug mit dem hinteren Stein, so muss Schwarz im ersten Zug ebenfalls mit dem hinteren Stein fahren und ihn direkt hinter den vorderen Stein stellen, der noch unbewegt auf dem grauen Feld liegt.
Sobald die beiden Steine direkt beisammen stehen, verliert nämlich unweigerlich der Spieler, bzw. die Spielerin, der/die mit dem Ziehen an der Reihe ist.

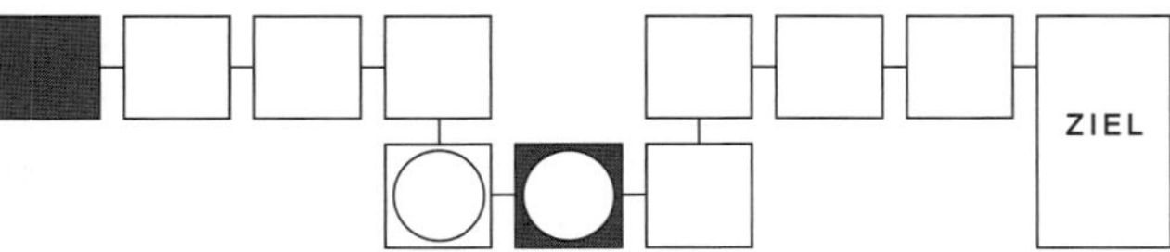

LS 34 Quadrat-Puzzle

Mathematischer Inhalt: Logik, Konstruktion von geometrischen Figuren
Gruppengröße: Knobelaufgabe für die ganze Klasse
Material: KV 34, Geodreiecke, Bleistifte, Scheren, Karton

1. Stellen Sie von der Kopiervorlage 34 mindestens zwei Kopien her. Verwenden Sie etwas stärkeres Papier, Sie können die Vorlagen auch folieren. Zerschneiden Sie eine Vorlage in acht Quadrate, die andere bleibt ganz, sie dient als Lösungshilfe. Die Kinder sollten diese Hilfe nicht unbedingt sehen. Die Kinder sollen nun die Quadrate zu einem Rechteck zusammenbauen. Sagen Sie ihnen, dass Überlappungen nicht erlaubt sind, es darf auch kein Spalt zwischen den einzelnen Figuren bleiben. Alle acht Quadrate müssen verwendet werden.

2. Spielvariante: Zunächst müssen acht Quadrate mit folgenden Seitenlängen hergestellt werden: s = 1 cm, 2 cm, 2 cm, 4 cm, 6 cm, 7 cm, 8 cm, 9 cm. Dann sollen diese Teile so zusammengebaut werden, dass sie ein Rechteck ergeben.

3. Spielvariante mit neun verschieden großen Quadraten:
   s = 1 cm, 4 cm, 7 cm, 8 cm, 9 cm, 10 cm, 14 cm, 15 cm, 18 cm

CD-ROM Übung
Zeig, was du kannst!

Bei der vierten Teststation, Übung 16, müssen die Kinder alle schriftlichen Rechenverfahren richtig anwenden. Wenn alle Aufgaben fehlerlos gelöst worden sind, gibt es für jedes Kind eine besondere Überraschung.

Zeig, was du kannst!

Abenteuergeschichte – Die Königin und der König kehren heim S 109/1

Was bisher geschah:
Alles ist für den Empfang vorbereitet.
Der Weg vom Hafen bis zum Schloss ist mit Blumengirlanden geschmückt. Der König und die Königin kehren nach langer Abwesenheit wieder zurück. Die Freudentränen dürfen fließen und ein großes Fest wird gefeiert.

Abschluss der Geschichte.
Kein mathematischer Inhalt.
➔ Stuhlkreis, mit Bild beginnen

„Königlicher Ruf, dringende Geschäfte!" Diesmal blies Haushofmeister Hinzkunz seine Trompete besonders laut und er sprach seine Worte besonders würdevoll. Cedric und die Freundeschar freute sich über seinen Ruf wie nie zuvor. Prinz Cedric strahlte vor Glück: „Ich freue mich riesig."
Alle Leute im Schloss, in der Stadt, ja im ganzen Land freuten sich auf die Rückkehr des Königs und der Königin. Im ganzen Königreich wurde gefeiert.
Das Schloss war blitzsauber und alle Fenster und Balkone und Terrassen waren geschmückt. Im Schlosshof standen viele Tische bereit für ein großes Festessen mit vielen Gästen. Gianni hatte sich ganz besonders bemüht und das Lieblingsessen des Königs zubereitet. Natürlich gab es auch eine riesengroße Torte. Eine Musikkapelle spielte und überall gab es Blumen, Blumen, Blumen.
Pantolini hatte die Geschenke für die Königin, also seine Erfindungen, im Schlosshof aufgestellt. Noch waren sie unter einem Tuch gut versteckt. Die Königin sollte die Überraschung selbst enthüllen. Die Kronenmacherin hatte alle Schmuckstücke fein poliert und der Hofschneider hatte ein ganz besonders hübsches Kleid für die Königin genäht. In ihrer Lieblingsfarbe selbstverständlich. Auch Cedric, Linn, Philipp, Nora und Aron trugen stolz ihre neuen Festtagskleider. Cedrics neue Krone passte perfekt. Alle waren sehr aufgeregt.
Die neuen Pferde bekamen einen Federschmuck für den Kopf. Sie zogen die Kutsche, die den König und die Königin vom Hafen ins Schloss bringen sollte.
Viele Menschen waren zum Fest in die Hauptstadt gekommen. Die meisten von ihnen reisten mit der neuen Eisenbahn an. Die war inzwischen sehr beliebt. Nun warteten alle am Hafen auf das königliche Schiff. Cedric stand mitten unter seinen Freundinnen und Freunden. Alle hielten sich an den Händen.
Schon von weitem hörte man das Signal des Schiffes. Langsam fuhr es in den Hafen ein und legte an. Die Musikkapelle spielte und die Menschen klatschten vor Begeisterung, als der König und die Königin an Land gingen.
Cedric drückte noch einmal fest die Hände seiner Freundinnen und Freunde und dann rannte er los. Direkt in die Arme seiner Mutter.
Das Umarmen und Küssen und Begrüßen wollte kein Ende finden. Der König und die Königin bedankten sich für den wunderbaren Empfang. Alle Gäste waren herzlich zum Festessen eingeladen.
Der König sah zwar schon viel erholter aus, doch bei seiner Rede blieb er doch lieber im Rollstuhl sitzen. Seine Stimme war sehr leise. War er so aufgeregt oder vielleicht doch noch nicht ganz gesund? Er bedankte sich bei allen Angestellten im Schloss, ganz besonders bei Haushofmeister Hinzkunz. Sie alle hatten gut auf das Schloss und das Königreich aufgepasst. Vor allem aber lobte er Prinz Cedric. „Mein lieber Sohn, du bist noch so jung und hast so wunderbar die königlichen Geschäfte erledigt. Du kannst stolz auf dich sein. Und ich bin es auch." Er nahm Cedric in seine Arme und beide hielten sich lange fest.
„Ich mag auch danke sagen", meldete sich Cedric zu Wort und wischte eine kleine Träne von der Wange. „Danke Linn, danke Philipp, danke Nora und danke Aron, dass ihr mit mir ins Königreich gekommen seid und mir immer geholfen habt. Wir haben ein aufregendes Jahr mit vielen Abenteuern erlebt. Doch nun wollen wir feiern … und dann …"

KV 33: Spielplan SLIDE

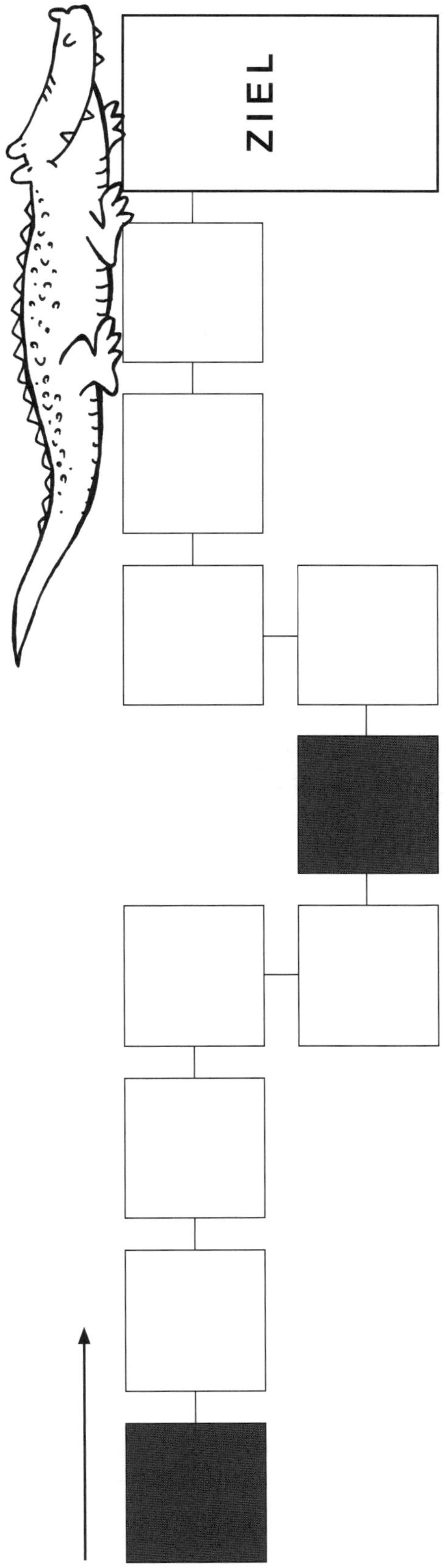

ZIEL

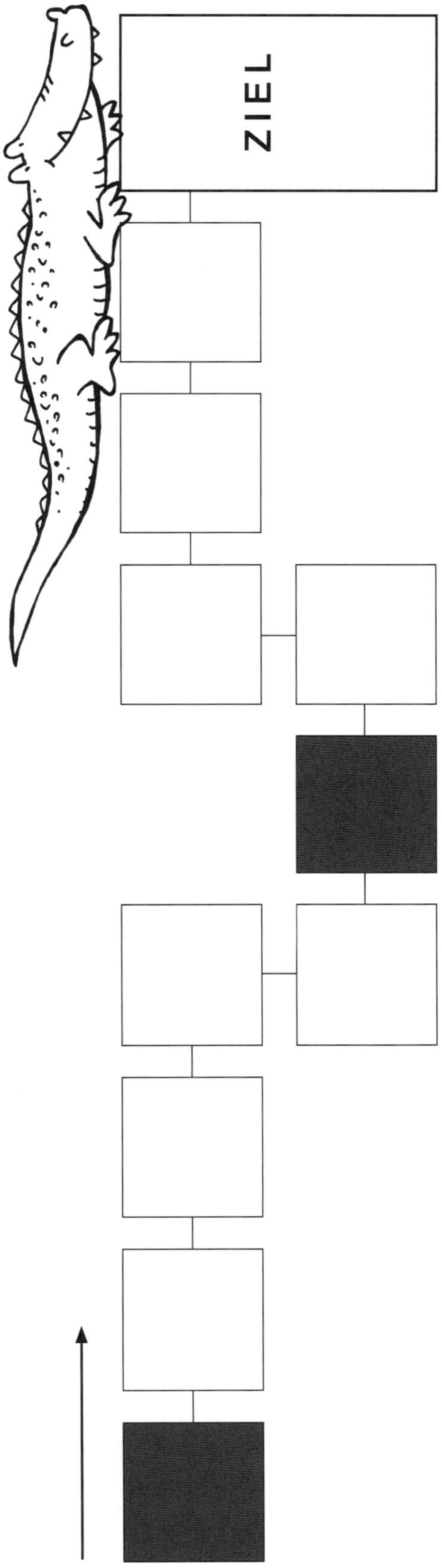

ZIEL

Zeig, was du kannst!

KV 34: Quadrat-Puzzle

KV 35: Schlüsselbild: Eistraum

Schlüsselbild: Eistraum

1. Hast du diesen Sommer schon ein Eis gegessen?

   JA: Male den Stock des Schirmchens rot an.
   NEIN: Male den Stock des Schirmchens schwarz an.

2. Schau in der Tabelle nach. Welche dieser Eissorten magst du am liebsten?

   Male die große Eiskugel mit der richtigen Farbe an.

3. Schau in der Tabelle nach, welche Eissorte ist dein zweiter Liebling?

   Male die kleine Eiskugel mit der richtigen Farbe an.

4. Isst du lieber Eis vom Eisstand oder Eis aus der großen Packung vom Supermarkt?

   Eisstand: Male das Schirmchen grün an.
   Supermarkt: Male das Schirmchen gelb an.

5. Stell dir vor, du hättest einen Eissalon. Wie würdest du ihn nennen? Schreibe den Namen auf den Eisbecher und verziere ihn.

Vanille gelb	Erdbeere rot	Schokolade braun	Zitrone weiß
Himbeere rosarot	Pistazie grün	Mango orange	Heidelbeere violett

Dieses Schlüsselbild gehört: ______________________

Abschließende Worte

Liebe Kollegin!
Lieber Kollege!

Wir hoffen, dass die Arbeit mit EINS PLUS 3 für Sie und Ihre Schülerinnen und Schüler interessant und ertragreich war. Wir danken Ihnen für die viele Arbeit, die Sie investiert haben, um Ihrer Klasse die Mathematik in ihrer ganzen Breite und Schönheit näher zu bringen. Wenn für viele Kinder der Klasse Mathematik ein Lieblingsfach ist, und wenn die Kinder sich zutrauen, mathematische Probleme in Angriff zu nehmen, dann haben Sie wirklich viel erreicht.

In EINS PLUS für die vierte Klasse erwartet Sie und Ihre Schülerinnen und Schüler unter anderem:

- eine gründliche Wiederholung des Stoffes der dritten Schulstufe
- der Ausbau des Zahlenraums bis zur Million
- schriftliche Multiplikation und Division
- Flächenberechnung
- Rechnen mit Größen
- viel Geometrie, Geodreieck und Zirkel
- Weiterführung der Balkenmodelle zum Lösen von Sachaufgaben
- Weiterhin „Bleib in Form!" Aufgaben zum Festigen von Routinefertigkeiten
- sowie viele mathematische Rätsel und Knobelaufgaben

EINS PLUS für die vierte Klasse wird ebenso reichhaltig ausgestattet sein wie EINS PLUS für die 1., 2. und 3. Klasse. Folgende Besonderheiten erwarten Sie:

- 12 Knobelplakate mit ausführlichen Begleittexten und Begriffssammlungen für die Protokolle der mathematischen Lösungswege
- EINS PLUS CD-ROM Lernsoftware mit kreativen Aufgaben, Teststationen und Rechentrainer
- Angebote für Lernstationen für den offenen Unterricht
- Kopiervorlagen zur Individualisierung und Differenzierung
- ein umfangreiches Handbuch für Lehrerinnen und Lehrer als Unterstützung für Ihre didaktische Arbeit
- kreative, herausfordernde Aufgaben, die den mathematischen Horizont Ihrer Schülerinnen und Schüler erweitern

Natürlich gibt es auch wieder spannende Geschichten von Cedric und seinen Freundinnen und Freunden. Viele neue mathematische Abenteuer warten auf Sie in Cedrics Königreich und in EINS PLUS Band 4.

Das Autorenteam wünscht Ihnen und Ihren Schülerinnen und Schülern schöne Ferien!

David Wohlhart
Michael Scharnreitner
Elisa Kleißner